Gitte Härter

Wie Sie im Internet Kunden gewinnen

Cornelsen

Verlagsredaktion: Annette Preuß
Technische Umsetzung: Typeart, Grevenbroich
Umschlaggestaltung: Gabriele Matzenauer, Berlin
Titelfoto: © Getty Images

Informationen über Cornelsen Fachbücher und Zusatzangebote:
www.cornelsen-berufskompetenz.de

1. Auflage

Druck: CS-Druck CornelsenStürtz, Berlin

ISBN-13: 978-3-589-23674-9
ISBN-10: 3-589-23674-4

Inhalt gedruckt auf säurefreiem Papier aus nachhaltiger Forstwirtschaft.

Inhalt

Das Internet birgt umfangreiche Business-Chancen ... für die Aktiven!

Der virtuelle Unternehmensauftritt ist mittlerweile nicht nur gang und gäbe, sondern fast schon ein Muss. Geschickt genutzt dient die Website der Imagebildung und ist ein **wichtiges Akquise- und Kundenbindungswerkzeug**.

Zudem kann das Internet den **Arbeitsalltag optimieren** und Mitarbeiter entlasten, beispielsweise indem Informationen angeboten und Fragen von Interessenten und Kunden vorweggenommen werden.

Doch noch immer hat ein Großteil der Unternehmen es verpasst, das Internet positiv zu nutzen:

- **Viele Firmen sind nach wie vor nicht im Netz** oder mit einer leeren Website, oft mit einem monate- oder gar jahrelangen Hinweis, dass „hier bald eine Internetpräsenz entsteht".
- Zahlreiche Unternehmen (kleine wie große!) sind mit **schlecht gemachten – und damit kontraproduktiven – Websites** online. Häufig werden sie von Laien selbst gestrickt. Eine schlecht gemachte Internetseite verprellt jedoch Interessenten und schwächt Glaubwürdigkeit und Kompetenz, da man von der Website auf das Unternehmen schließt.
- Es gibt Firmen mit **hervorragendem Internetauftritt – den leider niemand kennt**. Es reicht schon lange nicht mehr aus, eine Website online zu stellen und sich in ein paar Suchmaschinen einzutragen.
- Manche Internetseiten sehen hübsch aus, bieten aber **keinerlei Informationen oder Nutzen** für den Besucher. Wieder andere sind so **überfrachtet mit Informationen**, dass kein Mensch sich die Zeit zum Lesen nimmt.
- Die **Kommunikation per E-Mail** oder über interaktive Elemente wird oft **schleppend** oder kontraproduktiv übernommen – oder findet gar nicht statt.

„Wie Sie im Internet Kunden gewinnen" geht praxisnah auf all diese Bereiche ein. Besonders für kleine Unternehmen (vor allen Dingen auch für Einzelunternehmer!) ist das Internetbusiness Gold wert, weil es nicht mit hohen Kosten verbunden ist, sondern hauptsächlich den Einsatz eigener Arbeitszeit und -energie erfordert.

Das Internet ist von technischen und webspezifischen – meist englischen – Begriffen geprägt. Nicht immer ist es sinnvoll, eine deutsche Übersetzung zu nutzen. Entweder weil es keine wirkliche Entsprechung gibt oder aber weil ein englischer Begriff einfach der gebräuchlichere ist. Sollte Ihnen das eine oder andere Wort nicht bekannt sein, dann schlagen Sie einfach im Glossar (Service-Teil) nach. Dort habe ich Ihnen die wichtigsten Begriffe zusammengestellt und erläutert. Außerdem finden Sie dort auch spannende Randaspekte, interessante Webtipps und Buch-Empfehlungen.

Werden Sie aktiv: „Von nichts kommt nichts" gilt auch für das Internet!

Viel Erfolg

Gitte Härter
gitte@netzpertise.de

Die Autorin:

Gitte Härter (geb. 1969) ist seit 1999 selbstständig mit dem Coaching- und Trainingsunternehmen *objektiv*, München, das sie gemeinsam mit Christine Öttl führt.

Auch privat Internet-Fan der ersten Stunde, hat sie von Anfang an auf das Web als Hauptakquise-Werkzeug gesetzt und erhält über 90 % aller Aufträge über das Internet.

Seit mehreren Jahren berät sie Einzelkämpfer und Unternehmen mit *www.netzpertise.de* auch beim überzeugenden und verkäuferischen Webauftritt. Nebenbei ist sie erfolgreiche Autorin zahlreicher Business-Ratgeber.

Teil 1

Das Internet für den Geschäftserfolg nutzen

Mit dem World Wide Web haben sich für Unternehmen und Kunden die Möglichkeiten erweitert. Dabei bietet das Internet für das Geschäftsleben zahlreiche Chancen, die es früher nur sehr beschränkt gab und die teilweise nur mit großem Aufwand an Geld und Arbeitskraft möglich waren. Die Kehrseite: Das Internet hat die Konkurrenzsituation erhöht und Erwartungen auf Kundenseite geschaffen, die es zuvor nicht gab.

„Wir sind auch im Netz"

Obwohl fast jedes Unternehmen mittlerweile eine Webadresse hat, zeigt die Realität, dass sehr viele Firmen dem Internet zu wenig Bedeutung beimessen. Im besten Falle bedeutet das, dass **Chancen ungenutzt** bleiben: Die Internetseite dümpelt vor sich hin und dient lediglich einer grundsätzlichen Referenz („Wir sind auch im Netz").

Im schlechteren Fall **schadet die Website** sogar:

- Interessenten werden durch schlechte Präsentation abgeschreckt,
- Internetbesucher werden durch Schnickschnack oder Programmierung verärgert,
- Inhalte sind nicht ausreichend, voller Fehler oder veraltet.

Die Gründe sind vielfältig. Wie Sie später im Buch sehen werden, gibt es eine ganze Menge Fallstricke, die einem teilweise nicht bewusst sind – ebenso wenig wie die **weitreichenden Konsequenzen**.

Die gute Nachricht: Sie können eine ganze Menge dafür tun, dass Ihre Internetseite positiv zu Ihrem Image und zu Ihren Umsatzzahlen beiträgt!

Doch sehen wir uns zunächst genauer an, welche Veränderungen sich durch das Internet ergeben haben.

1 Das Internet – Revolution fürs Business

Wichtiger Business-Bestandteil

In nur wenigen Jahren hat sich das Internet als fester und komplexer Business-Bestandteil etabliert. Anfangs war die bloße Präsenz ausreichend: Unternehmen stellten sich im Netz vor – oft nur mit einer Art **elektronischer Visitenkarte**. Die Website war wie ein **virtueller Unternehmensprospekt**. E-Mail hielt Einzug in die Wirtschaft, war aber zunächst nur eine weitere Kommunikationsform in Ergänzung zu Telefon und Fax.

Innerhalb kürzester Zeit haben sich die Entwicklungen dann überschlagen: **Private Haushalte** hatten mehr und mehr Computer mit Internetanschluss und die Wirtschaft erlebte in den Neunzigern einen beispiellosen Boom – der virtuelle Markt wurde aktiv erschlossen, die **„New Economy"** brachte reihenweise Start-ups hervor und allgemeine Goldgräberstimmung machte sich breit.

Nachdem der Boden der Tatsachen wieder erreicht war, normalisierte sich der Umgang mit dem Internet: Aus der reinen Internetpräsenz wurde ein **Marktplatz**, mit dem nicht nur ein **weiterer Werbe- und Vertriebsweg** erschlossen wurde, sondern auch ein direkter Draht zum Kunden gefunden war.

Direkter Draht zum Kunden

Und das nicht nur, was den nahen Kontakt zu Interessenten und bestehenden Kunden betrifft, sondern auch was die **„Meinung da draußen"** angeht:

Konkurrenzbeobachtung und Meinungsbildung leicht gemacht

- Unternehmen können Konkurrenzbeobachtung betreiben und
- sie können sich in Foren, Chats und Weblogs die Meinung über Produkte und Firmen „anhören".

Marketing- und Werbemaßnahmen wurden teilweise komplett neu definiert. Durch derlei Änderungen hat sich auch die Art des Geschäftemachens und der Kommunikation nachhaltig verändert.

1.1 Die Investition: mehr Zeit als Geld

Gerade kleine und mittlere Unternehmen können sehr stark vom Netz profitieren – denn das Internet ist ein Medium, bei dem man in erster Linie in Form von **Zeit und Arbeitskraft** zu investieren hat.

Eine **Webpräsenz** bekommt man schon für kleines Geld. Viele Provider schließen in ihre Verträge für Internetzugänge kostenfreien Webspace, eine eigene Domain und eine oder mehrere E-Mail-Adressen mit ein. Für ein paar Euro lässt sich dieses Grundangebot aufstocken.

Auch für Businesszwecke ist so ein Angebot natürlich grundsätzlich in Ordnung, man sollte jedoch immer weiter denken:

Unterseite eines Fremdanbieters kann unseriös wirken

- So sollte beispielsweise Ihre Webadresse **keine komplizierte Unterseite** eines Fremdanbieters sein: Derlei Internetadressen sind nicht nur schwer eingängig, sondern wirken als kommerzielles Unternehmen auch eher unseriös.
- Auch sollte die **Domainregistrierung** einer eigenen Adresse **auf Ihre Firma** laufen und nicht etwa nur über den Provider.
- Und es sollte sich **keinerlei Fremdwerbung** auf der Website und in den E-Mails befinden, **die seitens des Providers „aufgedrückt" wird**. Das ist zwar eine legitime Gegenleistung für kostenfreie Leistungen, sie erweist sich für Unternehmen jedoch als nachteilig: Zum einen können sie nicht bestimmen, welche Fremdwerbung erscheint, zum anderen gibt es zu denken, wenn ein Wirtschaftsunternehmen offensichtlich nicht mal eine eigene Internetseite finanzieren kann.

Sparen ist in Ordnung. Aber übertreiben Sie es nicht.

Ihre Internetpräsenz sollte auf jeden Fall Folgendes beinhalten:

- die **Registrierung einer eigenen Webadresse** (generischer Begriff oder Firmenname)
- die Investition in **werbefreien Webspace**,
- **eigene E-Mail-Adressen** (nicht etwa über Freemailanbieter wie gmx.de oder web.de).

PRAXISTIPP

Achten Sie bei der Auswahl Ihres Providers unbedingt darauf, dass die Verlässlichkeit belegt ist (zuverlässige Erreichbarkeit der Server) und dass Sie bei Problemen, zum Beispiel aufgrund eines Serverausfalls oder bei E-Mail-Schwierigkeiten, sofort einen kompetenten Mitarbeiter erreichen können.

Vorsicht bei kostenpflichtigen Telefonnummern

Insbesondere bei sehr großen Anbietern ist zwar das Webhosting oft sehr günstig, aber der **Service** entsprechend schlecht, weil die **Hotlines hoffnungslos überlaufen** sind. Auch kommt es Sie oft teuer zu stehen, wenn der technische Support eine **kostenpflichtige Telefonnummer** hat – was sehr verbreitet ist.

Informieren Sie sich im Internet über die **Erfahrungen anderer Benutzer** (siehe Anhang). Und geben Sie beim Webhosting lieber ein paar Euro mehr aus – kleinere Provider können zwar mit den Preisen der „Großen" nicht mithalten, haben jedoch oft den Vorteil, dass der Service zeitnah erfolgt, das zahlt sich aus!

1.1.1 Ressourcen bereitstellen

Planen Sie Zeit ein für Ihre Internetaktivitäten

Jede erfolgreiche Firma plant für einzelne Geschäftsaktivitäten auch entsprechend Zeit, Arbeitsleistung und Geld ein. Für Internetaktivitäten gilt das selbstverständlich auch.

Aus Erfahrung weiß ich allerdings, dass besonders die **persönlichen Ressourcen** oft gar nicht oder zu wenig eingeplant werden. Anfangs wird zwar etwas Energie reingesteckt, wenn es um die Inhalte und die Gestaltung einer Website geht – doch damit hat es sich oft.

Möchten Sie die virtuelle Welt aktiv für Ihren Geschäftserfolg nutzen, ist es jedoch elementar, dass Sie auch Zeit und Energie dafür bereitstellen.

Sie müssen die Impulse geben

Beim **Einzelunternehmer** ist es klar: Auch wenn Sie mit einem externen Dienstleister zusammenarbeiten, der sich um das Erstellen und Aktualisieren kümmert, liegt es immer an Ihnen, Inhalte und Impulse für Neuerungen zu geben.

Wenn Sie dem keine Priorität einräumen, wird der To-do-Punkt „Internet" immer nach hinten rutschen. Und das wird zum Teufelskreis: Man räumt der Internetaktivität keinen hohen Stellenwert ein – dadurch kann der virtuelle Markt auch nichts bringen – und weil es vermeintlich „eh nichts bringt", rutscht das Internet in der Priorität weiter nach hinten.

Schaffen Sie klare Zuständigkeiten

Kleine und mittlere Firmen verfahren leider oft genauso: Niemand ist wirklich zuständig, und vor allen Dingen ist keine Zeit dafür da. Da wird der Sekretärin kurz gezeigt, wie man die Website aktualisiert, aber wirklich einarbeiten und weiterbilden darf sie sich nicht. Und der Alltag lässt auch gar nicht genug Zeit dafür, sich zeitnah um Aktualisierungen zu kümmern. So veralten Inhalte schnell, es kommt zu Fehlern (eine Aktualisierung verschiebt das komplette Layout, weil man nicht genau erklärt hat, worauf zu achten ist) oder wichtige Ergänzungen und Erweiterungen der Website werden nicht gemacht.

Inhalte veralten schnell, sie müssen betreut werden

Das kostet unterm Strich Geld, zum Beispiel weil man die **Chancen verpasst**, Produkte aktiv zu promoten, oder weil man, anstatt neue Mitarbeiter über das Netz zu finden, für teures Geld Zeitungsanzeigen schaltet.

1.1.2 Verantwortlichkeiten klären

Hat Ihr **Unternehmen mehrere Mitarbeiter** und arbeiten Sie vielleicht zusätzlich noch mit externen Dienstleistern, so ist es wichtig, sich **genau abzustimmen**:

Die Website muss „funktionieren"!

- Wer ist für die **technische Seite** verantwortlich? Dieser muss z.B. dafür sorgen, dass die Website einwandfrei geladen werden kann und dass die E-Mail funktioniert und virenfrei ist. Er muss Sicherheitsfragen klären und entsprechende Maßnahmen implementieren. Er muss die einzelnen Elemente (wie E-Commerce, Foren) auf Funktionalität prüfen und sofort tätig werden, wenn es zu Schwierigkeiten kommt etc.
- Wer ist für **Aktualisierung** – gestalterisch und inhaltlich – zuständig?
- Wer kümmert sich um die **Weiterentwicklung**? Das betrifft Korrekturen, Änderungen und Erweiterungen von Texten, aber auch Rubriken und weitere Bausteine wie z.B. interaktive Elemente. Außerdem Internetaktivitäten in puncto Marketing, Werbung und Kooperationen etc.

Sind mehrere Personen involviert, etwa interne Mitarbeiter aus Verwaltung, IT- oder Marketingabteilung und externe Dienstleister (wie Grafiker, Webdesigner, Programmierer, Webhost), so ist für die einzelnen Bereiche genau zu klären, **wer wofür verantwortlich** ist und wie die Wege sind. Sonst kommt es zu doppelter Arbeit oder auch dazu, dass gar nichts passiert, weil einer vom anderen erwartet, dass dieser schon tätig wird.

Doppel-Arbeiten und Untätigkeit vermeiden

Auch für **Einzelunternehmer** ist es wichtig, die Verantwortlichkeiten zu klären: Das fängt damit an, zu entscheiden, ob

- Konzeption (Gestaltung, Inhalte, Text),
- Programmierung und
- Aktualisierung

tatsächlich bei einem selbst liegen müssen. Häufig entscheiden sich Einzelkämpfer aus Kostengründen dafür, alles selbst zu machen. Doch das ist in vielen Fällen gar nicht sinnvoll: Denn wer wenig Erfahrung hat und sich erst in ein Computerprogramm einarbeiten muss oder wer „irgendeine" Website zusammenbastelt und dann ein schlechtes Ergebnis online stellt, der erweist sich einen Bärendienst, der unterm Strich mehr kostet als einspart.

Meine Empfehlung: Arbeiten Sie mit einem **externen Programmierer** und klären Sie ab, was und in welcher Form Sie übernehmen sollten. So können Sie Aktualisierungen in vorbereiteter Form übermitteln, sodass weniger Arbeit anfällt und damit der zeitliche Aufwand für den Externen kleiner ist.

Häufige Aktualisierungen in entsprechend programmierter Oberfläche selbst vornehmen

Wenn Sie eine Rubrik haben, die stetig aktualisiert werden muss, zum Beispiel Seminartermine, kann es sich auch lohnen, eine entsprechende Oberfläche programmieren zu lassen, die einmalig einen kleinen Betrag kostet, Sie dafür aber in die Position versetzt, diese Aktualisierungen selbst erledigen zu können.

Nachdem Sie entschieden haben, was und in welcher Intensität Sie für Ihr Unternehmen nutzen möchten, planen Sie also gezielt die entsprechenden Ressourcen ein und bestimmen, wer wofür verantwortlich ist!

1.2 Geschäft ohne Grenzen

Je nach Produkt, Leistungen und Ambitionen – etwa der Expansion – lassen sich per Internet recht einfach neue Märkte erschließen.

Das bezieht sich nicht nur auf Überregionalität oder sogar Internationalität, sondern kann auch bereits regional sinnvoll sein.

Virtueller Unternehmensstart

Gerade kleinere Unternehmen starten oftmals aus Investitionsgründen mit einem virtuellen Business. Der PC und Internetanschluss machen das **Wohnzimmer zum Firmensitz**. Dienstleister und „Kopfarbeiter", deren Arbeitsleistung nicht von persönlicher Präsenz abhängig ist, können z.B. wunderbar im Netz agieren, und auch Versandhändler können fürs Erste klein anfangen und in der eigenen Wohnung Päckchen schnüren.

Vorteil: Wenig Startkapital notwendig

Das Internet bietet den Vorteil, auf gesunde Weise **in die erfolgreiche Selbstständigkeit hineinzuwachsen** – und auch eine Möglichkeit, mit sehr **wenig Startkapital** ein eigenes Business auf die Beine zu stellen.

Auch die Kombination, ein Ladengeschäft oder Business vor Ort mit dem Online-Geschäft zu verbinden, kann sinnvoll sein.

Beispiele

- Ein Schreibwaren- und Geschenkehandel in schlechter Lage und daher mit wenig Laufkundschaft vertreibt seine Ware auch per Online-Shop.
- Ein Fahrradhändler bietet Zubehör per eBay an.
- Ein Coach macht neben persönlichen Beratungen auch Online-Workshops und E-Mail-Coachings.

Eine Erweiterung des Geschäftes per Internet bringt natürlich **Veränderungen** mit sich: Zum einen können das sprachliche Anforderungen sein, zum anderen die Kenntnis rechtlicher Bedingungen.

Das Alltagsgeschäft und die Leistungen verändern sich

Doch auch das normale Alltagsgeschäft verändert sich: Geschäftsprozesse müssen neu definiert und in das bestehende Business eingegliedert werden (vgl. Teil 4). Auch die Leistungen können sich komplett verändern: So sitzt ein Berater möglicherweise seinem Kunden nicht mehr gegenüber, sondern verrichtet sämtliche Kommunikation schriftlich.

Nachteil: schärfere Konkurrenz

Nachteil der „Grenzenlosigkeit" im Netz ist allerdings, dass auch die Konkurrenz schärfer geworden ist.

1.3 Veränderte Konkurrenzsituation

Für Geschäftspartner und Kunden ist es sehr viel einfacher geworden zu vergleichen:

- **Anbieter** – und damit Mitbewerber – werden schnell gefunden,
- der Vergleich hinsichtlich **Firmenauftritt, Wirkung, Leistung, Preise** etc. fällt leicht,
- der **Austausch** mit anderen Kunden über Produkte, Service etc. ist möglich durch öffentlich zugängliche Empfehlungen, Erfahrungsberichte – positiver und negativer Art.

Weite Entfernungen sind kein Hindernis mehr

Leistungen und Produkte, die übers Internet bezogen werden, sind auch **nicht mehr vom Standort abhängig**: Die Website oder E-Mail als Kommunikationswerkzeug bzw. der Erhalt von Ware per Versand machen den Kunden völlig unabhängig – und damit das liefernde Unternehmen auch schneller austauschbar.

Beispiel

So kann ein Kunde in München sich dafür entscheiden, ein Buch am Ort, in Hamburg oder auch in den USA zu bestellen. Dabei kann die Bestellung in den USA sogar günstiger ausfallen als die im Laden nebenan. Nimmt der Kunde also eine etwas längere Versandzeit in Kauf und ist der Preis ausschlaggebendes Kriterium, wird er u.U. zum Stammkunden bei einem amerikanischen Unternehmen. Früher undenkbar.

Unternehmen sind schneller austauschbar

Diese Aspekte sind Chancen – bergen aber auch Risiken. Denn sowohl für Neukunden als auch für einen bestehenden Kundenkreis bieten sich zahlreiche Ansatzpunkte, um sich umzuentscheiden. Hat ein Büromittelhändler früher noch davon profitiert, in unmittelbarer Nähe zu seinen Kunden zu wohnen und dadurch schnell liefern zu können, ist es im Netz absolut üblich, dass Büromittelversender schon am Folgetag ausliefern – selbst wenn erst später am Nachmittag bestellt wird.

Vorteilhaft ist, dass man selbst derjenige sein kann, der sich durchsetzt und der Konkurrenz Kunden „wegschnappt".

Die Zeit für den ersten Eindruck ist extrem kurz

Insbesondere was potenzielle Neukunden betrifft, hat man jedoch einen ganz markanten Nachteil: Die Zeit, die im Netz für einen ersten Eindruck verwendet wird, ist wahnsinnig kurz! Haben Sie es also geschafft, dass man Ihre Website findet, müssen Sie sich praktisch sofort beweisen, wenn Sie erreichen möchten, dass der Webbesucher sich ein näheres Bild macht.

Dr. Gitte Lindgaard von der Carleton Universität in Ottawa, Kanada, konzipiert und untersucht interaktive Technologien. In einer **Studie**, deren Ergebnis 2006 in der Fachzeitschrift „Behaviour & Information Technology" veröffentlicht wurde (Ausgabe 25, S. 115), ergab sich:

> Probanden haben sich bereits nach 50 Millisekunden entschieden, ob eine Internetseite sie überzeugt oder ob sie uninteressant ist.

Der erste Eindruck entscheidet über die Verweildauer

Sicherlich ist das Ergebnis in dieser Form etwas reißerisch dargestellt. Doch unterstreicht es das Grundprinzip Internet: Webbesucher entscheiden aufgrund des ersten Eindrucks auf der Startseite sehr schnell, ob sie sich näher mit dieser Internetseite befassen möchten und ob das dahinterstehende Unternehmen für sie interessant und überzeugend erscheint.

Suchmaschinen bieten zu allem viele Alternativen

Ergibt sich ein **schlechter Eindruck** oder fühlt sich der Webbesucher **gegängelt** (etwa durch zu lange Ladezeiten, technische Barrieren etc.), **klickt er weiter zur Konkurrenz**. Da viele Internetnutzer sich über Suchmaschinen zu Unternehmen durchklicken, steht meist eine lange Liste alternativer Ergebnisse zur Verfügung. Das macht das **ungeduldige Weiterklicken** leichter.

1.4 Höhere Erwartungen auf Kundenseite

Das Internet hat auch das Kundendenken und die Erwartungen beeinflusst: Zum einen werden bestimmte Maßstäbe gesetzt, was Art und Inhalt einer informativen und serviceorientierten Website betrifft. Auf diese gehen wir in Teil 2 detailliert ein. Die gesteigerte Erwartungshaltung betrifft jedoch vor allen Dingen die **Geschwindigkeit**! Im Internet läuft die Zeit anders.

> Wer sein Business im Netz hat, muss schnell(er) sein, aktuelle Informationen und eine kurze Reaktionszeit haben.

Die Realität ist oft ein Trauerspiel:
- In vielen Unternehmen dauert das Beantworten von E-Mails Ewigkeiten (wenn überhaupt eine Antwort kommt),
- Reaktionen auf Anfragen oder Bestellungen erfolgen nicht oder schleppend,
- Informationen sind veraltet,

- automatische Bestätigungsseiten, man „melde sich so schnell wie möglich“ oder „am nächsten Werktag“ werden häufig nicht beherzigt.

Umso wichtiger ist es, dem Faktor Zeit im Internet Rechnung zu tragen:

- **Jede Form von Kundenkontakt muss zeitnah beantwortet werden.** Idealerweise noch am gleichen Tag, spätestens am Folgetag. Automatische Bestätigungen sind in Ordnung, aber nur, wenn diese auch individuelle Anfrage- oder Bestelldaten enthalten, sodass der Kunde nicht mit einer kompletten Serienantwort „abgefertigt“ wird, der er nicht trauen kann, da sie automatisch verschickt wird.

Automatische Bestätigungen müssen individuelle Daten enthalten

- **Alle Mitarbeiter, die einen E-Mail-Account haben, brauchen unkomplizierten Zugriff darauf.** Im Idealfall haben sie ihren Online-Anschluss am eigenen Arbeitsplatz. Das sollte mittlerweile Alltag sein. Allerdings gibt es auch Unternehmen mit mehreren Mitarbeitern, die einen einzigen Internet-PC haben.

PRAXISTIPP

Ideal für Unternehmen, die viel mit dem Web zu tun haben, ist eine „Flatrate“: Gegen eine monatliche Pauschalgebühr können alle Mitarbeiter unbegrenzt mit dem Internet verbunden sein. Das hat den Vorteil, dass eingehende E-Mails sofort gesehen und unmittelbar bearbeitet werden können. Viele Unternehmen haben Standleitungen.

- Wenn **Mitarbeiter abwesend** sind, muss organisiert werden, was mit **deren Mailbox** passiert (vgl. Kap. 12.3).
- Klären Sie in Ihrem Unternehmen, wer für die Beantwortung von E-Mails **verantwortlich** ist und **in welcher Zeit** das geschehen muss.
- Sofern beim Absenden einer Anfrage auf Ihrer Webseite eine Dankeschön-Nachricht erscheint und darin ein **Zeitrahmen für die Antwort genannt** wird (z.B. „Wir melden uns umgehend bei Ihnen“ oder „Wir melden uns innerhalb der nächsten drei Werktage.“ etc.), müssen Sie dieses **Versprechen auch halten**. Oder Sie verändern die Nachricht im Netz und geben statt eines Termins ein unverbindlicheres „Wir melden uns bei Ihnen“ an.

Der von Ihnen kommunizierte Zeitrahmen muss eingehalten werden

- Bei Bestellungen ist es wichtig, den **Erhalt zu bestätigen** und schnell zu versenden. Bei Verzögerungen unbedingt informieren.

Über Verzögerungen informieren

Bei der Korrespondenz im Netz hat der Kunde ein anderes Zeitgefühl: Hat man früher einen Brief geschickt, war die Postlaufzeit mit ein, zwei Tagen mit eingerechnet.

Heute schickt man eine E-Mail und weiß, dass der Empfänger diese im nächsten Moment empfängt. Da kann dann schon eine Differenz von einem halben Tag lang erscheinen.

Erst recht kritisch wird es bei **Neukunden**, die mit einer Firma noch keine Erfahrung haben. Ist nun bereits eine **Transaktion**, etwa per E-Commerce, gelaufen, schwingt oft auch eine ganz **generelle Unsicherheit** mit, ob man dem Unternehmen wohl trauen kann oder ob dieses zu den schwarzen Schafen gehört. Die Ungeduld ist in so einem Fall auch deswegen oft höher, weil man dünnere Nerven hat und noch nicht weiß, wie verlässlich die Firma ist.

Übertreffen Sie die Erwartungen Ihrer Webbesucher

Umgekehrt können Sie hier punkten und die Erwartungen Ihrer Webbesucher übertreffen: indem Sie sich prompt bzw. zeitnah melden und immer individuell auf die Anfrage/Bestellung eingehen.

Werbung/ Marketing	Vertrieb	Pflege von Geschäftsbeziehungen	Konkurrenzsituation und Erwartungen	Auswirkungen auf interne Geschäftsabläufe
• Internetauftritt als „Pflicht" • kostengünstige Möglichkeiten, das Unternehmen bekannt zu machen • Neukundengewinnung • Produktmarketing • Aktionen • zielgruppengerechte Ansprache • Multiplikationseffekt • Öffentlichkeitsarbeit (aktiv und passiv)	• E-Commerce • internetbezogener Aktionsverkauf • Informationen über Leistungen/ Produkte/Unternehmen • Verkaufs- „gespräche" im Netz durch interaktive Web-Bestandteile • Rechtliche Bestimmungen bezogen auf Absatz im Internet beachten	Kunden: • Intensivierung bestehender Kundenbeziehungen • Mehrwerte für Kunden (z.B. Abodienste, interner Kundenbereich) • Key-Account-Möglichkeiten • Zusatzservices (Chat-Hotline, Rückrufe etc.) Geschäftspartner: • Vorstellung von Netzwerkpartnern • B2B-Services • Kooperationen	• hohe Ansprüche an Informationsgehalt von Websites • die Website als kritischer Punkt: Vertrauen, Kompetenz, Glaubwürdigkeit • Konkurrenz nur einen Mausklick entfernt • Ansprüche an Geschwindigkeit • Aufheben regionaler Grenzen (mit damit verbundenen Chancen und Risiken)	• Integration der Internetaktivitäten in das „reguläre" Business • Chancen, die Arbeitsabläufe zu optimieren (aber auch das Risiko, diese zu verkomplizieren und damit Mehrarbeit zu kreieren) • Belastung von Mitarbeitern senken, indem die Website deren Arbeit übernimmt (z.B. Akquisewerkzeug Internet, hoher Informationsgehalt für Web-Besucher)

Abb. 1: Möglichkeiten und Auswirkungen des Internets

1.5 Checklisten

Die beste Ausgangslage dafür, seine Website und Online-Aktivitäten zu optimieren ist es, zunächst eine Bestandsaufnahme zu machen: Wie nutzen Sie das Internet bislang? Sind Sie geschäftlich bereits im Netz vertreten oder haben Sie bisher nur erste Schritte, wie beispielsweise eine Domainregistrierung, eingeleitet? Wie stehen Sie Online-Aktivitäten persönlich gegenüber? Und wie nutzen Sie das Internet als Kunde? Gehen Sie die folgenden Fragebögen intensiv durch:

Checkliste: Wie nutzen Sie das Internet derzeit für Ihr Business?

	Ja	Nein	In Arbeit
Internetnutzung			
Ich nutze das Internet bereits geschäftlich			
Ich nutze das Internet bisher nur privat			
Ich habe keinerlei Interneterfahrung bisher			
Internetanschluss			
Ich habe einen eigenen Internetanschluss			
Ich nutze das Internet bei Bekannten bzw. im Internetcafé			
Ich bin geschäftlich per E-Mail erreichbar und …			
habe eine eigene E-Mail-Adresse (mit eigener Domain)			
nutze eine Freemail-Adresse (z.B. web.de, gmx.de) speziell für mein Business			
nutze meine private Mailadresse auch für mein Geschäft			
Ich habe eine eigene Website …			
mit eigenem Domainnamen			
als Subdomain bei einem anderen Anbieter (z.B. t-online)			
als Freedomain (z.B. de.vu)			
Art der Website:			
Reine Imageseite zur Darstellung meines Unternehmens			
Mit Informationen und Neuigkeiten für meine Kunden			
Mit interaktiven Elementen (Forum, Chat etc.)			
Mit aktivem Vertrieb von Produkten/ Leistungen per Online-Shop o.Ä.			
Zweck der Website:			
Reine Webpräsenz			
Passiv gefunden werden (z.B. über Suchmaschinen)			
Aktives Akquise-Werkzeug			
Gezielte Kundenbindung (durch Mehrwerte wie Informationen, Newsletter, interner Kundenbereich etc.)			
E-Commerce			
Welche Online-Aktivitäten nutzen Sie zum Bekanntmachen Ihrer Website?			
Verlinkungen/Linktausch			
Eintrag in Suchmaschinen			
Vorstellung in Datenbanken/Adressbücher			
Aktivitäten in Online-Foren meiner Zielgruppe			
Werbung in Signatur meiner E-Mail			
Werbung in Signatur von Forenbeiträgen			
Präsenz in Chatrooms			
Virtuelle Netzwerke (openBC etc.)			
Sonstige:			

Checkliste: Wie nutzen Sie das Internet derzeit als Kunde/Interessent?

	Ja	Nein
Wie nutzen Sie das Internet?		
Nur zum Spaß (Interessengebiete, Plaudereien ...)		
Gezielte Informationssuche (z.B. Fachinformationen, Marktforschung, Konkurrenzbeobachtung, Recherche über Anschaffungen, Meinungsaustausch)		
Ich handle auch online		
– kaufe selbst		
– verkaufe selbst (z.B. eBay)		
Ich habe einen/mehrere Newsletter abonniert		
Wie gehen Sie bei der Suche vor?		
Ich nutze Suchmaschinen (z.B. Google)		
Ich nutze Verzeichnisse (z.B. meinestadt.de)		
Ich klicke auf Verlinkungen anderer Websites		
Ich reagiere auf Empfehlungen		
Ich klicke auf Anzeigen		
Ich lese Hinweise auf Websites in Print oder über TV		

Checkliste: Was ist Ihnen als Kunde besonders wichtig an geschäftlichen Internetseiten?

	sehr wichtig	<-|->	nicht wichtig
Schnell passende Websites finden			
Übersichtlichkeit			
Gute Struktur			
Eindeutige Navigation			
Schnelle Ladezeiten			
Aktualität			
Informationen zu Produkten/Leistungen			
Unternehmensprofil			
Die Mitarbeiter „dahinter" kennenlernen			
Bei E-Commerce: relevante Informationen zu Kaufkriterien, Sicherheit etc.			
Dass man mit der Website irgendetwas machen kann (z.B. sich mit anderen Besuchern kurzschließen, ein interessantes Tool nutzen)			
Unterhaltung			
Preisinformationen			
Zuständigkeiten und Kontaktdaten			

Checkliste: Wie gross ist Ihr Vertrauen bzw. Misstrauen im Internet?

	trifft zu	trifft nicht zu
Vertrauen in E-Commerce:		
habe ich nicht, man hört so viel von Betrugsversuchen		
habe Angst, ausgekundschaftet zu werden (per Cookie, Trojaner etc.)		

	trifft zu	trifft nicht zu
habe ich begrenzt (z.B. bei seriösen Firmen oder wenn Kauf auf Rechnung möglich ist)		
habe ich grundsätzlich schon, mache mir aber ein genaues Bild von der jeweiligen Website bzw. erkundige mich bei anderen/im Netz		
habe Angst vor Viren/Dialern		
„Papier ist geduldig" gilt auch fürs Internet: Firmen können leicht eine gut klingende Fassade aufbauen		
Bankverbindung/Kreditkartendaten: – gebe ich nie online ein – gebe ich nur bei „seriösen" (= großen, bekannten) Firmen an – gebe ich immer an		

Checkliste: Was ärgert Sie bei der Internet-Nutzung?

	hoher Ärgerfaktor	<-|->	stört mich nicht
Spam			
Viren, Phishing & Co.			
Sich registrieren müssen			
Überall persönliche Daten eingeben zu müssen			
Pflichtfelder			
Animationen			
Werbung: – Textanzeigen – Partnerprogramme – Werbe-Banner – Pop-ups – Pop-unders			

2 Chancen erkennen und wahrnehmen

Nutzen Sie die Möglichkeiten, die Ihnen das Internet bietet

Warum die ganze Mühe mit dem Internet? Bringt eine Website wirklich so viel? – Ja! Wenn Sie es geschickt anstellen und die Möglichkeiten nutzen, **profitiert Ihr Unternehmen** erheblich:

- Sie steigern Ihren Bekanntheitsgrad
- Sie fördern ein positives Image
- Sie akquirieren neue Aufträge (durch Neukunden und die Intensivierung des bestehenden Kundenkreises)
- Sie binden Kunden stärker an Ihr Unternehmen
- Sie machen den Arbeitsalltag effizienter und entlasten Mitarbeiter

2.1 Sich einen Namen machen

Gerade Neugründungen und unbekanntere Firmen, die etwa in Nischenmärkten oder bislang nur regional tätig sind, können durch das Internet sehr schnell einen größeren Bekanntheitsgrad erreichen. Verglichen mit herkömmlichen Marketing- und Werbemaßnahmen sogar sehr günstig. Voraussetzung ist die Bereitschaft, **Energie und Ausdauer** zu investieren.

Ihre Website darf nicht stümperhaft wirken

Die Basis ist eine überzeugende Image-Seite. Es nützt Ihnen der schönste und beste Inhalt gar nichts, wenn die Gestaltung der Website stümperhaft wirkt.

Ist die Website informativ und interessant, können Sie mit den herkömmlichen Mitteln einen steten Besucherstrom schaffen, also z.B. mit dem **Eintrag in Suchmaschinen und Verzeichnisse**, der **Verlinkung** von anderen Websites und natürlich dem Bekanntmachen Ihrer Internetadresse in Ihren **sonstigen Werbemaßnahmen** und der üblichen Geschäftskorrespondenz.

Um sich darüber hinaus schnell einen Namen zu machen, ist es unabdingbar, aktiv zu werden, insbesondere:

- **Mehrwert** zu **bieten**, sodass Kunden immer wieder kommen und Ihre Website auch weiterempfehlen
- durch Inhalte zu überzeugen,
- mittels **Kooperationen** auf Ihre Kompetenz und Ihre Website hinzuweisen,
- auf anderen Internetseiten als **Experte** zu überzeugen.

Je mehr Sie sich im Netz hervortun und je intensiver man auch auf anderen Websites von Ihnen liest, desto schneller wird Ihr Unternehmen zu einem Begriff.

An manchen Stellen ist Werbung tabu!

Dabei ist jedoch relevant, auf welche Art und Weise man von Ihnen liest. Internetbesucher reagieren sehr schnell verschnupft, wenn man sie zu etwas zwingen möchte oder ignorant alles mit Werbung überzieht. Darum ist es sehr wichtig, als Webbetreiber **immer gut zu unterscheiden**: Wo ist der Platz für Werbung (beispielsweise wenn man ein Werbebanner schaltet oder in seiner Signatur den Hinweis auf die Website anbringt) und wo ist Werbung tabu?

Leider sieht man immer wieder die Brachialmethode: Internetnutzer werden unaufgefordert mit Newslettern bombardiert, in Foren und Gästebüchern werden Werbeeinträge hinterlassen etc. So etwas wird im Netz sehr übel genommen.

Beispiel

Manche Unternehmen glauben, besonders findig zu sein, indem sie Einträge faken. Man schreibt beispielsweise eine Frage in einem Forum nur mit dem

Zweck, auf ein Produkt, eine Leistung oder eben auf eine andere Website aufmerksam zu machen. Dabei wird jedoch schnell erkennbar, dass dieser Eintrag vom Seitenbetreiber selbst oder einem seiner Mitarbeiter geschrieben wurde. Dies ist entweder aus der Formulierung erkennbar oder teilweise sogar sehr einfach durch Namensvergleich möglich.

Meine dringende Empfehlung: Blamieren Sie sich nicht. Und bringen Sie Ihre Website nicht negativ ins Gespräch.

Blamieren Sie sich nicht!

Das Internet hat den großen Vorteil, dass sich Empfehlungen explosionsartig verbreiten können. Es hat aber auch den Nachteil, dass negatives Image und schädliche Nachrichten sich ebenso schnell herumsprechen.

In finanzieller Hinsicht bietet das Internet jedem Unternehmen einen wahnsinnigen Vorteil: Früher wäre es unmöglich gewesen, **mit herkömmlichen Werbemaßnahmen so schnell so viele Leute zu erreichen**.

In Teil 2 und Teil 3 erfahren Sie alles, was Sie brauchen, um Ihre Website attraktiv zu machen und mit wenig Geld zu promoten.

2.2 Die Website als Akquise-Werkzeug

Stellen Sie sich vor, Sie lassen Visitenkarten drucken und dann legen Sie diese in eine Schublade, wo keiner sie jemals zu Gesicht bekommt. In diesem Fall hätten Sie ein eigentlich wertvolles Akquisewerkzeug nicht gewinnbringend eingesetzt. Doch genau das passiert in vielen Unternehmen: Es wird teilweise ein hoher Aufwand betrieben, oftmals sogar sehr viel Geld in Gestaltung und Umsetzung der Firmenwebsite gesteckt, doch die Verkaufsstrategie bleibt außen vor.

Verkaufsstrategie bezieht sich zum einen auf das **Verkaufspotenzial** der Website selbst und zum anderen auf die **Verkaufsaktivitäten**.

Eine der simpelsten Funktionen, die eine Website bieten muss, ist die **Kontaktaufnahme**. Wann wird ein Besucher den Schritt machen, Ihr Unternehmen zu kontaktieren?

Machen Sie neugierig auf mehr

- Wenn die Internetseite so gestaltet ist, dass sie benutzerfreundlich ist und eine Wirkung ausstrahlt, die den Besucher nicht nur überzeugt, sondern auch neugierig auf mehr macht.
- Wenn die Informationen in geeigneter Weise präsentiert werden:
  - übersichtlich, verständlich und angenehm zu lesen
  - relevant, auf den Punkt gebracht und gleichzeitig aussagekräftig
  - überzeugend und glaubwürdig
  - mit direkter und kompetenter Ansprache

- aufforderend und verkäuferisch (ohne in „Werbegeplapper“ zu verfallen)

Versuchen Sie Hemmschwellen zu überwinden

- Wenn Hemmschwellen gesenkt werden. Etwa durch
  - sympathisches und persönliches Werben um den Kunden,
  - das Greifbarmachen der Firma, der Erfahrung und Kompetenz und das klare Erläutern des Angebotes,
  - die Personalisierung der Mitarbeiter (**Ansprechpartner nennen**, **Fotos zeigen**, individuelle Kontaktdaten wie persönliche Mailadressen und Nebenstellen nennen),
  - die Vorwegnahme von Fragen, etwa zu Abwicklung und Preisen.

Website als Akquisewerkzeug

Abgesehen also von der Wichtigkeit, als Website-Betreiber die Internetadresse unter die Leute zu bringen, ist es elementar, die Website selbst als Akquisewerkzeug zu sehen und auch entsprechend auszustatten.

Häufig werden Internetseiten nur mit Blick auf Image oder auch auf Neukunden gestaltet. Dabei ist die **bisherige Kundenbasis** sehr wichtig!

Jedes Unternehmen hat eine breite Basis an Kunden, die unterschiedlich aktiv sind, aber auch eine ganze Menge an **„schlafendem Kundenpotenzial“**, also Kunden, die früher einmal gekauft haben, und auch Interessenten, die angefragt haben, mit denen aber dann doch kein Auftrag zu Stande kam.

Dieses große **Potenzial** an bestehenden Kontakten gilt es **auszunutzen**. In puncto Internetseite bedeutet das beispielsweise:

Extra-Service für Stammkunden

- Für Stammkunden einen Extra-Service bieten (Online-Support, Vorabinformation über Neuigkeiten, besondere Angebote, ein VIP-Bereich für Key Accounts ...).
- Bei bestehenden Kunden, die bisher in größeren Abständen bestellt haben, kann man sich wieder in Erinnerung bringen und/oder auch weitere Leistungen und Produkte vorstellen.
- Schlafende Kunden lassen sich mit Mehrwert auf der Website sehr gut reaktivieren.

Wer eine breite Leistungs- bzw. Produktpalette hat, sollte sich nicht darauf verlassen, dass bestehende Kunden immer alle Leistungen automatisch kennen, nur weil man es einmal gesagt hat oder es auf dem Briefpapier steht!

BEISPIEL

So kann es sein, dass eine Druckerei einen kompletten Lettershop anbietet – ein Kunde dort zwar fleißig Briefpapier drucken lässt, aber noch nie auf die Idee gekommen ist, das gesamte Handling eines Mailings außer Haus zu geben, bzw. wenn doch, daran zu denken, dass die Druckerei das erledigen könnte.

2.3 Kundenbindung im Internet

Loyalität ist das Beste, was ein Unternehmen erreichen kann: Sie sichert nicht nur eine feste Kundenbasis, sondern führt auch dazu, dass zufriedene Kunden aktiv Mundpropaganda betreiben. Auch wenn das Auftragsvolumen niedrig ist – es ist sehr viel gewonnen, wenn man verlässliche und treue Kunden hat, die regelmäßig bestellen.

Regelmäßig bestellende Kunden sind ein Gewinn

Ein loyaler Kunde wird nicht so schnell abwandern. Die Zusammenarbeit läuft reibungsloser, und sollte es doch einmal Schwierigkeiten geben, wird ein Kunde mit höherer Bindung an Ihr Unternehmen sich melden und Ihnen damit die Chance geben, das Problem aus dem Weg zu räumen – oder, sollte es einen anderen attraktiven Mitbewerber geben, Ihnen die Gelegenheit geben, sich dem Konkurrenzangebot zu stellen.

Ihre Internetseite kann bei der erfolgreichen Kundenbindung sehr viel helfen, zum Beispiel indem

- per Internet ein kontinuierlicher Kontakt zum Kunden gepflegt wird (etwa durch **interaktive Werkzeuge**, inhaltsreiche **Newsletter** etc.),
- der **Dialog** gesucht wird, wenn etwa um Feedback zu Leistungen, Produkten und Service gebeten wird oder auch Umfragen dazu genutzt werden, sich stetig zu verbessern oder Leistungen/Produkte in einer Weise auszuweiten, die Ihre Kunden brauchen,
- ein **Extra-Service** geliefert wird (wie schon angesprochen können das Zusatzinformationen sein, aber auch besondere „Zuckerl", die bestehende Kunden online erhalten).

Und es ist ein ganz wichtiger psychologischer Aspekt zu beachten: **Ein Kunde möchte in seinen Entscheidungen bestätigt werden.** Eine gute Betreuung – auch über das Internet – und der professionelle Auftritt des Unternehmens tragen zu dieser Bestätigung erheblich bei. Hierdurch wird nicht nur der Weg geebnet, dass dieser Kunde auch den nächsten Auftrag bei Ihnen tätigt, sondern gleichzeitig erreicht, dass er sich generell mit der Wahl Ihres Unternehmens gut fühlt.

Je zufriedener ein Kunde ist, desto mehr festigt sich die Loyalität. Das wiederum erhöht die Chancen auf aktive Empfehlung an andere. Im Idealfall erreicht man, dass zufriedene Kunden zu **„Aposteln"** werden – ein Fachbegriff für Multiplikatoren, die von sich aus für ein Unternehmen eintreten und die Werbetrommel rühren.

Je zufriedener ein Kunde ist, desto mehr festigt sich die Loyalität

2.4 Effizienter arbeiten: den Berufsalltag entlasten

Internetseiten, die **gut aufgebaut** sind und vor allen Dingen **umfassende Inhalte** zu Produkten und Leistungen bieten, erleichtern auch erheblich das Alltagsgeschäft: Die Arbeit lässt sich optimieren, Mitarbeiter werden entlastet und dadurch Zeit und Kosten gespart.

Beispiele

- Der Versand an Informationsmaterial kann komplett entfallen, wenn die Website aussagekräftig genug ist. Bei Bedarf können Werbematerialien wie Kurzprofile, Preislisten, Leistungsbeschreibungen o.Ä. auch zusätzlich als Download-Datei angeboten werden.
- Grundsätzliche Preis- oder Produktanfragen werden seltener oder entfallen ganz, wenn die Internetseite entsprechende Antworten bietet.
- Rückfragen werden eingedämmt, wenn relevante Angaben bei Anfragen oder Bestellungen bereits per Internet-Formular abgefragt werden.
- Bei E-Commerce können Bestellbestätigungen oder Rechnungen und Gutschriften durch entsprechende Software automatisch erstellt werden.
- Durch die Nennung verantwortlicher Mitarbeiter, individueller Mailadressen und Telefon-Nebenstellen werden Interessenten und Kunden direkt an die richtige Ansprechperson gelenkt. Es entfällt das Weiterleiten von E-Mails, die Telefonzentrale wird entlastet und das interne Nachfragen nach Zuständigkeiten wird vermieden.

Je komplexer ein Angebot und die zugehörende Website ist, desto mehr lohnt es, die Technik professionell einzubinden.

Ich kenne einige Unternehmen, hinter deren Website und Leistungen nur ein oder zwei Personen stehen. Vergleichbare Firmen hingegen beschäftigen ein halbes Dutzend und mehr Mitarbeiter für den gleichen Aufwand. Wie ist das möglich?

Viele Verwaltungsvorgänge automatisieren

Ganz einfach: Die Websites der kleineren Firmen sind geschickter aufgebaut und haben sehr viele Vorgänge automatisiert. Dadurch ist die Verwaltung entlastet und man hat mehr Zeit, das Alltagsgeschäft und den individuellen Kontakt zu den Kunden zu pflegen, und das Ganze mit wenigen Mitarbeitern.

Wie Sie die Internetseite dazu nutzen können, den Berufsalltag zu entlasten und Ihre Arbeit effizienter zu gestalten, erfahren Sie im vierten Teil.

2.5 Die richtige Zielgruppe ansprechen

Eine interessant gemachte, informative Internetseite bringt Sie näher an Ihre (potenziellen) Kunden. In erster Linie ist es daher wichtig, dass Sie wissen, welche Zielgruppe(n) Sie genau ansprechen möchten.

Unterscheiden lassen sich zunächst:

- Business-to-Business (B2B): Geschäftsbeziehungen zwischen Unternehmen und
- Business-to-Consumer (B2C): Geschäftsbeziehungen zwischen Unternehmen und Endverbrauchern.

Es ist sehr wichtig, sich bezüglich des Internetauftritts über die **angesprochene Zielgruppe** vorher ganz klar zu werden, denn die Art der Zielgruppe wirkt sich einerseits auf den Inhalt, aber andererseits auch auf die Sprache aus.

Inhalt und Sprache müssen zielgruppengerecht sein

Viele Unternehmen wollen beide Zielgruppen, also B2B und B2C, ansprechen. Hier kann es sinnvoll sein, zwei Websites anzulegen – entweder mit unterschiedlichen Domainnamen oder aber auf derselben Domain, aber mit einer Startseite, die die entsprechende Zielgruppe gleich zu Beginn auf die relevanten Inhalte führt.

Beispiele

- Eine Schreinerei ist als Subunternehmen für Baugesellschaften tätig, fertigt aber auch in kleinerem Rahmen einzelne Möbelstücke für Privatpersonen.
- Ein Verband erfüllt sowohl seine Informationsaufgabe für Endverbraucher, ist aber in gleichem Maße für die Information der Mitgliedsunternehmen da.
- Ein Hersteller von Sportzubehör hat ein Sortiment für den Amateur, aber auch hochpreisiges Profigerät.

Ob eine komplett eigene Website aufgebaut wird oder ob die Unternehmenssituation einen **Extra-Zugang**, vielleicht sogar passwortgeschützt, (**für Firmenkunden** oder beispielsweise Verbandsunternehmen) erfordert, kann erst entschieden werden, wenn man die Zielgruppe und die Absichten des Webauftrittes bestimmt hat. Wie Sie das für Ihr Business individuell tun können, erfahren Sie in Teil 5.

Unterschiedliche Websites je Zielgruppe?

Abgesehen von dieser groben Einteilung ist natürlich die Konkretisierung der Zielgruppen im Detail notwendig.

Beispiel

Eine Fachfrau für Erziehungsfragen spricht auf ihrer Website Erziehungspersonal in Kindergärten und Schulen an, wendet sich mit ihrem Angebot aber auch an Eltern.
Da die gesamte Leistungspalette, vom Einzelcoaching bis hin zu Trainings, für beide Zielgruppen getrennt aufgebaut ist, wäre es unübersichtlich und verwirrend, alles in einer einzigen Darstellung zu vermischen. Hier müsste man die Texte möglichst neutral halten, womit man sich allerdings die Chance vergibt, in der „gleichen Sprache" wie die Zielgruppe zu sprechen. Deshalb ist es in so einem Fall sinnvoller, zwei einzelne Websites aufzubauen (durchaus auf der gleichen Internetadresse).

Abb. 2: Screenshot http://www.kreativ-erziehen.de

Bei den Überlegungen zur Zielgruppe kann sich durchaus herausstellen, dass das Internet für den angesprochenen Markt nicht der beste Weg ist. Oder aber, dass nur für einen Teil der angestrebten Zielgruppe das World Wide Web maßgeblich ist.

Gezielte Vorgehensweise ist elementar

Sie sehen: Eine gezielte Vorgehensweise ist elementar! Mehr zur Bestimmung Ihrer Zielgruppe finden Sie im fünften Teil, in dem es darum geht, Ihre individuelle Webstrategie festzulegen.

TEIL 2

Die eigene Internetpräsenz

Richtig angepackt, wird Ihre Website zum Tausendsassa: Sie macht Ihr Unternehmen bekannt, stärkt die Kundenbindung und kreiert neues Business. Eine gute Image-Website ist nützlich. Bieten Sie darüber hinaus attraktiven Mehrwert und treten Sie mit den Besuchern Ihrer Website in Dialog. Schöpfen Sie alle Möglichkeiten des World Wide Web aus.

Eingangs habe ich bereits betont, dass Ihnen eine gute Internetpräsenz Kunden und damit Umsatz bringt. Außerdem ist sie vorteilhaft für Ihr Image. Doch was macht nun eine gute Website aus?

3 Gestaltung einer überzeugenden Image-Website

Bei der Gestaltung gibt es zwei Größen, die besonders beachtet werden müssen:
- der erste Eindruck (und damit die Wirkung) und
- die Benutzerfreundlichkeit.

Internetnutzer klicken schnell weiter

Stellen Sie sich vor, wie schnell Sie als Internetnutzer weiterklicken, wenn Sie auf eine Website kommen, die sich zu langsam lädt, einen wirren Eindruck macht – oder die zwar hübsch aussieht, aber inhaltlich nicht überzeugt. Genauso geht es den Besuchern Ihrer Internetseite.

> Eine erfolgreiche Website macht (potenzielle) Kunden neugierig, sich weiter umzusehen, und bietet schnellen und einfachen Zugriff auf relevante und interessante Inhalte.

Der Bereich Webdesign und Webtechnik ist sehr komplex. Dieses Buch hat den Fokus auf den Grundlagen und Möglichkeiten. Es ist keine detaillierte Anleitung für Gestaltung und Programmierung, sondern zeigt Ihnen die wichtigsten Aspekte auf und worauf es jeweils ankommt.

3.1 Die Wirkung

Eine gute Website fördert das Image und verkauft. Dazu zählt zum einen die **professionelle und kompetente Wirkung**, zum anderen aber auch der **persönliche Eindruck**!

Der persönliche Service zählt

Auch virtuell ist zu berücksichtigen, dass Produkte und Dienstleistungen – außer in absoluten Nischenmärkten – austauschbar geworden sind. Was zählt, ist persönlicher Service. Ein Kunde, egal ob Business-to-Business oder Business-to-Consumer, möchte sich natürlich einerseits von der fachlichen Kompetenz und Qualität überzeugen – wählt aber andererseits das Unternehmen ganz gezielt nach persönlichen Kriterien aus.

Wer sich mit dem Service einer Firma rundum wohlfühlt, bleibt treu (und Loyalität wünscht sich jeder) und empfiehlt sie vor allen Dingen weiter.

Eine erfolgreiche Website ist demnach wie ein guter und angenehmer Verkäufer: Sie stellt eine Beziehung zum Interessenten her, überzeugt und verkauft.

Sehen wir uns an, welche Kriterien für einen erfolgreichen Vertriebler wichtig sind:

- Auftreten
- Kompetenz
- Interesse
- Aufrichtigkeit

Für Ihre Internetseite bedeutet das: Achten Sie darauf, dass die Internetseite von Optik und Sprache her dem entspricht, was Sie als Unternehmen darstellen möchten.

Farben, Schriften, Formen, Texte müssen abgestimmt sein

PRAXISTIPP

Überlegen Sie sich fünf Eigenschaftswörter, für die Ihr Unternehmen stehen soll – Ihre Internetpräsenz muss dann von Farben, Schriften, Formen, Texten darauf abgestimmt sein.

Und selbstverständlich sollte Ihre Website im Einklang mit Ihrem sonstigen Unternehmensauftritt sein.

3.1.1 Gestaltung und Layout der Website

Jeder Mensch drückt seine Persönlichkeit aus. Manchmal denkt man sich nicht viel dabei und läuft mit Jeans und T-Shirt durch die Gegend, weil es einfach bequem ist. Dennoch hat das Erscheinungsbild natürlich auf die Umwelt eine große Auswirkung: Der Jeansträger wirkt sportlich oder auch nachlässig, sieht vielleicht allein durch seine Kleidung jünger aus.

Steckt man dieselbe Person in einen dunklen Anzug mit Krawatte, verändert sich diese Wirkung – und die damit verbundenen Eindrücke. Und nehmen wir unseren Anzugträger jetzt und stecken ihn in einen Saal mit hundert anderen Anzugträgern, wird er in der Masse untergehen.

Mit Ihrer Unternehmenswebsite ist das ganz genauso. Darum sollte der „Look" Ihrer Internetseite auch wohlüberlegt sein und

Der Look Ihrer Website ist entscheidend

- **zur „Persönlichkeit"** Ihres Unternehmens **passen**,
- gezielt die **Eigenschaften transportieren**, die Sie mit Ihrem Business verbunden sehen möchten,
- mit Ihrem sonstigen Auftritt **konsistent** sein (was Formen und Farben angeht).

Der letzte Punkt ist besonders wichtig. Sehr häufig ist zu beobachten, dass Internetseiten von jemandem umgesetzt werden, der in Eigenregie macht, was ihm gut gefällt. Wenn Sie Ihre Internetseite gestalten lassen möchten, dann ist ein Qualitätsmerkmal eines guten Webdesigners, dass er sich

Die Website muss zum Unternehmensauftritt passen

zeigen lässt, wie Ihr Unternehmensauftritt aussieht (Logo, Prospekte, Briefpapier o.Ä.), und dass er Sie genau fragt, wie Sie wirken möchten und was die Ziele für die Website sind.

Farbgebung, Formen, das Anordnen von Text, die Wahl von Schriften und Gestaltungselementen wie Linien, Punkte, Fotos, Illustrationen – und natürlich jeweils die Umsetzung – vermitteln und **unterstreichen die von Ihnen gewünschten Eigenschaften oder konterkarieren sie**.

BEISPIELE

- Eine selbstständige PR-Fachfrau, die angibt, für eine professionelle Unternehmenskommunikation zu sorgen, veröffentlicht fehlerhafte Texte und verschobene Grafiken.
- Eine Computerfirma betont Logik, analytische Fähigkeiten und durchdachte Lösungen und unterstreicht das durch ein klares, minimalistisches Design mit nur einer Zusatzfarbe, sauber gegliederten Texten und senkrechten Linien.
- Eine freie Journalistin spricht von Klarheit und Sorgfältigkeit in der Recherche, ihre Website ist jedoch völlig überladen und wirr, gespickt mit animierten Symbolen.

Die Startseite ist die prominenteste Stelle Ihrer Website

Häufig sieht man leere und **nichtssagende Einstiegsseiten**. Doch gerade der erste Eindruck ist entscheidend dafür, ob ein Surfer auf Ihrer Internetseite bleibt und wie er Ihr Unternehmen erlebt. Die Einstiegsseite Ihrer Internetpräsenz ist damit nicht nur wichtig, sondern die prominenteste Stelle Ihrer Website.

Ein Paradefehler vieler Unternehmen ist es, diesen Platz zu verschenken: indem lediglich das eigene Logo oder eine Grafik, die die Navigation dupliziert oder aber ein paar nichtssagende Inhalte dargestellt werden.

Nutzen Sie die Startseite!

- Bilden Sie nicht nur Firmennamen/Logo ab, sondern machen Sie **auf einen einzigen Blick erfassbar, was Ihr Unternehmen tut** (zum Beispiel mit einer aussagekräftigen Unterzeile unter dem Logo).
- Verknüpfen Sie die Begrüßung Ihrer Besucher mit einer kurzen und knackigen **Zusammenfassung Ihrer Leistungen**: Was haben Sie anzubieten?
- Reißen Sie Themen und Informationen mit einem „Teaser“ an und linken Sie auf die Gesamtinfo.
- Bieten Sie **interaktive Werkzeuge oder einen Newsletter** an? Dann geben Sie diesem einen prominenten Raum – am besten oben auf der Startseite, damit die Information auch ohne Scrollen ersichtlich ist.
- Gibt es **aktuelle Termine oder Angebote**? Dann geben Sie auch diesen einen deutlichen Platz.

Positive Beispiele für unterschiedlich genutzte Startseiten finden Sie hier:

- http://www.netzwerk-buero.de
- http://www.workshopwelt.de

3.1.2 Inhaltliche Unternehmensdarstellung

Entscheidend ist nicht nur, was Sie sagen, sondern auch, was Sie nicht sagen

Neben dem optischen Eindruck zählt natürlich zur Wirkung besonders auch, was Sie über sich sagen (und was nicht) und in welcher Form. Hierzu zählt:

- Was sprechen Sie **explizit** über Ihr Unternehmen („Wir"-Statements und Informationen in Rubriken wie „Über uns")?
- Was transportiert die **Sprache**?
- Was liest man **zwischen den Zeilen**?

Sehen wir uns zunächst die **eindeutigen Aspekte** an: Ihre Internetseite wird die **Firma in eigenen Worten** darstellen. Dies passiert in der Regel über eine oder mehrere Rubriken, die da heißen: Wir über uns, Das Unternehmen, Das Team, Unsere Philosophie, Unternehmensfakten o.Ä.

Ihre Informationen zeigen Ihre Kompetenz

Die Informationen, die man als Interessent über Ihre Firma bekommt, entscheiden darüber, für wie kompetent, interessant oder sogar sympathisch man Sie und Ihre Arbeitsweise hält.

Gerade bei der Darstellung des Unternehmens wird traurigerweise oft entweder nur auf bloße Fakten verwiesen, die leidenschaftslos heruntergeschrieben werden (Gründungsjahr, Geschäftsführer, Firmenjubiläum), oder aber es werden distanzierte Werbefloskeln gedruckt, die völlig nichtssagend und austauschbar sind.

PRAXISTIPP

Einzelunternehmer machen häufig den Fehler, sich hinter der Fassade eines großen Unternehmens zu verstecken: Da wird von „Wir" gesprochen, wo nur ein „Ich" ist.
Dabei nützt es nicht nur nichts, über das Einzelkämpfertum hinwegzutäuschen (so eine „Lüge" fliegt spätestens auf, wenn es zu einer Zusammenarbeit kommt), sondern man verpasst auch die Chance, die **Pluspunkte in den Vordergrund** zu stellen, **die man als Einzelunternehmer bieten kann**:

- ein Ansprechpartner
- volles Engagement
- in der Regel günstiger im Preis als eine große Firma, da anders kalkuliert werden kann
- unbürokratischeres Handling

Mögliche Nachteile lassen sich vorwegnehmen. So ist es eine berechtigte Frage, wie es bei größeren Aufträgen oder im Urlaubsfalle mit Termintreue bzw. Vertretung aussieht.

Ein Trauerspiel ist die oft vertretene „Firmenphilosophie“: Da erzählt das tausendste Unternehmen, dass „Die Mitarbeiter unser wichtiges Kapital sind“ und „Service unser höchstes Ziel“ ist. Derlei Floskeln sind tausendmal gehört – schade, wenn Ihr Unternehmen das zu Recht von sich behauptet und es niemand ernst nimmt, weil es im Grundrauschen untergeht.

E-Mails mit Standardtext relativieren die Service-Orientierung

Mindestens ebenso schlimm ist es allerdings, wenn Sie etwas behaupten, was dann nicht umgesetzt wird (schon eine E-Mail, die mit einem Standardtext zurückkommt, relativiert die Service-Orientierung beträchtlich). Und dann sind da noch die unbedachten Superlative:

Beispiel

Ein kleiner Coffeeshop hat auf seiner Website stehen, dass er nur die besten Mitarbeiter, die in der Branche zu haben sind, beschäftigt.
Das für sich ist schon so eine absurde Behauptung, dass man sie schlichtweg nicht ernst nehmen kann, und verdeutlicht, wie das Unternehmen hier bereits durch die Formulierung an Wirkung einbüßt: Wenn man dort nämlich wirklich besondere Ansprüche an Mitarbeiter stellt, persönlicher und fachlicher Art, wäre es sehr viel glaubhafter und interessanter, wenn die Firma sagt, worauf genau sie Wert legt, anstatt einen pauschalen Superlativ zu nutzen.
Hinzu kommt, dass bei dem Unternehmen diese „Philosophie“ in der Realität konterkariert wird, denn die Mitarbeiter dort sind eher unaufmerksam und langsam.

Jede Behauptung, die Sie zu Ihrer Firma aufstellen, muss der Realität auch standhalten.

Erfahrungsberichte von Kunden

Eine weitere Möglichkeit, wie Sie über Ihr Unternehmen sprechen können, ohne das selbst zu tun, ist, dass Sie Kunden sprechen lassen. So genannte **„Testimonials“** sind O-Töne von Kunden, die darüber berichten, wie sie das Unternehmen sehen bzw. welche Erfahrungen sie gemacht haben.

Aber: Bitte **erfinden Sie keine Testimonials**! Nicht komplett und auch nicht, wenn ein Kunde sagt, sie sollten einfach in seinem Namen etwas schreiben (dieses Angebot kommt manchmal). Bitten Sie Ihre Kunden darum, Ihnen ein kurzes Statement zur Verfügung zu stellen. Idealerweise mit der Erlaubnis, den vollen Namen der Person und der Firma anzugeben. Wenn gewünscht, können Sie im Gegenzug dessen Homepage erwähnen und verlinken.

Die Anfrage, ob Sie einen Kunden als Referenz aufführen dürfen, ist außerdem eine gute Gelegenheit, mit Kunden wieder in Kontakt zu treten. Oft ergeben sich allein aus so einer Nachfrage wieder aktuelle Aufträge, einfach weil man sich wieder in Erinnerung gebracht hat. Und: Zufriedene Kunden willigen gerne ein.

PRAXISTIPP

Überlegen Sie:
- Welche Informationen zur Firma möchten Sie nennen?
  - Ihre Ziele und was Ihnen wichtig ist
  - Unternehmensfakten
  - Informationen über Ihre Mitarbeiter und Zuständigkeiten
  - etwaige Geschäftspartner, die eng mit der Firma zusammenarbeiten
- Warum möchten Sie diese Informationen geben, was hat ein Interessent/ Kunde davon?
- In welcher Form möchten Sie die Inhalte präsentieren?

Allein durch die Konkretisierung und den **Blick aus Kundensicht** verändert sich die Unternehmensdarstellung.

Die Wirkung von Sprache und Satzbau

Bleibt noch die Form(ulierung): Sprache und Satzbau haben immer auch eine Wirkung – ganz unabhängig vom Inhalt. Ob jemand lange Sätze bildet, einen Hauptwörterstil pflegt, eher behördlich-distanziert oder locker und direkt formuliert, in welchem Umfang er Umgangssprache oder Anglizismen benutzt – alles sagt etwas aus über die Person bzw. das Unternehmen.

BEISPIEL

Die folgenden Formulierungen haben alle den „Service“ zum Thema, unterscheiden sich aber stark in der Wirkung:
- Wir bemühen uns, exzellenten Service zu bieten.
- Service am Kunden ist von höchster Wichtigkeit für unsere Arbeit.
- Bei uns bekommen Sie, was Sie wollen!
- „Servicewüste Deutschland“ – das gilt nicht für uns.
- Unsere Kunden haben top priority.
- Dienst am Kunden ist selbstverständlich.
- Der Kunde ist König – für uns nicht nur ein Sprichwort.

Besucher persönlich ansprechen

Unabhängig davon, ob Sie eher einen lockeren Stil pflegen oder sich distanzierter ausdrücken: Achten Sie immer darauf, die Besucher Ihrer Website persönlich anzusprechen und machen Sie Ihren Internetauftritt auch damit „menschlich“.

PRAXISTIPP

Oft ist eine Internetdomain bereits geschaltet, aber es befinden sich noch keine Inhalte auf der Website. Klickt man die Seite an, erscheint entweder eine

Fehlermeldung, eine Umleitung zum Provider oder aber der Hinweis, dass an der Seite noch „gebaut“ wird. Insbesondere wenn Unternehmen eine Domain nur für E-Mail-Korrespondenz nutzen, findet sich teilweise über Jahre ein „under construction“.
Das Baustellenschild ist zwar häufig gesehen, dennoch ist es unprofessionell und vergibt Chancen. Bitte nutzen Sie es nicht als Platzhalter und schon gar nicht als permanente Einrichtung auf Ihrer Website!
Schalten Sie Inhalte immer in einer präsentablen Form frei. Sofern Sie weitere Rubriken oder Funktionen für später planen, legen Sie die Website schrittweise an. Jedoch immer so, dass das, was bereits vorhanden ist, auch „komplett“ ist.

Wer seine Internetseite weitergibt, und sei es nur anhand der Mailadresse, sollte zumindest eine gestaltete Startseite einstellen. Diese ist eine schlichte, aber ansprechend gestaltete Seite mit:

- Firmenlogo
- einer kurzen Information zur Art des Business
- vollständigen Kontaktdaten
- der Möglichkeit, zu mailen

Sofern die Website tatsächlich momentan im Aufbau ist, außerdem ein entsprechender Hinweis, bis wann Inhalte zu sehen sind („Ab Frühjahr 200X finden Sie an dieser Stelle Informationen zu ...“).

3.2 Benutzerfreundlichkeit

Die Website kann noch so schön und inhaltsreich sein. Was wirklich zählt, ist die Benutzerfreundlichkeit, d.h.

- ein ansprechendes, leicht zu erfassendes Layout,
- eine eindeutige Navigation/Struktur,
- der schnelle Aufbau der Seiten,
- sinnvolle Querverlinkungen,
- für Ihre Zielgruppe relevante Inhalte
- und bei der Gestaltung und Technik auf die breite Masse Rücksicht zu nehmen.

3.2.1 Ansprechendes, leicht zu erfassendes Layout

Von Laien „selbst gestrickte“ Websites wirken oft amateurhaft

Der allererste Eindruck, den ein Besucher Ihrer Website hat, ist der optische. Viele Internetseiten sind leider völlig überladen und/oder machen zudem oft einen „selbst gestrickten“ und damit äußerst amateurhaften Eindruck.

So nachvollziehbar es ist, aus Kostengründen selbst Hand anzulegen oder einen interessierten Mitarbeiter mit der Gestaltung und Programmierung der Internetseite zu betrauen, so zeigt die Praxis, dass daraus oft wenig professionelle Websites entstehen, die im Extremfall regelrecht abschrecken und in der Folge Geld kosten.

Leider sind auch professionelle Website-Programmierer nicht immer fit in Gestaltungsfragen, außerdem tummeln sich auch Laien in der „professionellen" Webprogrammierung, denen es oft schon an den Grundlagen fehlt. Sehen Sie sich am besten immer vorher Arbeitsproben an und fragen Sie sich, ob Ihnen gefällt, was die Person tut, und ob es auf Sie seriös wirkt.

Die **wichtigsten Grundregeln** für eine klare und ansprechende optische Gestaltung sind die folgenden:

- **Farbe**:
  Farben sollten sparsam und **gezielt** eingesetzt werden und mit Ihren Logofarben harmonieren. Die Farbgebung der gesamten Site sollte eine **optische Einheit** bilden. Dies kann durch die Farbgebung unterstrichen werden: entweder, indem die Website einheitlich „gefärbt" ist, aber auch durch eine **Farbkodierung**, etwa ein unterschiedlich farbiger Balken, ein wiederkehrendes Gestaltungselement oder ein unterschiedlich eingefärbter Hintergrund, der verschiedene Bereiche signalisiert. Unschön und verwirrend wirkt es, wenn die Website nur bunt ist und ohne erkennbares System die Farbgebung variiert.

Farbe nur sparsam einsetzen

- **Hintergrundbilder und Animationen**:
  Nicht immer muss ein Hintergrund weiß oder einfarbig sein. Es gibt auch die Möglichkeit, ein Logo oder ein Muster zu wiederholen, ein Hintergrundfoto einzufügen. Problematisch wird dies jedoch schnell, wenn Ihr Text über einen so gestalteten Hintergrund fließt. Denn Bilder oder Illustrationen, womöglich sogar noch farbig, erschweren die Lesbarkeit. Bestenfalls ist es „nur" ablenkend und schwierig zu lesen, schlimmstenfalls ist der Text gar nicht mehr zu erkennen.
  Ähnlich ist es mit Animationen: Jegliche Bewegung auf Ihrer Seite zieht den Blick auf sich. Dadurch ist ein konzentriertes Erfassen des Gesamtbildes, vor allen Dingen aber der Inhalte, oft nicht mehr möglich. Sofern Sie sich dennoch für eine Animation entscheiden (eine Illustration mit Bewegung, eine Neuigkeiten-Textleiste, ein „Ticker"), achten Sie darauf, dass diese auch relevant ist und in schlüssigem Zusammenhang zu Ihrem Business steht. Und stellen Sie die Geschwindigkeit auf langsame Bewegungen ein.

Bewegung zieht den Blick auf sich

Praxistipp

Vorsicht, Copyright: Wenn Sie Fremdbilder und -Illustrationen verwenden wollen, prüfen Sie immer, ob Sie diese für Businesszwecke nutzen dürfen. Nicht alles, was Sie auf CD erhalten oder im Internet finden, ist automatisch für professionelle Websites kostenfrei nutzbar.
Häufig sehe ich, dass Selbstständige bekannte Comicfiguren nutzen: Ob das die Biene Maja, Asterix oder ein Dilbert-Cartoon ist – diese sind urheberrecht-

lich geschützt und dürfen keineswegs einfach übernommen werden. Abgesehen von rechtlichen Konsequenzen bei der Nutzung von fremdem Bildmaterial (und natürlich auch Texten) kann das auch sehr teuer werden!

Dunkle Schrift auf hellerem, dezent eingefärbtem Hintergrund

- **Kontraste**:
  Gute Kontraste sind nicht nur relevant, was Text und Hintergrund angeht, sondern auch bei Fotos. Text ist in der Regel leichter zu erfassen, wenn dunkle Schrift auf hellerem, dezent eingefärbtem Hintergrund steht. Rätselhafterweise sieht man zuhauf Internetseiten mit dunkelblauer Schrift auf schwarzem Grund (kaum zu entziffern), grellem Gelb auf dunklem Grund (sehr anstrengend für die Augen) oder auch hellgrauer Schrift auf weißem Grund (wiederum kaum lesbar).
  Denken Sie daran, dass die Gestaltung dazu dient, Ihre **Inhalte in den Vordergrund** zu rücken und den Informationstransport zu stützen!

Relevante Informationen auf einen Blick ohne Suchen

- **Schriften**:
  Bei Schriften ist es wichtig, einen **angenehmen Schriftgrad** zu wählen, denn am Bildschirm zu lesen ist immer anstrengend. Außerdem möchte ein Websurfer auf einen Blick für ihn relevante Informationen erhalten. Er wird sich daher nicht die Mühe machen, großartig zu suchen – und wenn die Aufmachung der Texte zu mühsam, zum Beispiel zu klein ist, wird die Site schnell uninteressant.
  Eine typografische Empfehlung besagt, dass man **nicht mehr als drei unterschiedliche Schriftarten** nutzen sollte. Auch mit einer einzigen Schrift können Sie Ihre Inhalte vorteilhaft präsentieren und die Gestaltung durch verschiedene Schriftgrößen und durch gezielt eingesetzte Betonungen wie Fett- oder Kursivdruck variieren.

- **Fotos**:
  Fotos (und Illustrationen) machen das Layout einer Website prinzipiell gefälliger: Sie lockern das Gesamtbild auf und unterstreichen idealerweise Inhalte, wenn die Bebilderung thematisch passt. Sie können aber auch kontraproduktiv sein.

Beispiel

Eine Unternehmensberatung kauft eine lizenzfreie Foto-CD. Leider sind die darauf abgebildeten Businessleute von Kleidung und Frisur als aus den Achtzigern erkennbar. Dadurch wirkt die gesamte Website „alt“ und damit das Unternehmen alles andere als modern.

Nutzen Sie Illustrationen oder Fotos, sollte auf jeden Fall auch der Zeichnungs- bzw. Fotostil zu allem anderen passen, sonst wirkt die Website nicht mehr stimmig.

Selbst gemachte Bilder sind häufig unzureichend, zum einen weil nicht jeder auch ein Auge für gute Bildkomposition hat, zum anderen aufgrund technischer Mängel (meist: zu wenig Kontrast, zu schlecht ausgeleuchtete Bilder). Schlechte Fotos sollte man aber unbedingt vermeiden. Und doch sieht man sie sehr häufig: Mitarbeiter werden gebeten, Privatfotos mitzubringen, oder man knipst schnell mit der Digitalkamera selbst. Eingescannt und auf der Website veröffentlicht ergibt das dann ein wildes Sammelsurium hinsichtlich Fotoqualität, Farbe, Hintergrund etc.

Schlechte Fotos müssen vermieden werden

Beispiel

Ein Versicherungsdienstleister stellt seine 20 Mitarbeiter einzeln vor. Die Darstellung wirkt wie Satire, da offenbar Bewerbungsfotos mit Kantinenausweisbildern gemischt wurden. Das sieht nicht nur sehr unprofessionell aus, zumal das Layout der Website gestört wird, es wirkt zudem auch abschreckend, weil die Mitarbeiter nicht sympathisch wirken, sondern teilweise in sehr unvorteilhafter Weise abgelichtet sind.

Investieren Sie unbedingt in gute Fotos, hier lohnt sich der Gang zum Profi. Das schnell selbst geschossene Bild ist häufig unzureichend, was Gesichtsausdruck, Lockerheit, Farbe und Inszenierung angeht. Auch passt die Kleidung nicht immer oder man sieht frisurtechnisch mitten am Arbeitstag schon einmal etwas „zerrupft“ aus. Sparen Sie hier bitte nicht am falschen Ende!

Sparen Sie nicht am falschen Ende

Fotos im Netz müssen auf jeden Fall hervorragend komprimiert sein und sollten eine Dateigröße von ca. 25 KB nicht überschreiten. Für Illustrationen/Strichzeichnungen nutzen Sie am besten das Dateiformat GIF und für Fotos JPG.

- **Texte**:
  Eine Faustregel dafür, wie viel Text es sein „darf“, gibt es nicht. Das hängt zum einen vom Aufwand ab, den man betreiben möchte, zum anderen davon, wie erklärungsbedürftig Inhalte und Leistungen sind. Gerade wenn die Internetseite als Akquisewerkzeug genutzt werden soll, kommt es darauf an, verständlich zu formulieren und Fragen, die ein potenzieller Neukunde hat, vorwegzunehmen. Denkbar sind z.B.
  - Inhalte, die **aus Kundensicht relevant** sind (Informationen zu Produkten, Leistungen, Konditionen, Ablauf der Zusammenarbeit ...),
  - Inhalte und Schwerpunkte, die **für Sie selbst wesentlich** sind (natürlich auch das aus dem Blickwinkel möglicher Kunden),
  - Informationen, die Ihre **Kompetenz, Erfahrung und Glaubwürdigkeit** stärken (beruflicher Hintergrund, Referenzen, Beispielprojekte, Veröffentlichungen, Arbeitsproben ...).

Verständlich formulieren und Fragen antizipieren

Website gut und lesefreundlich strukturieren

Scheuen Sie sich nicht, etwas mehr Text bereitzustellen. Damit die Website gut lesbar und übersichtlich bleibt, ist es allerdings wichtig, die jeweiligen Inhalte gut zu strukturieren und lesefreundlich zu gestalten.

PRAXISTIPP

Eine Unterstreichung ist die im Internet allgemein übliche Kennzeichnung für einen Link. Auch wenn mittlerweile Links auch oft nur farbig oder mit einem entsprechenden Symbol gekennzeichnet sind, wird man bei einem unterstrichenen Wort immer eine Verlinkung vermuten und daher versucht sein, darauf zu klicken. Von daher sollten Sie keine Unterstreichung als bloße Betonung im Text nutzen und auch Überschriften anders kennzeichnen.

3.2.2 Technik und Gestaltung: Rücksicht auf die breite Masse

Die neueste Technik ist nicht unbedingt die beste

Es gibt technisch sehr viele schöne Möglichkeiten, doch sollte nicht in erster Linie relevant sein, was man „machen kann“ oder was man selbst toll findet, sondern die **Einfachheit des Zugriffs** und die **Benutzerfreundlichkeit** sollten im Vordergrund stehen.

Sofern man seine Website mit Technik aufbaut, die ein **Plug-in** vom Besucher fordert (z.B. Flash), sollte man sich dessen bewusst sein, dass auch wenn die entsprechende Software weit verbreitet ist, nicht jeder Kunde

- diese installiert hat,
- sich mit einer Installation auskennt und daher einen angegebenen Downloadlink nutzt,
- die Software extra installieren will (der Konkurrent ist nur einen Mausklick entfernt),
- überhaupt ein separates Plug-in installieren möchte.

Insbesondere von brandneuen Software-Versionen ist abzuraten, denn auch wenn Internetbenutzer ein Plug-in installiert haben, lassen sie sich ungern von Websites ein bestimmtes Verhalten aufzwingen (z.B. vorhandene Software updaten zu müssen).

Wenden wir uns nun der **Bildschirmdarstellung der Website** zu. Auf vielen Websites sieht man nach wie vor Hinweise wie diesen: „Optimiert für Internet Explorer mit einer Auflösung von 1024 x 768 Pixel“.

Damit stellt sich der Webdesigner jedoch ein Armutszeugnis aus: Entweder er hat sich nicht die Mühe gemacht, auf anderen Browsern und mit anderen Bildschirmauflösungen zu testen, und macht es sich einfach, indem er seine eigenen Systemeinstellungen hinschreibt, oder aber er zeigt seine Ignoranz gegenüber Besuchern mit anderen Einstellungen oder gegenüber anderen Browsern.

Die am meisten genutzte Auflösung ist tatsächlich die 1024 x 768 – was jedoch nicht heißt, dass User mit anderer Auflösung vernachlässigbar wären.

Es ist nicht einfach, auf alle Rücksicht zu nehmen – tun Sie sich den Gefallen, Ihre **Website in verschiedenen Auflösungen anzusehen**. Sonst kann es Ihnen passieren, dass Sie Interessenten abschrecken oder gar ausschließen. So nutzen beispielsweise einige dieser „auf 1024 x 768 optimierten" Seiten den ganzen Platz aus – was bei der Auflösung 800 x 600 zu unschönen und unpraktischen Scrollbalken führt.

Unschöne und unpraktische Scrollbalken

Gute Webdesigner nehmen Rücksicht. Das führt dazu, dass nicht jedes Bildschirmeckchen genutzt ist, sondern Freifläche bleibt. Oder aber die Site ist so angelegt, dass sie sich den unterschiedlichen Auflösungen automatisch anpasst.

3.2.3 Schneller Aufbau = kurze Ladezeiten

Je länger sich Ihre Seite lädt, desto ungeduldiger wird der Besucher. Auch wenn schnelle **DSL-Verbindungen** günstig zu haben und weit verbreitet sind, gibt es dennoch Nutzer, die mit langsameren Verbindungen (z.B. per **Modem**) unterwegs sind.

Wenn solch ein User nicht dringend und unbedingt etwas auf Ihrer Webseite sehen will, wird er bei zu langen Ladezeiten auf den Abbrechen-Button klicken und sich woanders umsehen: Millionen von Webseiten warten nur auf einen Besuch und ein anderer Anbieter ist per Suchmaschine schnell gefunden.

Die Konkurrenz ist nur einen Mausklick entfernt

Meistens verlangsamen **zu große Bilddateien oder (unnötige) Animationen** den Aufbau von Websites. Achten Sie also darauf, dass Sie Bilder fachgerecht komprimieren. Und beschränken Sie Animationen, so sie unbedingt sein müssen, auf das Nötigste.

Bilder komprimieren und Animationen beschränken

Achten Sie auf die unterschiedliche Darstellung je nach Browser: Nicht jeder Internetbrowser stellt die Website wunschgemäß dar. Manche Funktionen sind dem weit verbreiteten Internet Explorer vorbehalten. Je nach Programmierung kann es sein, dass der eine Browser die Seite einwandfrei darstellt, ein anderer sich jedoch an einer Codezeile stört und daher das Layout „zerhaut".

Darum ist es elementar, die Website immer auf unterschiedlichen Browsern und in unterschiedlichen Auflösungen zu testen und entsprechend zu programmieren.

Unterschiedliche Browser testen

Denken Sie auch daran, dass Sie niemals unter Kontrolle haben, wie die Computer-Einstellungen der Internetbesucher aussehen. Gerade bei den **Farben** kann es hier ganz erhebliche Unterschiede geben: Ein dezentes Bordeauxrot im eigenen kann auf einem anderen Computer violett aussehen.

3.2.4 Eindeutige Navigation

Aussagekräftige Bezeichnung der Menüpunkte

Ein Besucher kennt die Website noch nicht und ist daher auf ein aussagekräftiges Menü angewiesen, und zwar sowohl was die Bezeichnung einzelner Menüpunkte betrifft als auch die Gestaltung der Navigation.

Eine **typische Imageseite** enthält folgende Inhalte:

- Startseite
- Produkt-/Leistungspalette
- Informationen über das Unternehmen
- eventuelle Referenzen/Arbeitsproben
- Kontakt (Impressum)

Dies ist natürlich nicht zwingend die Bezeichnung der Navigationspunkte, Sie können die Menüpunkte nennen, wie Sie möchten. **Vorsicht jedoch bei Kunstbegriffen**, hinter denen man sich nicht wirklich etwas vorstellen kann.

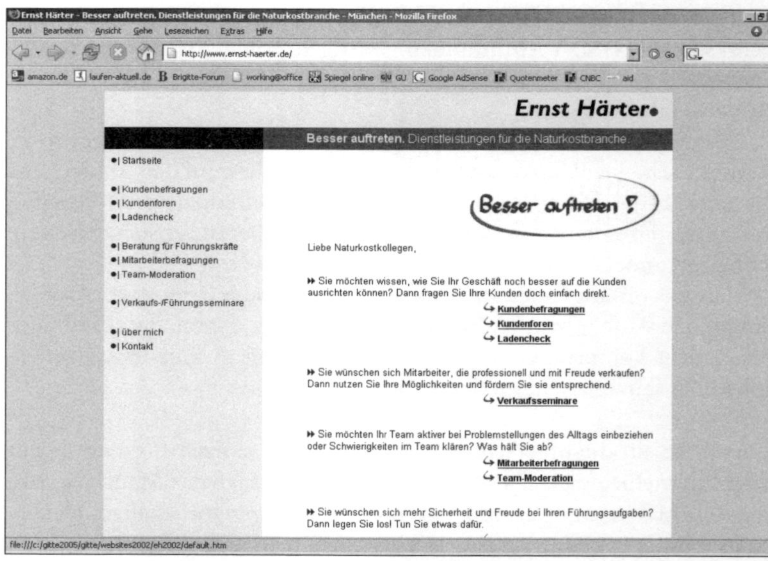

Abb. 3: Screenshot http://www.ernst-haerter.de

Orientierung und Nutzenversprechen auf den ersten Blick

Eine gute Navigation ermöglicht Ihren Besuchern, auf den ersten Blick zu erkennen, was sie erwartet, was Sie ihnen bieten können. Damit setzen Sie den Anreiz dafür, dass sich erstes Interesse zu **Neugier** entwickelt und die Person sich näher mit Ihrem Business befasst.

Dabei sollten Sie immer im Blick haben, **möglichst kurze Wege** zu gestalten. Kontraproduktiv ist es, einen Besucher zwingen zu wollen, alles zu lesen. Nicht nur, weil es zu zeitintensiv ist, sondern auch, weil jeder User die Freiheit haben sollte, für ihn relevante Inhalte gezielt auszuwählen.

BEISPIEL

Eine Medizintechnikfirma möchte ihr Hörimplantat vorstellen. Da dieses Produkt erklärungsbedürftig ist, entschließt man sich, die Website als „Rundgang" anzulegen: Besucher erhalten schrittweise Informationen, können diese jedoch immer nur per „Weiter"-Button erhalten. Gezieltes Ansteuern bestimmter (z.B. technischer) Informationen ist nicht möglich . Es müssen alle Seiten durchgeklickt werden. Noch schlimmer: Der Besucher weiß überhaupt nicht, welche weiteren Elemente kommen, und daher auch nicht, wie zeitaufwendig bzw. wie interessant die weiteren Informationen für ihn sein werden.

Sitemap für komplexere Websites

Ist eine Website komplexer, lohnt sich das Einbinden einer so genannten **„Sitemap"**: Diese zeigt die Struktur einer Webseite auf einen Blick und ermöglicht das direkte Anklicken von Unterseiten.

3.2.5 Sinnvolle Querverlinkungen

Nicht jeder Besucher sieht sich eine Internetseite komplett an. Als Betreiber kennt man seine Website ganz genau und scheut sich daher vor Doppelungen oder Querverbindungen, weil das ja „woanders schon steht".

Es nützt Ihrem Besucher (und letztlich Ihnen) jedoch wenig, wenn dieser die andere Information nicht gelesen hat oder sie nicht auf Anhieb findet.

Sie profitieren davon, wenn Sie sinnvolle Querverbindungen herstellen oder auch einzelne Informationen doppelt erwähnen.

BEISPIELE

- Ein Textilbetrieb hat neben einem Online-Shop auch Informationsseiten zu unterschiedlichen Stoffen. Die Stoffqualität bei den Artikelbeschreibungen ist auf die jeweilige Hintergrundinfo zum Material verlinkt.
- Ein Fitnessstudio stellt die unterschiedlichen Sport-Stunden vor. Anstatt diese nur untereinander zu listen, enthält jede Beschreibung eine Empfehlung, welche ähnlichen Sportarten für den Besucher interessant sein könnten.
- Ein Unternehmen aus der Metallindustrie veröffentlicht eine Referenzliste zufriedener Kunden. Es belässt es nicht nur bei einem Navigationspunkt, sondern linkt aus der Unternehmensdarstellung heraus „quer".
- Ein Werbetexter gibt Online-Tipps und weist am Ende des Textes auch auf frühere Artikel zum gleichen Thema und auf einschlägige Bücher hin.

Mehrere Kontaktmöglichkeiten

Auch sollten Sie es nicht nur bei einem Kontakt-Link belassen, sondern ruhig auf Einzelseiten aktiv dazu aufrufen, dass man Sie bzw. Ihr Unternehmen doch gleich jetzt kontaktiert, und einen E-Mail-Link oder Querverweis auf die Kontaktseite nochmal explizit im Rahmen dieser Aufforderung unterbringen.

3.2.6 Stichwort Barrierefreiheit

Internet allen Interessenten zugänglich machen

Das „barrierefreie Internet“ ist darauf ausgerichtet, Seiteninformationen für alle zugänglich zu machen. Meistens wird dieses Stichwort im Zusammenhang mit **körperlichen Einschränkungen** benutzt: Wenn Internetbenutzer schlechter sehen, die Bewegungsfähigkeiten eingeschränkt sind oder aufgrund einer Behinderung spezielle Zusatzprogramme nötig sind, um im Netz zu surfen.

Die Website **www.barrierekompass.de**, die weiterführende Informationen zum Thema bietet, listet folgende **Barrieren** auf:

- fehlende Alternativtexte bei zum Beispiel Grafik- und Formular-Elementen,
- eine Steuerung des Angebotes nur über die Maus,
- Verwendung schlechter Kontraste und Farbkombinationen,
- zu viele Grafiken und grafische Navigationen,
- zu lange, komplizierte oder mehrsprachige Texte,
- Verwendung von zu vielen Multimedia-Elementen, zum Beispiel Videos und Flash-Filme,
- fehlende Anpassung an gängige Hilfsmittel: Bildschirmleser, Bildschirmlupen und so weiter,
- falscher und übermäßiger Einbau dynamischer Elemente, zum Beispiel JavaScript und Java,
- eine unübersichtliche und komplizierte Navigation.

Unternehmen, die auf Barrierefreiheit achten, profitieren, weil sie ihre Website allgemein und ohne Probleme zugänglich machen.

BEISPIELE

Möglich wären z.B. folgende Erleichterungen:

- Inhalte wie mit einer Lupe zu vergrößern, was je nach Vergrößerungsgrad bedeutet, dass nur noch ein Teil des Bildschirms sichtbar ist
- eine Tastatursteuerung für User, die keine Maus benutzen können

3.3 Aktualisierung und Pflege

Regelmäßige Pflege ist notwendig

Eine Internetpräsenz braucht Pflege. Regelmäßig – je nach Inhalten – in kurzen oder längeren Intervallen. Überlegen Sie sich daher bereits im Vorfeld, welchen Aufwand Sie betreiben wollen und können hinsichtlich

- Ihrer eigenen Zeit, sofern Sie die Website selbst aktualisieren,
- Ihres Budgets, wenn Sie einen externen Dienstleister betrauen.

Aktualisierungen nicht auf die lange Bank schieben

Sofern jemand anders für Sie die Website pflegt, müssen Sie darauf achten, dass dieser zügig handelt. Ein professioneller Dienstleister wird, da es sich um bezahlte Arbeit handelt, in der Regel schnell agieren. Handelt es sich jedoch um einen Gefallen, kann es leicht sein, dass die andere Person nicht so schnell reagiert oder schlichtweg nicht damit gerechnet hat, dass ständig „Sonderwünsche" kommen und ein hoher Aktualisierungsaufwand betrieben wird.

PRAXISTIPP

Überlegen Sie sich, ob Sie das Angebot auch aktuell halten können. Wer sich zu viel zumutet, was Rubriken betrifft, die häufig aktualisiert werden müssen oder die Recherche erfordern, kommt schnell ins Schleudern und damit ins Hintertreffen. Im Zweifelsfall auf etwas verzichten: **Lieber weniger und das dafür hundertprozentig.**
Sofern Sie eine reine Imageseite haben, können Sie bereits bei der Formulierung und beim Aufbau darauf achten, dass Sie **keine Inhalte inkludieren, die sich ändern** (nennen Sie z.B. Ihr Geburtsdatum und nicht Ihr Alter). Dann sind Ihre Inhalte immer aktuell, auch wenn Sie nichts an Ihrer Internetseite machen.

Typische Fehler in diesem Bereich:
- Das Datum der „letzten Aktualisierung" ist angegeben, auch wenn nur selten oder nie aktualisiert wird.
- Interaktive Elemente (Foren, Gästebücher) dümpeln leer oder mit alten Einträgen vor sich hin (vgl.Kap. 5).
- Produkte, Leistungen oder Preise sind nicht mehr aktuell bzw. neuere Informationen nicht genannt.
- Neuigkeiten oder Termine sind veraltet.

3.4 Fremdwerbung auf der Unternehmenswebsite?

An dieser Stelle ist es wichtig, das Thema Fremdwerbung aus Imagegründen zu beleuchten: Natürlich ist es grundsätzlich möglich, dass Sie auf Ihrer Business-Site auch Werbung einbinden, etwa Bannerwerbung oder Textlinks zulassen oder an einem Partnerprogramm teilnehmen.

Vorsicht bei Fremdwerbung

Aber: Seien Sie mit Ihrem virtuellen Unternehmensauftritt genauso sorgsam wie mit einer Firmenbroschüre: Würden Sie diese mit Werbung fremder Unternehmen zupflastern? Hier ist gründliches Abwägen gefragt.

Wenn die Art und Ausführung der Werbung nicht passt, kann sich die Fremdwerbung äußerst negativ auf Ihr eigenes Angebot auswirken.

Ihre Glaubwürdigkeit steht auf dem Spiel

Behalten Sie die **Kontrolle** über Ihre Seite! Art und Look der Werbung färben auf Ihr Angebot ab: Alles, was sich auf Ihrer Seite befindet, bringen Besucher mit Ihnen in Verbindung. Bei Bannern, Verlinkungen oder Texthinweisen geht der User davon aus, dass Sie mit der Werbung einverstanden sind bzw. dass Sie das werbende Unternehmen und das Angebot selbst empfehlen. Sie können hierdurch an Glaubwürdigkeit einbüßen.

BEISPIELE

Ein Bewerbungscoach predigt auf seiner Website, dass individuelle Bewerbungen wichtig sind, und warnt vor Bewerbungssoftware. Um Provision zu erhalten, hat er gleichzeitig Google-Anzeigen bei sich eingebunden. Diese werden nach Stichworten themenrelevant eingeblendet: Nun erscheinen lauter Anzeigen, die für Bewerbungssoftware werben.

Besucher wenden sich von nerviger Werbung ab

Zur Ausführung der Werbung ist Folgendes zu sagen: Wenn Werbung nervt, wenden sich Ihre Besucher ab. Das kann auch Stamm-User betreffen, die „eigentlich" an Ihren Inhalten interessiert sind.

Sehen Sie sich also die geplante Werbung an, bevor Sie einen Werbeauftrag bestätigen: Passen Ihnen Look und Ausführung? Achten Sie auch auf die Ladezeiten. Werbung, insbesondere wenn sie animiert ist, sollte nicht zu unruhig sein und auf keinen Fall von Ihren eigenen Inhalten ablenken.

Häufig wird auch **Banner-Rotation** gewünscht: Der Werbetreibende kann dann Banner von sich aus schnell austauschen – das bedeutet jedoch, dass Sie selbst keine Kontrolle darüber haben, was eingeblendet wird.

PRAXISTIPP

Achten Sie darauf, dass sich ein neues Browserfenster öffnet, wenn jemand auf die Werbung klickt.

3.5 Texte im Web

Fakt ist, dass Internetsurfer etwas **ungeduldigere Leser** sind: Zum einen ist die Aufmerksamkeitsspanne, wenn es um neue Websites geht, sehr gering – innerhalb kürzester Zeit bildet man sich ein Urteil darüber, ob man länger verweilt oder nicht doch lieber zur Konkurrenz weiterklickt –, zum anderen ist das Lesen am Bildschirm schlichtweg mühsamer.

Bedürfnis nach schnellen, relevanten Infos

Für Ihre Texte auf der Website bedeutet das schon einmal, dass diese von Inhalt und Gestaltung her dem Bedürfnis nach schnellen, relevanten Infos entgegenkommen sollten und so gestaltet werden, dass ein bequemes Lesen am Bildschirm möglich ist.

Für **Unternehmenswebsites** gilt außerdem vor allen Dingen, dass die Texte verkaufen sollen. Immerhin verfolgen Sie ein gewerbliches Ziel: Die Internetseite soll ein **wertvolles Akquisewerkzeug** sein.

Sehr viele Firmen vergeben mit ihren Webtexten Potenziale, indem sie entweder zu wenig verkäuferisch texten oder aber, das andere Extrem, nur mit „Werbegeplapper" um sich werfen.

3.5.1 Für Ihre Kunden relevante Inhalte

Im zweiten Kapitel ging es darum, die relevante Zielgruppe zu bestimmen. Je nachdem, wer das ist, wird sich nicht nur der Inhalt, sondern möglicherweise auch die Sprache verändern.

Was möchten Sie erreichen?

Bevor wir uns der Analyse zuwenden können, welche Inhalte für Ihre Zielgruppe relevant sind, ist zu klären, was genau Sie erreichen möchten:

- Was möchte ich als Unternehmen transportieren?
- Welche Zielgruppe soll was idealerweise tun?

Sie wissen schon: **Konkretisieren ist wichtig**! Es ist nicht damit getan, sich auf so oberflächlichem Niveau zu bewegen wie: „Das Unternehmen soll kompetent wirken. Die Zielgruppe soll kaufen." Damit lässt sich nichts anfangen.

Machen Sie sich die Mühe, beide Punkte ganz genau in Worte zu fassen. Sie können sehr viel besser die Inhalte Ihrer Website bestimmen und auf Ihre Zielgruppe abstimmen (und damit letztlich mehr Geschäftserfolg erzielen), wenn Sie klare Informationen haben.

BEISPIELE

- Zielgruppe sind Berufstätige
- Bevorzugte Zielgruppe sind Führungskräfte (= Besserverdiener)
- Diese sollen sich in Managementfragen coachen lassen. Idealerweise ein größeres Coachingpaket à 10 Stunden buchen.

Ihre Ziele sollten sich in Webinhalten und Texten widerspiegeln

Das ist jetzt nur ein kleiner Aspekt so einer Konkretisierung. Doch Sie sehen, dass hier schon sehr viel mehr klar wird – und dass sich diese Ziele idealerweise natürlich in Ihren Webinhalten und Texten widerspiegeln müssen. Eine „typische" Unternehmenswebsite belässt es bei der neutralen Schilderung der Leistungen und vergibt damit Chancen. Ist die Zielgruppe nicht bestimmt, kann der Text typische Probleme von Führungskräften gezielt benennen: So spricht das Unternehmen die angestrebte Zielgruppe direkt an!

Wenn Sie Ihre Zielgruppe und Ziele bestimmt haben und wissen, welche Schwerpunkte Sie aus Unternehmenssicht setzen möchten, versetzen Sie sich bitte in den Besucher Ihrer Webseite und fragen Sie sich:

Erwartungen und Bedürfnisse potenzieller Kunden

- Welche Inhalte sucht mein Kunde?
- Was unterstreicht meine Kompetenz und festigt erstes Kundeninteresse?
- Welche Fragen hat mein Kunde zu dem Produkt / meiner Leistung / meinem Unternehmen?

Beispiel

Ein Unternehmen stellt eine Produktpalette vor, sagen wir Fotoapparate. Eine Werbeagentur hat eine hübsche Imagesite entworfen, auf der die einzelnen Produkte gut präsentiert werden: moderne Fotografien, peppige Überschriften und jeweils ein paar Stichpunkte zum Einsatzgebiet (Fotoapparate für Profis, für Freizeit, für extreme Bedingungen).
So schön das ist und so professionell es aussieht: Als Kunde brauche ich Detailansichten des Produktes, ich möchte technische Details, damit ich vergleichen kann, auch eine Preisangabe ist vorteilhaft.

Wird eine Website inhaltlich den Erwartungen und Bedürfnissen von (potenziellen) Kunden nicht gerecht, ist die Chance meist bereits vertan! Der Konkurrenzanbieter ist nur einen Klick entfernt.

Meistens lassen sich Preisangaben machen

Noch eine Anmerkung zu **Preisen**: Viele Firmen scheuen sich, Preise anzugeben. Tatsächlich gibt es natürlich bestimmte Leistungen, die nur individuell zu kalkulieren sind. In den meisten Fällen lassen sich jedoch Preisangaben machen, zumindest zum Teil. So kann man einen **Stundensatz** angeben. Sofern man bei Bedarf ein **Sonderhonorar** anbietet, etwa wenn man für einen längeren Zeitraum gebucht wird, lässt sich diese Zusatzinformation ja problemlos ergänzen.

Möchte oder kann man partout keine Zahl nennen, so ist es für den Interessenten hilfreich zu wissen, wonach sich der Preis richtet.

Meiner Erfahrung nach ist es vorteilhaft, Preisangaben zu machen. Viele Interessenten scheuen sich, extra danach zu fragen, oder das Interesse ist nicht so groß; trotz aller Unverbindlichkeit einer Anfrage fühlen sie sich damit schnell in der Pflicht.

Außerdem kann es auch sein, dass die Internetseite oder die Beschreibung so wirkt, als ob eine Leistung „eh viel zu teuer" wäre. Oder Sie bieten etwas an, was der Webbesucher noch nicht kennt und deshalb automatisch als hochpreisig einstuft. Hier können Sie mit Angaben entgegenwirken.

Preisangaben sind sinnvoll

Die Sorge, Kunden zu verlieren, weil man ein zu hohes Honorar hat, ist nicht berechtigt. Denn wenn der genannte Preis die Vorstellungen des Interessenten drastisch übersteigt, ist es ohnehin wichtig, das im Vorfeld zu klären. Klaffen die Vorstellungen zu weit auseinander, wird es sowieso nicht zu einem Auftrag kommen. Sind die Vorstellungen des Interessenten nicht so weit von Ihren Angaben entfernt, ist die Wahrscheinlichkeit sehr groß, dass er sich meldet und zu handeln versucht oder es einfach hinnimmt.

Es gibt wichtigere Kriterien als den Preis

Sie würden sich außerdem wundern, wenn sie wüssten, wie viele Menschen nicht hauptsächlich nach dem Preis entscheiden (auch wenn sie ihn wissen möchten), sondern andere Kriterien für wichtiger erachten.

3.5.2 Exkurs: Alternative Sprachfassungen

Für den Fall, dass Sie sich mit dem Gedanken tragen, auf Ihrer Website weitere Sprachfassungen als die deutsche anzubieten, sollten Sie vorher genau prüfen, ob Sie auch tatsächlich fremdsprachige Kunden ansprechen möchten. Nur dann sind unterschiedliche Sprachfassungen überhaupt nötig und empfehlenswert!

Alternative Sprachfassungen nur, wenn sie wirklich notwendig sind

Viele Websites machen den Fehler, besonders international erscheinen zu wollen, und bieten daher englische, französische oder sogar weitere Versionen der Internetseite an. Das ist nicht nur ein **unnötiges Aufblähen**, sondern **erhöht den Pflegeaufwand**.

Sofern Sie sich dazu entschließen, Ihre Internetseite in einer anderen Sprache zu veröffentlichen, ist es zwingend, eine professionelle und gute Übersetzung erstellen zu lassen. Insbesondere in einer Sprache, die man teilweise kann, vielleicht sogar recht passabel spricht, liegt die Gefahr einer schlechten Übersetzung.

Es ist nicht nur peinlich, wenn man eine schlechte Übersetzung liefert, die voll ist mit grammatikalischen Fehlern oder auch von der Sprache her schlecht ist, sondern es kann auch zu **Verständnisschwierigkeiten** führen. Abgesehen davon ist es für die meisten schon sehr schwierig, einen verkäuferisch guten und fehlerfreien Text im Deutschen zu schreiben – wie sieht es dann erst in einer Fremdsprache aus!

Nutzen Sie Muttersprachler

Achtung: Ein reiner Übersetzungsdienst ist meist nicht ausreichend. Empfehlenswert ist die **Übersetzung durch einen Muttersprachler**, der fremdsprachliche Ausdrucksweisen berücksichtigt und nicht bloß 1:1 aus dem Deutschen übersetzt.

PRAXISTIPP

Völlig indiskutabel und dennoch leider oft gesehen sind Texte, die durch Online-Übersetzungsdienste gelaufen sind. Das ist Satire pur! So etwas ist nicht nur höchst unprofessionell, sondern beraubt Sie jeder Glaubwürdigkeit.

Wenn Sie beschlossen haben, dass es sinnvoll ist, Ihre Website in verschiedenen Sprachfassungen anzubieten, müssen Sie entscheiden, ob diese gleichwertig sind. Sofern beispielsweise Kundenkreise in englischer, deutscher und französischer Sprache gleichermaßen angesprochen werden, lohnt sich bereits **auf der Startseite eine entsprechende Auswahl**.

Durch Text- oder Symbol-Link den Wechsel zwischen Sprachfassungen ermöglichen

Wer schwerpunktmäßig deutsche Kunden anspricht, sollte die Website auch von vornherein auf Deutsch schreiben und weitere Sprachen in der Navigation unterbringen.

Auch kann es sinnvoll sein, per Text-Link oder Symbol-Link (z.B. eine entsprechende Flagge) zwischen den einzelnen Sprachfassungen hin und her zu springen.

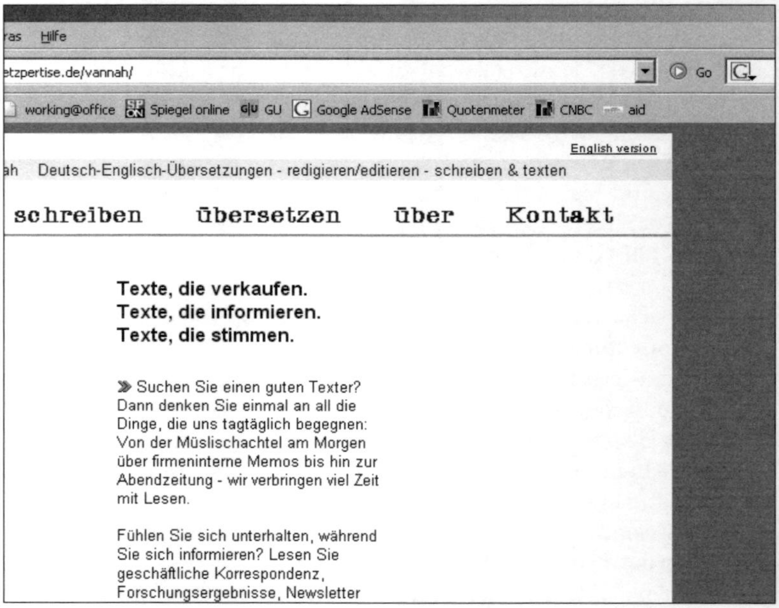

Abb. 4: Screenshot http://www.netzpertise.de/vannah

3.5.3 Das Layout

Für eine angenehme Lesbarkeit und ein schnelles Erfassen von Inhalten spielt die **Aufteilung und Gestaltung des Textes** eine große Rolle.

Meine Empfehlungen:

Inhalte in Spalten nebeneinanderstellen

- **Zeilenlängen** sollten **kürzer** sein, was sich oft durch die Seitengestaltung ohnehin ergibt: Die Aufteilung der Website kann durch **Spalten** besser genutzt werden, weil verschiedene Inhalte nebeneinandergestellt werden können. Das ist besonders wichtig, weil nicht jeder Webbesucher auch scrollt.
- **Texte** sollten **kurz und aussagekräftig** gehalten werden, das bedeutet: Werden Printmaterialien ins Web übertragen, ist zu prüfen, ob gekürzt werden kann. In der Regel profitieren Inhalte davon, straffer präsentiert zu werden, also beschränkt zu sein auf relevante Informationen.

BEISPIEL

So kann eine umfassende Studie beispielsweise im kompletten Text als Download-Datei angeboten werden, auf der Website selbst wird jedoch ein Auszug der wichtigsten Ergebnisse zum „gleich lesen" veröffentlicht. Dadurch werden die Inhalte breiter zugänglich gemacht und die Detailinformationen können bei Bedarf noch abgerufen werden.

Aussagekräftige Zwischenüberschriften

Wichtige Informationen für „Überflieger"

- Es empfiehlt sich, **Texte gut** zu **gliedern**: Also bringen Sie lieber einen Absatz mehr als eine Bleiwüste. Außerdem sind aussagekräftige Zwischenüberschriften wichtig dafür, dass ein Text besser lesbar wird. Zwischenüberschriften verfolgen aber noch weitere Zwecke: Zum einen wird die Neugier geweckt und hält den Leser bei der Stange (sofern die Überschrift interessant und treffend gewählt ist). Zum anderen können auch Leser, die den Text nur überfliegen, wichtige Informationen mitnehmen. Betonungen einzelner Aussagen oder Wörter durch eine Hervorhebung wie Fettdruck o.Ä. erfüllen denselben Zweck.

Die Textmenge pro Seite lässt sich nicht klar eingrenzen, da das gesamte Seitenlayout ausschlaggebend dafür ist. Sehen Sie sich hierzu beispielsweise noch einmal die Seiten www.netzwerk-buero.de und www.workshopwelt.de an: Diese sind sehr textlastig und dennoch übersichtlich gestaltet.

Es ist bei längeren Texten durchaus möglich, den Leser auf eine neue Seite weiterklicken zu lassen. Nicht empfehlenswert ist allerdings, was einige Websites tun, um ihre Page Impressions (= Anzahl der Aufrufe einer Webseite) in die Höhe zu treiben: Absichtlich sehr wenig Text pro Seite bringen, damit ein Besucher für den kompletten Text zig Einzelseiten aufrufen muss.

Je öfter ein Besucher unnötig klicken muss, desto höher ist die Gefahr, ihn zu verlieren.

Hinsichtlich der **Schrift** sollten Sie folgende Dinge beachten:
- Schriftarten:
  - nicht zu viele Schriftarten verwenden (maximal drei)
  - klare, gut lesbare Schrift bevorzugen (nicht zu viele Schnörkel)
- Gute Lesbarkeit:
  - angenehme Schriftgröße wählen (> 10 Pkt.)
  - Groß- und Kleinschreibung beachten (nur Groß- oder nur Kleinbuchstaben erschweren die Lesbarkeit – übrigens gelten Texte in Großbuchstaben im Netz als „schreien")
  - auf gute Kontraste achten, was Hintergrund und Schrift betrifft, d.h. deutlich dunklere Schrift auf hellerem Grund oder umgekehrt, keine zu schrillen oder gemusterten Hintergründe

Nicht zu viele Hervorhebungen

- Betonende Gestaltungsmittel nur vereinzelt einsetzen, z.B. Großbuchstaben, farbige Begriffe oder Satzteile, Fett- oder Kursivdruck (Unterstreichung ist, wie gesagt, nicht empfehlenswert, da diese im Netz Zeichen für einen hinterlegten Link ist).

3.5.4 Gut formuliert und auf den Punkt gebracht

Wenn Unternehmen ihre Website texten (oder texten lassen), gehen sie meistens nur von sich selbst aus: Was wollen wir über uns und unsere Produkte und Leistungen sagen? Leider führt das zu oft dazu, dass nur aus Unternehmenssicht formuliert wird.

Das betrifft zum einen die gewählten Inhalte und die Art und Weise, wie das jeweilige Thema präsentiert wird, zum anderen eine generell ich-bezogene Formulierung: Wir tun dieses, wir machen jenes, wir denken so-und-so, uns ist wichtig, bei uns ...

Der Leser will angesprochen werden

Dabei will doch der Leser angesprochen werden! Es gibt sehr wenige Aussagen auf der Website, die tatsächlich ein Wir-Statement erfordern. Das Meiste lässt sich aus Lesersicht viel angenehmer und servicebewusster formulieren („Sie bekommen" statt „wir bieten Ihnen" etc.).

Die textliche Umsetzung muss kurz und prägnant sein.
Nur dann kann der Webbesucher sich schnell ein Bild machen.

Tipps für gute Webtexte:

- **Überschriften nutzen**:
  Überschriften verraten Ihren Lesern, worum es geht, und machen neugierig. Außerdem gliedern sie den Text und bewegen die Besucher zum Weiterlesen. Hier gilt:

  Information ist Trumpf

  - Information ist Trumpf! (versus „Nichtssagendes" oder Gags)
  - Relevantes besonders hervorheben
  - bessere Lesbarkeit durch Gliederung des Textes

- **Teaser gezielt einsetzen**:
  Ein Teaser ist eine kurze Ankündigung, die den Leser interessieren und ihn motivieren soll, den vollständigen Text anzuklicken (beispielsweise wird ein Artikel angerissen, eine Leistung vorgestellt etc.).
  - Mit einem Teaser bringen Sie mehrere Informationen nebeneinander unter.
  - Dieser kurze „Anreißer-Text" muss spannend zum Kern hinführen: etwa ein Problem beschreiben, eine interessante These aufstellen oder eine Lösung bieten.

- **Texte gut strukturieren**:
  Lesbarkeit und Benutzerfreundlichkeit sind die eine Seite, Ihre Unternehmensziele die andere: Ein gut strukturierter Text transportiert das Wesentliche schnell.

- Wie bei Presseinformationen sollten immer die wichtigsten Informationen gleich zu Beginn stehen. In jedem Absatz können dann weitere Details folgen.
- Bei längeren Texten kann man zu Beginn auch Links auf einzelne Textabschnitte weiter unten setzen (das sind so genannte **„Ankerpunkte“**).

• **Kurz, knackig, aussagekräftig**:
Auch für das Internet gilt: „So wenig wie möglich, aber so viel wie nötig!“
Deshalb:
- kurze Sätze bilden,
- Irrelevantes oder Füllwörter streichen,
- mit Informationen überzeugen, anstatt „Werbegeplapper“ zu bringen oder bloße Behauptungen aufzustellen,
- Hauptwörterstil möglichst vermeiden, stattdessen mehr Verben benutzen (so ist der Text besser lesbar, moderner und wirkt persönlicher und aktiver).

Bringen Sie mehr als bloße Behauptungen

PRAXISTIPP

Lesen Sie sich jeden Text laut vor.
- Wenn Sie den Text hören, werden Ihnen Fehler oder unverständliche Formulierungen auffallen.
- Geht die Luft beim Lesen aus? Dann sind die Sätze zu lang.
- Streichen Sie Unnötiges, so wird der Text straffer.

• **Schreibe/„Jargon“**:
Die verwendete Sprache muss kompatibel sein zur erwünschten Außenwirkung des Unternehmens – wer distanziert-businesslike auftreten will, schreibt anders als jemand, der seine Kunden locker und persönlich ansprechen möchte. Hier gilt:
- Auf die Zielgruppe achten: Fachjargon nur nutzen, wenn gezielt eine bestimmte Insider-Zielgruppe angesprochen werden soll, ansonsten sollten Fachbegriffe erklärt werden. Berücksichtigen Sie, dass oft Mitarbeiter, die fachliche Laien sind, mit Rechercheaufgaben und Vorauswahl betraut werden.
- Vorsicht vor typischen Floskeln, die altmodisch oder unterwürfig klingen („stehen wir Ihnen jederzeit zur Verfügung“, „bitte beehren Sie uns“ etc.).

Vorsicht vor typischen Floskeln

• **Aktiv verkaufen!**
Umwerben Sie Ihre (potenziellen) Kunden ruhig, aber sagen Sie auch klar, was Sie können und was Sie zu bieten haben. Konkret bedeutet dies:

- Nicht nur neutral und kurz angebunden die eigenen Leistungen schildern, sondern den Kundennutzen klar machen.
- Das Unternehmen und die Mitarbeiter in den Vordergrund rücken: Die Art bzw. der „Geist" eines Unternehmens kann den Unterschied machen, denn die meisten Leistungen sind austauschbar.
- Keine Werbefloskeln („das müssen Sie haben", „wir sind die Besten") bringen, sondern überzeugende Gründe anführen, warum man ausgerechnet Sie kontaktieren sollte.

Versprechungen müssen immer eingehalten werden!

3.6 Das Impressum

Seit 2002 gilt für gewerbliche Websites die **Impressumspflicht**. Weist Ihre Unternehmens-Webpräsenz kein Impressum auf, kann ein hohes Bußgeld erhoben werden und es kann passieren, dass Ihnen eine Abmahnung von einem Wettbewerber ins Haus flattert.

Ein Impressum enthält festgelegte Angaben. Es ist nicht nötig, das Impressum auch so zu nennen – obwohl sich das eingebürgert hat. Wichtig ist, dass es **sofort zu erkennen und leicht erreichbar** ist. Sie können einen Link in die Navigation aufnehmen oder Sie platzieren ihre Kontaktdaten an der Unterseite der Website.

(c) 1999-2006 objektiv. Management & Lebensqualität, Christine Öttl und Gitte Härter GbR
St.-Cajetan-Straße 10, 81669 München, Tel. (0 89) 40 90 69 61, E-Mail:objektiv@selbstmarketing.de

Abb. 5: Kontaktdaten in Website-Unterzeile

Wichtige Bestandteile des Impressums

Darüber hinaus müssen folgende Informationen ins Impressum:
- vollständige Firmenbezeichnung und Anschrift (kein Postfach)
- Vertretungsberechtigter
- Kontaktdaten
- Register(nummer) bei Eintrag in Handels-, Vereinsregister o.Ä.
- wenn vorhanden: Umsatzsteueridentifikationsnummer
- wenn das Unternehmen einer behördlichen Zulassung unterliegt: Angaben zur Aufsichtsbehörde

Freiberufler müssen zusätzliche Informationen angeben: Welche das für die einzelnen Berufsgruppen sind, erfahren Sie bei den Kammern bzw. Berufsverbänden.

Im Internet gibt es zahlreiche Websites, die sich mit Detailfragen zum Impressum, auch für einzelne Branchen, befassen. Im Netz finden Sie unter dem Stichwort **„Impressumsgenerator"** auch Websites, die Ihnen nach Ihren Angaben ein vollständiges Impressum erstellen.

3.7 Prüfen Sie Ihre Website!

Jede Internetseite ist anders. Darum ist es natürlich nicht möglich, auf jede Eventualität in Form einer allgemein gültigen Checkliste einzugehen. Neben den umfassenden Informationen und Tipps im Buch können Sie sich aber an folgender Auflistung orientieren.

Nehmen Sie die einzelnen Bereiche als Inspiration und ergänzen Sie die für Ihren Internetauftritt relevanten Aspekte.

Checkliste: Ihr persönlicher Webcheck

Zugänglichkeit:

- Ist Ihre Technik der „breiten Masse" zugänglich (ohne Extra-Download oder aktuellste Software)?
- Gewährleisten Sie schnelle Ladezeiten (z.B. Bildgrößen beachten)?
- Gibt es Elemente, die Hürden darstellen (z.B. Registrierung), und wie sind diese Probleme gelöst?
- Sind die für die Suchmaschinen wichtigen Metatags korrekt hinterlegt?
- Wurde die Website in Suchmaschinen und Verzeichnisse eingetragen?

Benutzerfreundlichkeit:

- Gibt es eine eindeutige Navigation? Sind etwaige Variationen (z.B. Aufklappmenüs) auch zu sehen und ansteuerbar, wenn ein User bestimmte Sicherheitseinstellungen in seinem Browser eingerichtet hat?
- Gibt es sinnvolle Querverlinkungen innerhalb der Website?
- Sind Inhalte ohne viel Klicken erreichbar und vollständig lesbar?
- Ist an die Barrierefreiheit gedacht?
- Wird „Zwang" (z.B. ständige Pop-ups) für den Besucher vermieden?

Darstellung:

- Ist das Gesamtlayout der Website gefällig und im Einklang mit dem Unternehmensauftritt und gut strukturiert?
- Ist die Website ohne unnötiges Scrollen einsehbar oder zeigen sich in einzelnen Frames oder generell horizontale Scrollbalken?
- Wird auf unterschiedliche Bildschirmauflösungen Rücksicht genommen?
- Ist die Website auf unterschiedlichen Browsern (Internet Explorer, Firefox, Opera, Safari ...) eindeutig darstellbar?
- Ist das Text-Layout vernünftig und ansprechend? (Stichworte: angenehme, eher kurze Zeilenlängen, keine Formatierungsfehler wie zu große Lücken bei Blocksatz, keine doppelten Leerzeichen etc.)
- Sind Fotos oder Illustrationen trotz webgerechter Komprimierung qualitativ einwandfrei?

Inhalte:

- Ist Ihre Unternehmensdarstellung informativ, persönlich und greifbar?
- Werden Ihre Produkte und Leistungen aussagekräftig und leicht verständlich beschrieben?
- Sind die Informationen und etwaige weiterführende Tipps aus Kundensicht formuliert?
- Sind alle für die Zielgruppe relevanten Inhalte enthalten?
- Transportieren Sie die aus Unternehmenssicht wichtigen Inhalte in geeigneter verkäuferischer Weise?
- Sind alle rechtlichen Bestimmungen eingehalten (z.B. Impressum)?

Interaktive Elemente (Foren, Chat ...):
- Prüfen Sie pro interaktivem Tool die Frequenz (Besucheranzahl und Regelmäßigkeit).
- Prüfen Sie pro interaktivem Tool die Qualität der Einträge. Gibt es störende und/oder kontraproduktive Beiträge?
- Sind zeitnahe Moderation/Antworten aus Unternehmenssicht gewährleistet?
- Erfolgen aus Firmensicht qualitativ gute Antworten?

Fehlerfreiheit:
- Prüfen Sie die Rechtschreibung.
- Bei Fremdsprachen: Ist die Übersetzung einwandfrei und in „Muttersprachlerqualität"?
- Ist die Verlinkung von Bildern intakt?
- Sind die Verlinkungen innerhalb der Site korrekt?
- Sind die Verlinkungen auf andere Websites vernünftig und funktionieren?

Aktualität:
- Sind alle Angaben und Informationen zu Produkten und Leistungen aktuell?
- Bringen interaktive Elemente (z.B. Angabe zu Lagerbestand von Produkten in Online-Shop) die aktuellsten Ergebnisse?
- Sind veraltete Informationen oder Termine vorhanden?
- Werden neue Infos, Termine, Produkte/Leistungen/Firmeninfos zeitnah online gestellt?

4 Attraktiven Mehrwert bieten

Es muss sich lohnen, immer wieder Ihren Internetauftritt zu besuchen

Wer möchte, dass **Interessenten** sich **zu Kunden** mausern, und wer die Beziehung zu bestehenden Kunden intensivieren möchte, braucht eine Website, die Mehrwert bietet. Es muss sich lohnen, **immer wieder aufs Neue** Ihren Internetauftritt zu besuchen! Mit einer statischen Imagewebsite, ein paar Informationen, die nie oder nur in sehr langen Abständen aktualisiert werden, und „vor sich hindümpelnden" interaktiven Tools ist es in diesem Fall nicht getan.

Je nachdem, was Sie erzielen möchten und wie viel Zeit und Energie Sie investieren können, haben Sie eine breite Auswahl an **Möglichkeiten**, Mehrwert zu kreieren und damit Ihre Website attraktiv zu machen:
- Content bieten (Inhalte wie Artikel, Tipps etc.)
- E-Mail-Newsletter
- Partnerprogramme als Mehrwert
- News bieten
- Fragen und Antworten
- interessante Termine nennen
- Produkte und Leistungen online anbieten / E-Commerce
- praktische Tools anbieten (z. B. Kalender, Software)
- interaktive Elemente (Foren, Chats etc., vgl. Kap. 5)

4.1 Inhalte bieten („Content“)

Neben der Vorstellung des Unternehmens und der Leistungen bzw. Produktpalette sind Besucher immer an relevanten weiteren Informationen interessiert.

Content kann beispielsweise sein:
- **redaktionelle Artikel/Tipps** zu Ihrem Fachgebiet

Beispiele

- Ein Friseur gibt Tipps zum Augenbrauen-Zupfen
- Ein Zahnarzt informiert über Implantattechniken
- Ein Büromittelversand bietet eine Checkliste zur Einkaufsorganisation

- **Informationen** zu Ihrer Produktpalette (= nicht nur Werbung!)

Beispiele

- Ein Putzmittelhersteller informiert über unterschiedliche Reinigungsmittel und wie diese richtig angewendet werden können („Putzkniffe“)
- Ein Büromöbellieferant gibt Informationen zu Gesundheitsnormen am Arbeitsplatz (Abstände, Lichtverhältnisse etc.)

- Ergebnisse aus **Umfragen oder Studien**

Beispiele

- Eine Kommunikationstrainerin, die auf Steuerberater spezialisiert ist, macht jedes Jahr eine umfangreiche Umfrage unter ihren Kunden und stellt die Ergebnisse zur Verfügung
- Ein Naturkostverband stellt Einkaufsverhalten und Trends im Bio-Bereich vor

- **Bildmaterial** oder Illustrationen

Beispiele

- Ein Food-Fotograf stellt sein Bildmaterial einem befreundeten Restaurant für dessen Webpräsenz zur Verfügung
- Ein Grafiker illustriert die Website eines Autohauses

- **Buchbesprechungen**: Buchtipps, idealerweise ergänzt durch persönliche Erfahrungsberichte und eine konkrete Empfehlung, sind ebenfalls ein guter Mehrwert.
- **Linktipps**: Verweise auf interessante Websites, die für Ihre Zielgruppe hilfreich sind oder die Ihre Standpunkte oder Leistungen näher erläutern oder gut ergänzen (Details zu Linktipps vgl. Kap. 7.2).

Idealerweise erstellen Sie Inhalte selbst

Idealerweise erstellen Sie die Inhalte selbst bzw. einer Ihrer Mitarbeiter. Es gibt natürlich auch die Möglichkeit, jemand anderen schreiben zu lassen oder auch fremde Inhalte zu übernehmen. Wichtige Informationen zum Einbinden von Fremdcontent und dazu, wie Sie Ihre eigenen Inhalte zu Werbezwecken nutzen können, bekommen Sie in Kap. 8.

Beachten müssen Sie unbedingt:
- Tipps und Informationen müssen stimmen und aktuell sein!
- Sind Sie im Dienstleistungsbereich tätig, müssen Sie darauf achten, dass Ihre Inhalte nicht so gut sind, dass sie Ihre Tätigkeit mehr oder weniger überflüssig machen (etwa, indem Sie Teile einer Beratungsleistung bereits so „verschenken“).

Vorteile, die Sie durch Content erzielen können	
Für Ihre Besucher	Für Ihr Business
Sie bekommen Interessante und lehrreiche Neuigkeiten.	Ihr Internetangebot wird attraktiver, Interessenten werden angezogen und Kundenbindung gestärkt.
Sie erhalten Service bzw. Hilfe durch Produktinformationen und Tipps (z.B. Einsatz von Produkten, Fehlerbehebung).	Mit Content lässt sich aktive Pressearbeit für Journalisten betreiben.
Sie werden informiert über Zusatzleistungen oder Zubehör.	Das Alltagsgeschäft wird entlastet, da Infos auf der Website zu finden sind und Rückfragen dadurch minimiert werden.
Sie können das Unternehmen und die Leistungs-/Produktpalette näher kennenlernen.	Eventuelle Verdienstmöglichkeiten durch Bezahl-Content bzw. Partnerprogramm-Provision.
Sie bekommen Informationen und Tipps, die den Alltag erleichtern (z.B. die Organisation).	Sie können den eigenen Content zu Werbezwecken bzw. zum Verkauf nutzen.

4.1.1 Form der Bereitstellung

Spezielle Regeln für das Internet

Für die Textaufbereitung im Internet gelten spezielle Regeln, vgl. hierzu Kapitel 3.5. Zu überlegen ist außerdem, in welcher **Form** die Inhalte bereitgestellt werden sollen:
- direkt auf der Website eingebaut und für jeden ersichtlich
- zusätzlich mit einer druckfreundlichen Option (ohne Gestaltungselemente der Website)
- als Linkhinweis mit der Möglichkeit, die Datei herunterzuladen

- in einem getrennten Bereich, der nur für einen besonderen Teilnehmerkreis zugänglich ist (passwortgeschützt) als Service, etwa für Verbandsmitglieder oder Kunden
- in einem passwortgeschützten Bereich, der nur für zahlende Mitglieder zugänglich ist
- offen einsehbar mit einem Mustertext, aber einem kostenpflichtigen Download

Auch für Bezahl-Content gibt es einen Markt

Auch wenn im Internet das meiste nach wie vor kostenfrei erhältlich ist, gibt es durchaus auch einen Markt für Bezahl-Content. Allerdings ist es natürlich von der Qualität abhängig, ob und wie viele Besucher bereit sind, dafür zu bezahlen.

Möglich ist immer auch eine **Kombination**: Bestimmte Inhalte sind allgemein zugänglich, zusätzlich gibt es einen Bereich, der kostenpflichtig ist, oder auch einzelne Inhalte, die bezahlt werden müssen.

Wichtig ist, dass Sie, was Inhalte angeht, immer abwägen, was genau die Intention für Ihr Business ist: Sind die Inhalte Teil Ihres Angebotes und haben Sie solche Inhalte zu bieten, die etwas wert sind und auf Nachfrage von Besuchern stoßen? Oder möchten Sie lediglich erreichen, dass bestehende Besucher Ihrer Internetseite zu Stammbesuchern werden, das Unternehmen greifbarer machen und die Kompetenz in den Vordergrund stellen?

4.1.2 Einsatz eines Content-Management-Systems für die Website

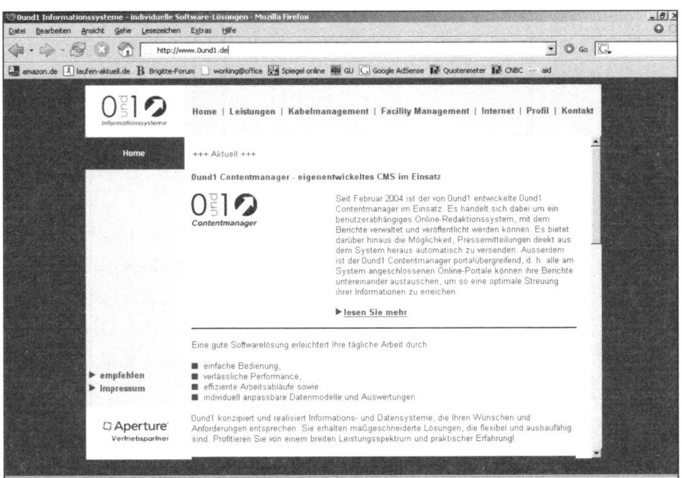

Abb. 6: Screenshot http://www.0und1.de

Im Folgenden lesen Sie das Interview mit Andreas Schmidt, 0und1.de, einem IT-Dienstleister, zu Content-Management-Systemen:

Was ist ein Content Management System (CMS)?
Ein CMS ist ein System, mit dem man die **Inhalte einer Webseite managen** kann, ohne dabei die Programmierung der einzelnen Seiten verändern zu müssen. Es verfügt in der Regel über Formulare in einer benutzer- und passwortgeschützten Oberfläche, die über den Webbrowser bedient werden. Die eingegebenen Informationen (Text, Bild, Anhänge) werden in einer Datenbank gespeichert und auf der Webseite an gewünschter Stelle angezeigt.

Formulare in einer benutzer- und passwortgeschützten Oberfläche

Die Bandbreite an Content Management Systemen ist vielfältig. Bei den fertig einsetzbaren Systemen reicht sie von frei verfügbaren (Open Source) und kostenlos erhältlichen Systemen bis hin zu professionellen und kostenintensiven Anwendungen. Aber auch in Funktion und Erscheinung individuell programmierte Lösungen sind möglich.

Welche Vorteile hat der Einsatz von CMS-Software?
Der häufigste Grund für den Einsatz eines Content Management Systems ist, dass die Information einer Webseite **ohne Programmierkenntnisse** verändert werden kann, da der Benutzer die Daten einfach mittels des ihm vertrauten Webbrowsers über Formulare eingibt.

Intelligente Systeme erlauben ein zeitgesteuertes Erscheinen auf der Website

Systeme mit integriertem Workflow erlauben zudem, die Aufgaben auf **verschiedene Benutzer bzw. Benutzergruppen** zu verteilen. So gibt es Autoren, die Berichte einstellen, Korrektoren, die diese Berichte korrigieren und freigeben, und Portalverwalter, die die freigegebenen Berichte auf der Webseite an geeigneter Stelle positionieren. Intelligente Systeme erlauben auch ein zeitgesteuertes Erscheinen auf der Website.

Ein weiterer Vorteil eines CMS ist die **Archiv-Funktion**. Ein einmal eingestellter Bericht oder Beitrag kann für immer im System gehalten und online in einem Archiv dargestellt werden.

Eine weitere äußerst hilfreiche Funktion ist der **Export der Information** in verschiedene Dateiformate (DOC, PDF, XML, Druckvorstufe etc.). Manche Systeme erlauben auch den Versand der Berichte per E-Mail.

Durch die Speicherung der Daten in einer zentralen Datenbank können je nach Aufbau Inhalte auch **auf verschiedenen Portalen** dargestellt werden. Durch Mausklick können so Inhalte anderer Webseiten auf die eigene gebracht werden. Dadurch wird die eigene Seite aufgewertet. Dies funktioniert technisch allerdings nur, wenn die Webseiten alle das gleiche CMS nutzen bzw. Zugriff auf die gleiche Datenbank haben.

Ist CMS gleich CMS?
Nein! Gerade im Funktionsumfang unterscheiden sich die Systeme oft wesentlich. Kein System kann alles und viele Systeme erschlagen den Benutzer regelrecht mit ihren vielseitigen Möglichkeiten. Nur ein überschaubares System ist ein gutes System, denn die Stärke eines Systems liegt in der Einfachheit seiner Bedienbarkeit. Ein CMS soll Ihnen Arbeit, Geld

CMS soll Arbeit, Geld und vor allem Zeit sparen

und vor allem Zeit ersparen. Ohne professionelle Hilfe wird dadurch die Wahl allzu oft zur Qual.

Ab welcher Größe/Aktivität lohnt sich der Einsatz eines Content-Management-Systems?
Sobald die Kosten für die Aktualisierung der eigenen Webseite ohne CMS die Anschaffungs- bzw. Nutzungskosten eines CMS inkl. deren Einrichtung und Inbetriebnahme überschreiten, ist der Einsatz eines Content-Management-Systems wirtschaftlich. Dieser sog. „Break Even" ist bei den meisten Unternehmen bereits bei 1–2 Änderungen pro Monat erreicht.

Wie viel kostet der Einsatz eines CMS?
Dabei muss man in die reinen Anschaffungs- und die Integrationskosten unterscheiden. Die Anschaffungskosten entfallen bei den sog. „Open-Source-Systemen" gänzlich, wobei sie bei professionellen Lösungen bis in den hohen Tausend-Euro-Bereich reichen können. Eine Integration und Anpassung ist bei fertigen Systemen fast immer notwendig, da es ja in das Erscheinungsbild der bestehenden Website passen soll. Dies ist abhängig vom Aufwand.

Einen Blick sollte man auch immer auf die Betriebskosten werfen und ob die technischen Voraussetzungen des eigenen Webservers (Datenbanken, Festplattenspeicher, Scriptsprachen etc.) ausreichen.

Anders bei den sog. „Betriebsmodellen", bei denen ein IT-Dienstleister das System seinen Kunden gegen eine Nutzungsgebühr zur Verfügung stellt. Vorteil: Keine Anschaffungskosten, keine Wartung, Sie brauchen sich um nichts zu kümmern und können sofort mit der Arbeit loslegen. Solche Systeme sind bereits für unter 100 Euro monatlich zu haben.

4.1.3 Urheberrecht

Alles, was Sie veröffentlichen, unterliegt auch dem Urheberrecht. Gerade im Internet wird leider viel geklaut – „copy/paste" (kopieren/einfügen) ist einfach sehr leicht. Und viele nehmen irrtümlich an, dass man alles aus dem Internet auch einfach so nutzen darf! Das ist natürlich nicht so.

Alles, was Sie veröffentlichen, unterliegt dem Urheberrecht

Um der Möglichkeit, dass man sich Ihrer Inhalte bedient und für seine Zwecke fremdverwertet, etwas vorzubauen, ist Folgendes empfehlenswert:

- Den **Namen des Urhebers** bei jedem Text **deutlich** anbringen.
- Handelt es sich bei Ihren Inhalten nicht um Texte, sondern um **Bilder**, empfiehlt es sich, diese entsprechend zu **präparieren**, z.B. durch Copyright-Nachweis auf dem Bild oder Wasserzeichen).
- Vermerken Sie deutlich auf Ihrer Website, dass ein unerlaubtes Verwenden der Texte eine Urheberrechtsverletzung darstellt.
- Sofern Sie grundsätzlich offen dafür sind, dass – nach vorheriger Absprache – Ihre Inhalte verwendet oder weiterverbreitet werden dürfen, fordern Sie explizit dazu auf und verlinken Ihre Kontaktdaten direkt am Text.

Beweise sichern

Ist es bereits passiert, dass man Ihre Texte genutzt hat – das kann extra erstellter Content sein, kann sich aber auch auf Ihre Webtexte beziehen (es passiert auch häufig, dass Unternehmen der gleichen Branche von anderen Websites abschreiben, im Extremfall werden ganze Internetpräsenzen dupliziert und nur der Firmenname geändert) –, dann **sichern** Sie die entsprechenden **Beweise**: Laden Sie sich die Internetseiten auf Ihre Festplatte, machen Sie Screenshots (Bildschirm-Ausdrucke).

Überlegen Sie sich besonnen, wie Sie vorgehen möchten. Sofern Sie rechtliche Schritte unternehmen möchten, ist es empfehlenswert, das von einem **spezialisierten Anwalt** machen zu lassen.

Eigene Fremdnutzungen immer mit dem Urheber klären

Umgekehrt gilt natürlich: Wenn Sie fremdes Material auf Ihrer Internetpräsenz veröffentlichen möchten, sprechen Sie das ebenfalls immer vorher mit dem Urheber ab. Sonst kann das richtig teuer werden. Details zum Nutzen von Fremdcontent finden Sie in Kap. 8.3 und weitere Informationen zu rechtlichen Aspekten im Kap. 8.4 im Interview mit einem Medienanwalt.

4.2 Fallbeispiel Managementwissen online

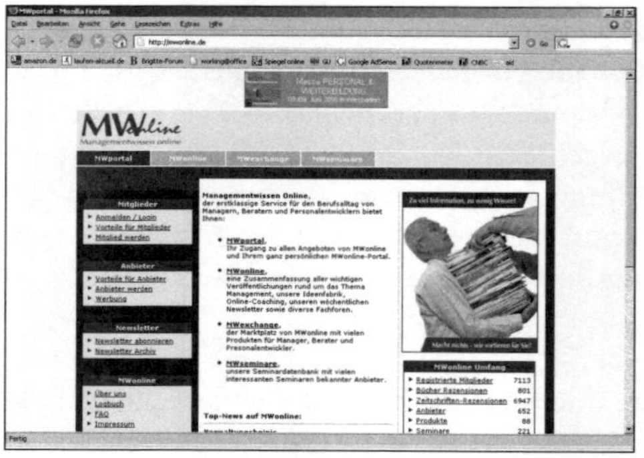

Abb. 7: Screenshot http://www.mwonline.de

ECKDATEN: WWW.MWONLINE.DE

Zielgruppe: Manager, Berater, Personalentwickler
Online seit: Dezember 1997
Besucher: ca. 80.000 monatlich
Newsletter: wöchentlich, ca. 10.000 Abonnenten
Die Aussagen stammen von Johannes Thönneßen, Geschäftsführer von MWonline.

Die Idee

Die Website entstand als Privatprojekt ohne irgendeinen Gedanken an ein Business. Der Ursprung waren Überlegungen, was ich als Personalentwickler mir vom Internet wünschen würde. Ein zentraler Punkt für meine damalige Arbeit war die Recherche nach Literatur. Beispiel: Ich muss ein Assessment-Center überarbeiten und suche entsprechende Publikationen. Was für eine Arbeitserleichterung, wenn man mit einem Mausklick alles Relevante aufgelistet bekäme, am besten auch noch mit kurzer Inhaltsangabe und einer Bewertung.

Per Mausklick alle relevanten Informationen

Das hab ich dann kurzerhand selbst umgesetzt: Die Fachzeitschrift „Personalführung", die auf meinem Schreibtisch lag, von vorne bis hinten gelesen, zusammengefasst, bewertet und die Bewertung in Form einer selbstgebastelten Privathomepage ins Netz gestellt. Dann schickte ich meinen ersten Newsletter an zehn Bekannte. Zu dieser Zeit war es einfach nur Hobby – aber im Hinterstübchen dachte ich: Das könnte die Idee sein, mit der ich mich eines Tages selbstständig machen werde. Dreieinhalb Jahre später war es dann so weit.

Die Entwicklung

Im Jahr 2000 steckte im E-Business noch viel Geld, und eines Tages kam der Anruf eines neuen Portals, das mit reichlich Geld ausgestattet war. Man wollte unsere Inhalte kaufen, und zwar alle! Die daraus resultierende Vereinbarung für eine nicht exklusive Nutzung war sehr lukrativ, auch wenn Mitte 2002 die Zahlungen aufhörten, da das Portal mittlerweile am Ende war. Der Grundstock für meine Selbstständigkeit – und damit mein Vollzeit-Engagement für MWonline – war Mitte 2001 gelegt.

Mittlerweile habe ich mehrere Mitarbeiter, davon aber natürlich die meisten freie Autoren – die wenigsten arbeiten für Geld. Zu zweit kümmern wir uns in Vollzeit um die Entwicklung von MWonline und erschließen neue Geschäftsfelder.

Aktionen, um die Website bekannt zu machen

Im Grunde gab es gar nicht viele Aktionen. Ich habe Anzeigen- und Bannertausch immer abgelehnt und war der arroganten Meinung, dass das, was gut ist, sich auch so herumspricht. Was ja auch lange funktioniert hat. Ich habe mich nie um Suchmaschinenoptimierung gekümmert, keine Werbung gemacht, sondern ganz auf Mund-zu-Mund-Propaganda vertraut. Mit keinem schlechten Ergebnis!

Dennoch ist inzwischen, auch wenn unser Wachstum rasant war und wir auch eine stabile „MWonline-Gemeinde" auf hohem Niveau haben, ohne aktive Werbemaßnahmen eine Stagnation eingetreten. Ohne weiteres Wachstum aber wird es schwer, am Markt bestehen zu bleiben.

Ohne Wachstum wird es schwer, am Markt bestehen zu bleiben

Unser Haupt-Werbemittel ist unser **wöchentlicher E-Mail-Newsletter.** Dieser fasst alle aktuellen Fachartikel zusammen, dient als Werbung für weitere MWonline-Aktivitäten und Geschäftsfelder (eigene Seminare, Premium-Mitgliedschaften, der kostenpflichtige Download der von uns rezensierten Fachartikel, Anzeigen im Newsletter etc.) und ist vor allem das wichtigste Bindeglied zu unseren Lesern.

Newsletter ist das wichtigste Bindeglied zum Leser

Außerdem machen wir mittlerweile:

- Newsletter-Anzeigen-Tausch
- Tauschgeschäfte (günstige Konditionen für unsere Premium-Mitglieder bei Kongressen/Seminaren, dafür Werbung für MWonline)
- einige Programme wie Google Ad-words
- Anzeigen in Zeitschriften
- Medienpartnerschaften
- Spezielle Events (z.B. Büro-Boule-Turnier)

Der Aufwand:
Mein persönlicher Aufwand ist riesig. Mittlerweile haben wir zwar die Technik völlig modernisiert: War früher noch alles „Handarbeit", so haben wir mit einem externen Programmierer die gesamte Website überarbeitet, nutzerfreundlicher gemacht, aber auch sehr viel mehr automatisiert (Nutzen von Datenbanken etc.).

Der persönliche Aufwand ist riesig

Unser Angebot wird gut angenommen, vor allem die Praxistipps in der Ideenfabrik. Auch unsere kostenpflichtigen Services werden zunehmend genutzt. Allerdings ist unser Kerngeschäft „Fachartikel rezensieren" einfach ein manuelles: Zur Zeit meines Angestellten-Daseins habe ich jeden Abend mindestens drei Stunden an der Site gesessen, inkl. Schreiben der Rezensionen, am Wochenende zehn Stunden und mehr. Das Lesen der Artikel erfolgte und erfolgt heute noch zu großen Teilen in Pausen (im Bett, im Wartezimmer eines Arztes, im Stau ...).

Jetzt, als Fulltime-Job, findet das Rezensieren und Lesen immer noch meist am Abend und am Wochenende statt, am Tag müssen Mails beantwortet werden, die Datenbanken gepflegt, die Einträge anderer Autoren gelesen werden usw.

Ich verstehe oft abends nicht, wo der Tag geblieben ist. Es gibt keinen wirklichen Anfang und schon gar kein Ende, weil die Informationen unermüdlich hereinkommen. Keine Zeitschrift macht Pause, und mit dem Einführen der kostenpflichtigen Mitgliedschaft wächst die Zahl der Anfragen von Mitgliedern.

4.3 E-Mail-Newsletter

Populär und weit verbreitet sind regelmäßige E-Mail-Newsletter. Die Einsatzmöglichkeiten sind grenzenlos.

Beispiele

- Ein Hersteller von Holzbearbeitungsmaschinen informiert Schreinerei- und Baubetriebe halbjährlich über neue Produkte.
- Eine Werbeagentur sendet ihren Key Accounts monatliche Tipps für Marketingmaßnahmen.

- Ein Verband informiert seine Mitglieder immer, wenn es gesetzliche Neuigkeiten gibt.
- Ein Englischtrainer versendet täglich eine E-Mail, in der ein englischer Begriff als Multiple-Choice-Ratespiel vorgestellt und erklärt wird.
- Eine Computerfirma verschickt wöchentlich eine E-Mail mit Infos zu Virenschutz und PC-Anwendertipps.

Auf den folgenden Seiten können Sie sich online Beispiele für Newsletter ansehen:
- www.mwonline.de (Link „Newsletter-Archiv“)
- www.zeitzuleben.de (Link „Newsletter“, Beispiel-Ausgabe)
- www.owad.de (One Word a Day)

Relevant dafür, ob Ihr Unternehmen von einem E-Mail-Newsletter profitiert, ist,
- was genau Sie damit bezwecken (reine Service-Maßnahme aus Imagegründen, im Gedächtnis bleiben, aktiv etwas verkaufen etc.),
- ob Sie interessante und für die Leser relevante Inhalte haben,
- ob Sie diese Inhalte mit einem dem angestrebten Ergebnis angemessenen Aufwand an Zeit, Geld und Energie erstellen/aufbereiten können.

Reine Service-Maßnahme oder aktiv verkaufen?

Da E-Mail-Newsletter kostenfrei sind, werden diese gerne abonniert. Allerdings ist wichtig, dass Handling, Inhalt und Form stimmen. Sonst werden Sie Ihre Leser schnell wieder verlieren.

4.3.1 Erscheinungsweise, Form und Inhalt

Wie für jede firmenbezogene Veröffentlichung (zum Beispiel Kundenzeitschriften) gilt auch für diese elektronische Form, dass das Ideal eine feste Regelmäßigkeit ist. Weit verbreitet ist der monatlich erscheinende Newsletter. Es gibt aber selbstverständlich auch jede andere Form: vom täglichen Erscheinen (meist kurz gefasster Tipps) über wöchentlich, alle zwei Wochen oder auch quartalsweise.

Praxistipp

Ungut und dennoch oft gesehen ist die Ankündigung „in unregelmäßigen Abständen“. Das ist nichts, worauf sich die Empfänger verlassen können: Der Newsletter wird dann nicht als solcher wahrgenommen, hat keinen weiteren PR-Effekt, kann nicht „als Magnet“ dienen, die Empfänger auf Ihre Internetseite zu führen – sondern kann, im Gegenteil, sogar als Werbung aufgefasst werden, die in den allgemeinen Junkmails untergeht.

Sofern Sie sich für einen E-Mail-Newsletter entscheiden, ist zu klären:

- Wer, wenn es sich nicht um ein Einzelunternehmen handelt, ist für die Newsletter-Inhalte und den Versand verantwortlich?
- Welches Intervall ist dem angestrebten Zweck und den Inhalten entsprechend angemessen?
- Was ist mit Blick auf die Interessenten ein guter Abstand (um kontinuierlich in Erinnerung zu sein, aber die Leser nicht mit E-Mails zu bombardieren)?
- Was ist vom zeitlichen Aufwand her ein machbares Intervall?

Realistisches Intervall ist abhängig vom Inhalt

Natürlich ist der letzte Punkt auch eng damit verbunden, welche Inhalte der Newsletter enthält und wie umfangreich er sein soll. Hierzu zwei Beispiele.

Hallo, liebe Leserinnen und Leser,

wir melden uns frisch aus der Winterpause zurück und hoffen, dass Sie prima Feiertage verlebt haben. Und natürlich wünschen wir Ihnen viel Glück und Erfolg für dieses Jahr.

Im Januar haben wir wieder eine ganze Reihe von spannenden Online-Seminaren für Sie. Aber lesen Sie selbst.

Mit den besten Grüßen,
Ihr Ralf Senftleben

>> Schnellzugriff

Alle Workshops: Beruf und Business
=> http://www.workshop-welt.de/go/beruf-business

Alle Workshops: „Besser Leben"
=> http://www.workshop-welt.de/go/besser-leben

>> Raus aus dem Hamsterrad

Wenn Sie sich oft durch Ihre Arbeit überlastet fühlen, dann ist es vielleicht Zeit, etwas zu tun. Lernen Sie in diesem Workshop, wie Sie einem Burn-Out wirksam vorbeugen können.

Mehr erfahren => http://www.workshop-welt.de/nlws/186

>> Guided Learning: Fit in Englisch

Der Nachhilfe-Auffrischkurs für Schule, Uni, Ausbildung und Beruf. Start morgen. Nur noch 2 Plätze frei.

Infos anschauen => http://www.workshop-welt.de/nlws/245

Abb. 8: Auszug aus dem Newsletter workshopwelt

Der **Newsletter** von **workshopwelt.de** dient lediglich dazu, **aktuelle Kurse zu promoten und Termine in Erinnerung zu rufen**. Er geht selbstverständlich nur an Empfänger, die sich von sich aus dafür angemeldet haben, also grundsätzlich an neuen Kursen interessiert sind.

Dieser minimalistisch aufgemachte Newsletter ist sehr erfolgreich: Nach dem Newsletterversand steigen die Buchungen merklich in die Höhe.

=*=*=*=*=*=*=*=*=*=*=*=*=*=*=*=*=*=

2. Bewerbung: Rumheulen bringt Ihnen auch keinen Job!

Der Titel dieses Artikels ist absichtlich sehr provozierend formuliert. Denn sehen wir den Tatsachen ins Auge: Wer sich von einer Situation beherrschen laesst, ist nicht mehr handlungsfaehig.

Noch schlimmer: Man steigert sich in etwas hinein - und das fuehrt wiederum dazu, dass man sich selbst behindert.

weiterlesen:
http://www.selbstmarketing.de/tipps/artikel/bib1/1_rum.htm

=*=*=*=*=*=*=*=*=*=*=*=*=*=*=*=*=*=

3. Fuehrung: Wenn Mitarbeiter auf Distanz gehen

Auch wenn es grundsaetzlich zwischen Ihnen und Ihrem Team stimmt, kann es vorkommen, dass einzelne Mitarbeiter sich zurueckziehen und Ihnen distanzierter begegnen als normalerweise.

Es ist sehr wichtig, dass Sie die Sache weder allzu persoenlich nehmen noch Ihren Eindruck stillschweigend zu uebergehen und so tun, als ob alles in Ordnung waere. Denn etwas ist ja offensichtlich los: Sie helfen sich selbst und Ihrem Team am meisten, wenn Sie dem auf den Grund gehen:
http://www.selbstmarketing.de/tipps/artikel/bib7/7_dis.htm

=*=*=*=*=*=*=*=*=*=*=*=*=*=*=*=*=*=

Abb. 9: Auszug aus dem Selbstmarketing-Newsletter

Zwei völlig unterschiedliche Newsletter – beide erfolgreich

Dieser **Selbstmarketing-Newsletter** ist sehr **arbeitsintensiv** und dient gleichzeitig dazu, den **Content** auf der Website regelmäßig **auszudehnen**.

Der Erfolg: Kunden besuchen die Internetseite häufiger, um neue Texte zu lesen und dabei auf andere Artikel aufmerksam zu werden. Außerdem werden bezahlte Zusatzleistungen beworben.

PRAXISTIPP

Am besten versenden Sie einen simplen Newsletter im Text-Format. HTML-Newsletter mit grafischen Elementen sollte nur dann verschickt werden, wenn die Empfänger dem zugestimmt haben.

4.3.2 Verteiler

Bei einem Firmen-Newsletter, der an bestehende Kunden geht, ergibt sich der Verteiler automatisch. Hier ist nur wichtig, dass die Mitarbeiter bei jedem Neukunden auch nach der E-Mail-Adresse fragen. Guter Stil ist es außerdem, bei Kunden nachzufragen, ob diese an E-Mail-Informationen interessiert sind.

> Achten Sie besonders bei Newslettern an bestehende Kunden darauf, dass Sie wirklich gute Informationen inkludieren und nicht nur reine Werbemails versenden!

Mailinformationen immer nur nach Anforderung

Sofern der Newsletter nicht an einen schon bekannten Empfängerkreis geht, sollten Sie Mailinformationen immer nur auf Anforderung versenden! Leider ist es eine weit verbreitete Unsitte, sich einen Newsletterverteiler einfach selbst zu erstellen. Von zwei Dutzend mir zugehenden Newslettern habe ich nur drei tatsächlich selbst abonniert. Der Rest wurde unaufgefordert geschickt, was nicht für das jeweilige Unternehmen spricht – und damit als **Spam** (unaufgefordert zugesandte Werbekategorie) gilt.

Rechtliche Konsequenzen bei unerlaubtem Versand

Das unerlaubte Schicken eines Newsletters bringt damit auch rechtliche Konsequenzen mit sich.

Korrekt ist es, wenn ein Unternehmen auf der Website das **Angebot** bietet, den **Newsletter zu abonnieren**. Gut ist es, **frühere Newsletter** in Form eines **Archivs** auf der Website bereitzuhalten. So kann man nicht nur in früheren Inhalten stöbern, sondern auch sehen, wie so ein Mail-Newsletter aussehen wird. Sofern frühere Newsletter nicht generell auf der Website veröffentlicht werden, ist zumindest ein Beispiel-Newsletter vorteilhaft. Das hilft den Besuchern Ihrer Website zu entscheiden, ob sie den Newsletter abonnieren.

Der Bildschirm für das Newsletter-Abo sollte enthalten

- Informationen zu Inhalt und Erscheinungsweise,
- sofern es optional angeboten wird: die Abfrage, ob Text-Format oder HTML-Format bevorzugt wird,
- die Option, den Newsletter zu abonnieren, ihn zu kündigen (und idealerweise: eine bereits eingetragene Mailadresse zu verändern).

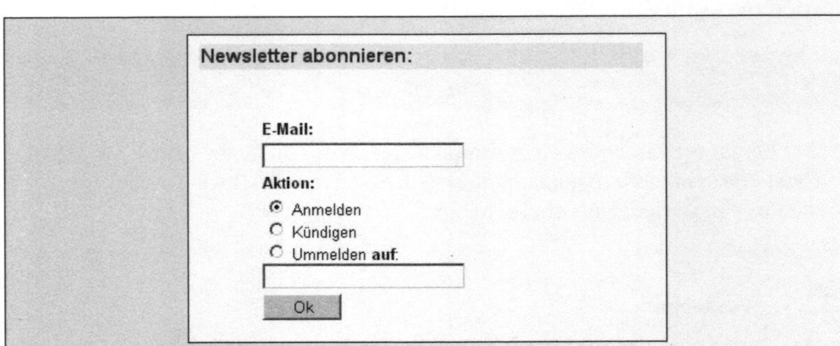

Abb. 10: Newsletter-Abo-Optionen

Einen noch differenzierteren Ansatz verfolgt die Website tixedia.de, die ihren Newsletter sogar nach Interessensgebiet individuell anpasst:

Abb. 11: Newsletter-Themen-Optionen (Tixedia)

Arbeiten Sie mit einer entsprechenden Software für den Newsletterversand, lassen sich meist auch **automatische Bestätigungsmails** formulieren: Also eine Willkommens-Nachricht, die das erfolgreiche Abonnement des Newsletters bestätigt, oder auch eine Information über die Ummeldung auf eine andere E-Mail-Adresse oder eine Kündigungsbestätigung, wenn der Newsletter abgemeldet wurde.

Mit Double-Opt-In auf Nummer Sicher gehen

Wer auf Nummer Sicher gehen möchte, sollte beim Newsletter-Abonnement auf ein so genanntes „Double-Opt-In" bauen: Das bedeutet, dass ein Eintrag in den Newsletter-Verteiler nicht genügt, um in der Datenbank zu landen, sondern dass der Abonnent eine E-Mail erhält, in der das Abonnement bestätigt wird, dies jedoch erst wirksam wird, wenn eine weitere Bestätigung durch Anklicken eines Links aktiviert wird.

Das Problem ist, dass es so auch passieren kann, dass Abonnenten es sich doch noch einmal anders überlegen oder einfach zu skeptisch sind, um erneut einen Link anzuklicken.

Newsletter problemlos anfordern oder abbestellen

Es muss vor allem einfach sein, einen Newsletter anzufordern und auch ihn abzubestellen. Es gibt leider Unternehmen, die keine offensichtliche Möglichkeit bieten, den Newsletter wieder abzubestellen, insbesondere diejenigen, die ihren Newsletterverteiler einfach ungefragt mit Mailadressen bestückt haben. So etwas verärgert und **schadet Ihrem Image**! Bieten Sie also sowohl auf der Internetseite als auch im Newsletter selbst immer die Möglichkeit, wieder abzubestellen.

Möglichkeit bieten, Newsletter weiterzuempfehlen

Selbstverständlich ist es im Gegenzug auch immer gut, eine Option anzubieten, mit der der Newsletter anderen empfohlen werden kann.

4.3.3 Versand

Handling und Versand ist mit keinem großen Aufwand verbunden – sofern der Empfängerkreis klein ist, kann auch das reguläre E-Mail-Programm für den Versand genutzt werden. Komfortabler ist aber natürlich eine entsprechende **Software für den Newsletterversand**. Dies ist auch erforderlich, wenn sich Web-Besucher selbstständig im Verteiler eintragen sollen.

Selbstverständlich müssen Datenschutz und Vertraulichkeit beachtet werden! Darum ist es wichtig, dass niemals der gesamte Verteiler offen für alle Empfänger sichtbar ist.

Andere Empfänger dürfen nicht angezeigt werden

Bei einem Newsletter-System ist es ohnehin so, dass immer nur die Mailadresse des Empfängers erscheint. Sofern Sie mit einem üblichen E-Mail-Programm versenden, ist sicherzustellen, dass die anderen Mailadressen nicht angezeigt werden.

Vorsicht bei **E-Mail-Gruppen**: In E-Mail-Programmen hat man die Option, eine Gruppe zu definieren. Dennoch erscheint beim Versand bei vielen Programmen der gesamte Verteiler sichtbar (anstatt nur der Gruppenname). Auf Nummer Sicher gehen kann man mit der Funktion „BCC" (Blind Carbon Copy): Hier sendet man den Newsletter beispielsweise an sich selbst und gibt im versteckten BCC-Feld die einzelnen Adressen bzw. die definierte Gruppe ein. Diese angegebenen Adressen bleiben dann unsichtbar.

Vielleicht ist Ihnen schon einmal aufgefallen, dass Newsletter in der Regel eine sehr kurze Zeilenlänge haben. Das liegt daran, dass man sicherstellen möchte, dass unabhängig vom E-Mail-Programm des Empfängers der Newsletter einwandfrei dargestellt wird.

Praxistipp

Um zu gewährleisten, dass der Newsletter nicht falsch oder sogar unleserlich dargestellt wird (z.B. weil das Mailprogramm des Empfängers keine Zeilenumbrüche erkennt und endlos lange Zeilen widergibt oder aber, weil zusätzliche Zeilenschaltungen eingefügt werden und damit jede Newsletterzeile auf zwei Zeilen geteilt wird), wählt man eine kürzere Zeilenlänge (z.B. 60 Zeichen) und setzt „harte" Zeilenumbrüche.
Außerdem ist es – wie immer im E-Mail-Verkehr – gut, sicherzustellen, dass auch in puncto Schreibweise und Sonderzeichen jeder Empfänger alles einwandfrei sehen kann. Darum ist man ganz auf der sicheren Seite, wenn man vor dem Verschicken die Umlaute in ae, oe, ue und das „ß" in „ss" umwandelt.

4.3.4 Anzeigenplatz

Jeder Newsletter bietet natürlich auch die Möglichkeit, **Anzeigen und Eigenwerbung** zu integrieren.

Wie bereits betont, kommen reine Werbemails gar nicht gut an. Darum ist es wichtig, dass der Werbeanteil in einem vertretbaren Verhältnis zum redaktionellen Anteil steht. Dies lässt sich zum einen dadurch regulieren, dass man sich bei der Werbung kürzer fasst, zum anderen auch durch das Mischen von redaktionellem Inhalt und Anzeigen.

Der Werbeanteil muss in einem vernünftigen Verhältnis zum redaktionellen Teil stehen

Ob ein Unternehmen externe Anzeigen mit aufnimmt, seien es bezahlte Anzeigen oder auch Links von Partnerprogrammen (vgl. Kap. 4.4), muss individuell entschieden werden. Man muss gut abwägen:

- Werbung kann durchaus einen Mehrwert darstellen, wenn diese sorgfältig ausgewählt ist und von der Thematik her zur Zielgruppe passt.
- Anzeigen, die Sie in Ihren Firmen-Newsletter integrieren, reflektieren jedoch auch auf Ihr Unternehmen. Es sollte daher immer genau durchdacht werden, wofür geworben wird und um welches Unternehmen es sich handelt, damit die Glaubwürdigkeit Ihrer Firma nicht geschwächt wird. Im Extremfall kann es sogar dazu kommen, dass Leute aufgrund Ihres Newsletters auf unseriöse Firmen reinfallen.

Wenn Sie Anzeigenplatz verkaufen möchten, geben Sie genau an, wie viele Zeilen und welche Zeilenlänge plus Linkhinweis maximal im Preis enthalten sind. Damit nachvollziehbar ist, wie erfolgreich eine Anzeige war, kann man **spezielle Links** nutzen, anhand derer man die **Zugriffszahlen ermitteln** kann.

Genaue Angaben zu Zeilenanzahl und -länge

Praxistipp

Anzeigenplatz in Newslettern kann übrigens auch ein gutes Kooperationsgeschäft sein: Suchen Sie sich einen Newsletter-Herausgeber, der Ihre Zielgruppe anspricht und der wiederum ein gutes Publikum unter Ihren Newsletter-Abonnenten hat. Vereinbaren Sie einen Anzeigentausch: So profitieren beide Seiten davon, dass für ihren Newsletter bzw. ihr Unternehmen geworben wird. Unterscheiden sich die Abonnentenzahlen deutlich, kann das Tauschverhältnis auch 3:1 o.Ä. betragen, das heißt, dass der Newsletterversender mit der deutlich geringeren Auflage die fremde Anzeige dreimal schaltet gegen eine Schaltung in dem Newsletter mit der hohen Empfängerzahl.

4.3.5 Werbung für den Newsletter

Auch für einen Newsletter gilt natürlich, dass dieser nur dann erfolgreich sein wird, wenn fleißig die Werbetrommel gerührt wird. Dies erreicht man durch:

- gezieltes **Ansprechen/Anbieten** bei Kunden, sofern es sich um eine kundeninterne Publikation handelt,

- den Eintrag in **Newsletter-Datenbanken** (vgl. Service-Teil), wenn die Inhalte allgemein interessant sind,
- die Bekanntmachung auf Websites und in Printmedien Ihrer angestrebten Zielgruppe,

Hinweis an mehreren Stellen auf der eigenen Website

- den Einbau und deutlichen, verkäuferisch ansprechenden Hinweis auf den Newsletter an mehreren Stellen auf der **eigenen Website**, auf jeden Fall in der Navigation und auch nochmal explizit erwähnt an anderen Stellen auf der Website (auch ein Pop-up-Fenster ist möglich, sofern dieses gezielt und nur hin und wieder eingesetzt wird),
- ein **Archiv** bisheriger Newsletter, so dass man sich vor dem Abonnement ein Bild davon machen kann,
- einen Hinweis in Ihrer **E-Mail-Signatur** oder in Ihren Geschäftsbriefen,
- **Mundpropaganda**: Fordern Sie Ihre Web-Besucher und bestehenden Abonnenten auf, den Newsletter weiterzuschicken und zu empfehlen. Sofern Ihr Newsletter gut ist, spricht sich das ohnehin herum.

Betreiben Sie unterschiedliche Websites oder gar verschiedene Newsletter, ist es immer auch wichtig, Cross-Promotion zu betreiben, also auf den einzelnen Seiten und in den einzelnen Newslettern gegenseitige Hinweise zu geben.

Vorteile eines E-Mail-Newsletters	
Für Ihre Besucher	Für Ihr Business
Sie erhalten interessante Informationen.	Der Newsletter ist eine günstige Service- und Kundenbindungsmaßnahme.
Sie werden über neue Produkte informiert.	Leistungen, Produkte und die Firma lassen sich seriös vorstellen (Werbemaßnahme).
Sie bekommen Anregungen, etwa Tipps für den Alltag, für die Fortbildung, für die Persönlichkeitsentwicklung etc.	Sie können mit Kompetenz überzeugen.
Sie können das Unternehmen näher kennenlernen.	Eventuelle Verdienstmöglichkeiten durch Anzeigenverkauf.

4.4 Partnerprogramme als Mehrwert

Link-Empfehlungen nachvollziehen

Auf vielen Internetseiten findet man Werbebanner oder Textlinks mit so genannten **Partner-IDs**: ein individueller Link, der nachvollziehbar macht, durch wen die Link-Empfehlung zu Stande kam.

Vorteil ist, dass man als Teilnehmer des Partnerprogrammes eine Belohnung erhält, meist in Form eines kleinen Geldbetrages pro Klick oder einer Provision, wenn ein Verkauf zu Stande kam.

Als Unternehmen sollten Sie sich gut überlegen, ob Sie an so einem Partnerprogramm teilnehmen möchten. Nur aus Verdienstgründen ist das nicht anzuraten, dieser ist meist nicht der Rede wert. Aber: Ein Partnerprogramm kann durchaus einen Mehrwert für Ihre Besucher darstellen – und Ihnen gleichzeitig einen kleinen Nebenverdienst einbringen.

Ein Partnerprogramm als Mehrwert für Ihre Besucher

BEISPIEL

Sie stellen Ihren Web-Besuchern interessante Bücher vor und nehmen an einem Partnerprogramm eines Buchversenders teil, zum Beispiel Amazon. Wenn die empfohlenen Bücher für Ihre Zielgruppe interessant sind und tatsächliche Empfehlungen darstellen, idealerweise auch noch in eigenen Worten rezensiert wurden, ist das ein Nutzen für Ihre Leser.

Weitere Informationen zu Partnerprogrammen finden Sie im sechsten Kapitel.

Vorteile, die Sie durch ein Partnerprogramm erzielen können	
Für Ihre Besucher	Für Ihr Business
Sie erhalten Service-Informationen, wenn die Inhalte passen und interessant sind.	Sie bieten einen Zusatzservice, wenn das Partnerprogramm für die Zielgruppe relevante Informationen enthält.
Empfänger, die eine eigene Website haben, werden auf interessante Partnerprogramme hingewiesen und können diese selbst nutzen.	Sofern das Programm so gestaltet ist, dass sich die Provision tatsächlich lohnt, kann ein guter Nebenverdienst entstehen.

4.5 News bieten

Neuigkeiten auf der Internetseite zu veröffentlichen ist eine gute Sache, sofern diese für Ihre Besucher interessant und so abgefasst sind, dass sie schnell zu erfassen sind.

Neuigkeiten müssen für Ihre Besucher interessant sein

Leider sieht man auf vielen Business-Websites zwar einen Link „News" oder gar einen News-Ticker – diese sind aber entweder nur mit allgemeinen Informationen bestückt (Wetter, Nachrichten ...) oder gar mit veralteten „Neuigkeiten".

Eine eigene Neuigkeiten-Rubrik lohnt sich nur dann, wenn diese auch kontinuierlich gefüttert wird. Passiert nur einmal im Jahr etwas oder sogar in noch größeren Abständen, wäre es übertrieben, hierfür einen „News"-Link einzurichten.

Neuigkeiten-Rubrik muss kontinuierlich gefüttert werden

Neuigkeiten können beispielsweise sein:

- Veröffentlichungen (eigene, Medienberichte)
- neue Produkte, Verfahren, Studienergebnisse

- Preise, Zertifizierung, Gütesiegel o.Ä.
- Termine (Veranstaltungen, Seminare, Messen)
- Sponsoring
- Charity
- Veränderungen in Abläufen (Bestellungen etc.)
- gesetzliche Änderungen
- firmeninterne Informationen (z.B. Neueinstellung von Mitarbeitern, Vorstellung von Mitarbeitern, Umstrukturierung, sofern für Kunden relevant)
- neue Features auf der Website

Verschiedene Ansatzpunkte für Neuigkeiten

Wie genau sich „News" definiert, liegt an Ihnen. Wichtig ist es, sich vorher darüber klar zu werden, ob sich die Neuigkeiten lediglich auf firmeninterne Meldungen beziehen, auf Neuheiten im Rahmen der Website oder aber auf Meldungen, die ein bestimmtes Fachgebiet betreffen. Diese sollten nicht wild gemischt werden. Jeder genannte Aspekt stellt einen unterschiedlichen Mehrwert für Ihre Zielgruppe dar.

Entscheiden Sie sich dafür, eine News-Rubrik einzurichten, ist es außerdem wichtig,
- die Neuheit immer mit **Datum** zu versehen,
- in **kürzeren Abständen** zu aktualisieren (sonst erscheint die gesamte Website schnell veraltet, wenn die letzte „Neuigkeit" zwei Jahre alt ist),
- eine **aussagekräftige Überschrift** zu nutzen, die dazu anregt, mehr zu erfahren,
- die Inhalte **webgerecht** aufzubereiten (also beispielsweise nicht einfach einen schon vorhandenen Endlostext auf die Internetseite zu stellen – Details zu Texten für das Web vgl. Kap. 3.5),
- nicht nur „Marketinggeplapper" zu schreiben, etwa wenn ein neues Produkt auf den Markt kommt, sondern **handfeste Informationen** zu bieten,
- durchaus verkäuferisch zu formulieren und auf der Website entsprechend zu **verlinken**, etwa zum Shop, der Kontaktseite.

Vorteile einer News-Rubrik	
Für Ihre Besucher	Für Ihr Business
Bei firmeninternen Neuigkeiten: „Am Ball bleiben" über Produkte, Entwicklungen	Service-Leistung für Web-Besucher
Bei relevanten Fachinfos: Es werden Informationen für den Beruf geboten, man bleibt up to date	Kundenloyalität kann gesteigert werden, z.B. durch wachsendes Vertrauen in die Firma
Bei Angabe der Veränderungen auf der Website: Die Übersicht wird erleichtert und man findet schneller alles, was seit dem letzten Besuch hinzugekommen ist	Kontinuierliche Aktivität und Vielseitigkeit wird demonstriert, Kompetenz und Aktualität werden unter Beweis gestellt

4.6 Fragen und Antworten

Die Frage-und-Antwort-Form ist eine gute Möglichkeit für jeden Webbetreiber, einen Mehrwert zu schaffen. Mit Frage und Antwort sind nicht nur Hilfe-Sektionen (FAQ – **Frequently Asked Questions**) gemeint, Sie können auch Fragen, die Sie aus Ihrer **Praxiserfahrung** kennen, aufgreifen oder Ihre Webbesucher auffordern, Ihnen Fragen zu mailen.

Damit können Sie

- Ihren Besuchern Informationen zu Ihren Leistungen/Produkten in leicht verständlicher und lockerer Weise nahebringen,
- je nach Komplexität Ihrer Website interaktive Elemente oder den Online-Kauf erklären und den Usern schneller Überblick verschaffen und Hemmschwellen senken,
- auf typische Fragen und Probleme eingehen (und diese Rubrik jederzeit erweitern),
- Ihre Arbeitsweise herausstellen und für Interessenten „greifbarer" werden,
- Tipps (siehe auch Content) in Frage-Antwort-Form geben.

Für Interessenten greifbarer werden

Das Frage-und-Antwort-System kann entweder selbst erstellt – und bei Bedarf erweitert – werden oder aber es kann **in Form eines Forums** interaktiv stattfinden. Dabei ist es nicht nötig, ein offenes Forum zu installieren (vgl. Kap. 5.3), sondern es ist auch möglich, ein Forum so zu gestalten, dass Fragen gesendet werden, aber nur firmenintern geantwortet werden kann (vgl. Expertenforen auf: www.was-wir-essen.de/sonstiges/foren.cfm).

Vorteile von Frage-und-Antwort-Sektionen	
Für Ihre Besucher	Für Ihr Business
Unternehmen geht praxisnah auf typische und/oder aktuelle Fragen ein	Flexibles Service-System, das beliebig erweiterbar ist (Rubrik und Fragen)
Zeitersparnis und gute Verständlichkeit durch die erforderliche gute Struktur und kurze Antworten	Frage-Antwort-Form bedeutet Nähe zum Kunden
Guter Service und weniger Rückfragen, da Webbesucher vor Ort relevante Antworten auf ihre Fragen finden	Entlastung der Mitarbeiter, da die gleiche Frage nicht ständig einzeln beantwortet werden muss

4.7 Interessante Termine nennen

Stehen häufiger wichtige Daten im Raum, ist ein eigener Kalender bzw. eine Übersicht über Termine eine gute Sache. Dabei kann es sich handeln um:

- Seminartermine
- Vortrags- oder Produktpräsentationstermine

- Erscheinungsdaten (neuer Produkte etc.)
- Messen, bei denen die Firma anwesend ist
- Veranstaltungen (Tag der offenen Tür etc.)

Auch Fremdtermine können von Interesse sein

Es kann aber auch eine Rubrik sein, die auf Fremdtermine aufmerksam macht, die für die Besucher Ihrer Website von Interesse sind, beispielsweise kann eine Suchmaschine für Online-Jobbörsen eine Übersicht über berufliche Fortbildung bieten (vgl. www.jobrobot.de – Link „Jobkalender").

Vorteile, die Sie durch Terminankündigungen erzielen können	
Für Ihre Besucher	**Für Ihr Business**
Sie werden auf interessante Termine aufmerksam gemacht	Möglichkeit der kostenfreien Werbung (z.B. für eigene Seminare, Produkte)
Bei regelmäßigem Websitebesuch können sie rechtzeitig planen und sich Seminarplätze oder neue Produkte vorab sichern	Eventuelle Zusatzeinnahmemöglichkeit bei Verweis auf eine Datenbank für Fremdveranstaltungen
Sie erhalten – wenn die Termine passen – einen Zusatzservice	Kundenbindung durch Service

4.8 Beratung/Schulungen online anbieten

Zusätzlicher Umsatz und/ oder zusätzlicher Service

Je nachdem, in welcher Branche Ihr Unternehmen tätig ist, bietet es sich an, Leistungen online anzubieten. Entweder, um zusätzlichen Umsatz zu kreieren oder aber, um Leistungen zu verkaufen, die einen Zusatzservice darstellen. Kunden, die ein bestimmtes Produkt erworben haben, könnten z.B. eine Internet-Schulung erhalten.

Schulungen per Internet sind auf vielfältige Weise möglich. Zum einen gibt es die Variante **„Selbstlernkurs"**: Man bietet per E-Mail oder auch per Download-Dokument (z.B. PDF-Format) didaktisch aufbereitete Unterlagen zu einem bestimmten Thema bzw. für ein Produkt an, die der Empfänger selbstständig durcharbeitet.

BEISPIELE

- Ein Sportgeräteversand bietet zu seinen Fitnessgeräten jeweils Trainingsanleitungen zum Download an, die mit dem Gerät vertraut machen, aber auch Informationen für gesundes und effizientes Training bieten.
- Ein Software-Unternehmen bietet eine Online-Schulung an, die Schritt für Schritt in ein Programm einführt und Übungsaufgaben stellt (mit Auswertung natürlich).

Selbstverständlich gibt es auch die Möglichkeit, diese **Schulungen betreut** zur Verfügung zu stellen.

BEISPIELE

- Der Fitnessgerätehersteller könnte ein Online-Coaching anbieten, bei dem Trainierende einen auf ihre Ziele zugeschnittenen Trainingsplan erhalten und während des Trainings online betreut werden (oder sich in einem eigens eingerichteten Forum mit anderen Kunden austauschen können).
- Die Software-Firma könnte einen richtigen Online-Workshop anbieten, in dem eine Gruppe von Leuten schrittweise in die Software eingeführt wird und die Teilnehmer ihre Fragen stellen können.

Auch kostenpflichtige Leistungen stellen Mehrwert dar

Je nach Inhalt und Leistungsumfang so einer Beratung oder einer Schulung ist natürlich zu entscheiden, ob es sich um eine kostenfreie Leistung handelt – etwa im Verbund mit dem Kauf eines Produktes oder der Inanspruchnahme einer Leistung (z.B. Online-Nachbereitung eines Präsenzseminares) – oder ob diese Extra-Leistung auch etwas kostet. Mehrwert ist beides! Lassen Sie sich nicht davon beirren, dass im Internet vieles kostenfrei ist.

4.9 E-Commerce

E-Commerce ist auch für kleine Firmen interessant

Wenn man an E-Commerce denkt, hat man meist die großen Händler im Kopf – Internetplattformen von Kaufhäusern, Online-Giganten wie Amazon etc. Dabei ist es durchaus auch für kleine Firmen interessant, Produkte und Leistungen über das Internet zu vertreiben.

E-Commerce stellt eine **gute Einnahmequelle** dar, die das bisherige Business entweder ergänzt oder aber das Unternehmen baut ausschließlich auf den Handel im Netz.

Einen richtigen Laden auf die Beine zu stellen, bedeutet viel Startkapital und ein hohes Risiko – abgesehen davon, dass man auf eine gute Lage angewiesen ist, was, wenn man überhaupt geeignete Räume findet, wiederum mit höheren Kosten verbunden ist.

Preiswerte und weniger risikoreiche Selbstständigkeit

Sich „im Internet“ selbstständig zu machen ist hingegen weitaus preiswerter und birgt ein geringeres Risiko: Man kann buchstäblich vom eigenen Wohnzimmer aus starten.

Natürlich ist das Thema E-Commerce viel zu komplex, um es hier in der Tiefe zu behandeln – dafür gibt es spezialisierte Literatur. Hier sehen wir uns die Grundlagen von **E-Commerce unter dem Gesichtspunkt des Mehrwertes** an. Denn für Ihre Kunden und Webbesucher ist es durchaus ein Mehrwert, wenn man interessante Produkte und Leistungen direkt bei Ihnen auf der Website nicht nur näher kennenlernen, sondern direkt bestellen kann.

4.9.1 „Shop"-Varianten

Je nach Art des Unternehmens und der Größe, in der Sie das Online-Business betreiben möchten, kann es empfehlenswert sein, eine richtige E-Commerce-Software anzuschaffen bzw. sich die Internetseite individuell programmieren zu lassen. Das kostet – je nach Umfang und Dienstleister – auch gar nicht „die Welt" und ist durchaus auch für Einzelunternehmer interessant.

Gut durchdachte Systeme sind mit der firmeninternen Software verbunden

Gut durchdachte Systeme zeigen nicht nur **Produktfotos und Informationen** an, sondern geben auch Auskunft über die **Verfügbarkeit**, **Referenzen** über ähnliche Artikel, erlauben **Auswertungen** über die verkauften Produkte etc. Und: Sie sind mit der firmeninternen Software verbunden.

Bestellt also ein Kunde heute per Telefon und morgen per Online-Shop, dann ist es elementar, dass alle Details zu diesen Transaktionen in der Firmensoftware sofort enthalten und verfügbar sind.

Erste Gehversuche müssen nicht so komplex erfolgen

Für kleinere und mittlere Unternehmen muss so eine Funktion aber nicht sein – es ist auch möglich, in kleinerem Rahmen in die Welt des E-Commerce einzusteigen. Ist also momentan das Geld knapp oder möchten Sie erst einmal erste Schritte mit dem Internetbusiness auf der eigenen Website machen, geht das Ganze natürlich auch etwas simpler. Hier bieten sich folgende Optionen:

- Die **rein manuelle Form** wäre es, wenn Bestellungen einfach per E-Mail oder Online-Bestellformular abgegeben werden. Diese erhalten Sie dann in Ihrem elektronischen Posteingang. Die Bestellungen selbst werden dann wie alle anderen Bestellungen per Post oder Fax behandelt: Mitarbeiter führen die Order aus und geben die relevanten Informationen in den Firmencomputer ein.

PRAXISTIPP

Alternativ sollte es natürlich jederzeit auch möglich sein, dass man sich persönlich an einen Mitarbeiter wendet: Also bitte niemals ausschließlich E-Mail-Bestellungen oder Online-Formulare nutzen.

- Eine weitere Möglichkeit ist es, ein **Internetzahlungssystem** zu integrieren. Hierfür gibt es externe Provider (z.B. www.ipayment.de). Man bindet dieses System gegen Gebühr auf der eigenen Website ein und kann damit seinen Kunden verschiedene Zahlungsmöglichkeiten bieten. Die Abwicklung wird vom Provider übernommen. Die Kosten dafür sind auch für kleine und mittlere Unternehmen tragbar.

- Schließlich gibt es auch die Möglichkeit, einen **eigenen Shop auf einer fremden Plattform** zu eröffnen (je nach Produktpalette – bekannte Plattformen sind beispielsweise ebay.de oder amazon.de). Hier ergibt sich ein Vor- und ein Nachteil: Ein Shop auf einer fremden Plattform profitiert von den zahlreichen Besuchern dort – nutzt man nun neben den näheren Informationen zum eigenen Unternehmen auch einen Benutzernamen, der beispielsweise dem eigenen Firmennamen (oder der Domain) entspricht, kann man nebenbei zusätzlich die Werbetrommel für das Unternehmen rühren. Nachteil ist, dass der Shop sich nicht auf der eigenen Website befindet.

PRAXISTIPP

Es ist also wichtig, auf der Unternehmenswebsite genau bekanntzumachen, auf welcher Plattform man seine Ware verkauft, und diese auf den eigenen Seiten auch schon vorzustellen und nicht einfach nur einen Link auf den Fremdprovider zu setzen.

4.9.2 Ablauf und Benutzerfreundlichkeit

Nicht jeder ist mit Bestellungen per Internet vertraut. Und selbst für die, die es sind, stellen sich immer wieder Fragen: Wie genau läuft der Kauf auf genau dieser Website wohl ab? Wie ist es um die Sicherheit bestellt? Was ist mit Rückgabe? Und so weiter.

Es gibt leider kaum einheitliche Systeme, was den Internethandel für die (potenzielle) Kundschaft erschwert.

Es gibt kaum einheitliche Systeme im Internethandel

Das erste Gebot ist daher, dass es **einfach** sein muss, die angebotene Leistung/Warenpalette zu erfassen, und dass es ebenfalls simpel und intuitiv erfassbar sein muss, was man als Kunde zu tun hat. Das zweite Gebot ist: **Sicherheit**, das bedeutet, verschlüsselte Seiten zu benutzen, mit sensiblen Daten auch sorgfältig umzugehen und vor allen Dingen den Internetbesuchern Vertrauen und Sicherheit zu vermitteln.

Entscheidend sind Einfachheit und Sicherheit

Das erreicht man durch:

- **Transparenz** (z.B. detaillierte Produktbeschreibung, gute Fotos, klare Preisfindung – nicht versteckte, spätere Aufschläge, Warenkorb mit aktueller Bestellung immer direkt vor Augen),
- **einfache Bedienung** (u.a. schneller Aufbau der Seiten, alle wichtigen Funktionen unmittelbar möglich, also kein langes Suchen, eindeutige Fehlermeldungen, sodass man beispielsweise sofort erkennt, was bei einem Bestellformular noch nicht korrekt ausgefüllt wurde),

- das **Vorwegnehmen von Fragen und möglichen Zweifeln** (z.B. durch Hilfe-Seiten, die den Ablauf gut strukturiert erklären, auf typische Fragen wie Sicherheit/Bezahlung aussagekräftig eingehen, alternative Zahlungsmöglichkeiten bieten etc.),
- **die Möglichkeit, persönlich mit einem Mitarbeiter zu sprechen** (z.B. um Fragen zu klären und zu beraten, um das Vertrauen zu geben, dass es sich um eine „richtige" Firma handelt, um bei Bedenken die Bestellung persönlich abzugeben – etwa, wenn der Kunde seine Bankdetails nicht im Internet eingeben möchte),
- **Bestell- und Auftragsbestätigungen** (bei einem Online-Kauf sollte immer eine möglichst schnelle und detailliert aufgeschlüsselte Bestätigung per E-Mail erfolgen),
- **Versandinformationen** (wird die Ware verschickt, ebenfalls eine E-Mail senden – sofern es das E-Commerce-System erlaubt, per Link auf das Kundenkonto auf der Website verweisen, wo der aktuelle Bestell- und Rechnungsstatus stets einsehbar ist),

Spätestens am folgenden Werktag muss eine Reaktion erfolgen

- **schnelle Abwicklung** (je prompter sich das Unternehmen meldet, desto mehr Vertrauen und desto besser ist das Image – spätestens am folgenden Werktag muss eine Reaktion erfolgen!).

PRAXISTIPP

Vor dem Kauf eines E-Commerce-Systems bzw. vor dem Programmieren-Lassen einer individuellen Softwarelösung sollten Sie sich unbedingt mit verschiedenen Systemen vertraut machen. Sofern Ihre Unternehmenswebsite bereits über eine Einkaufsmöglichkeit verfügt, probieren Sie einmal die verschiedenen Kundenbedürfnisse (Einkauf, Storno, Erweiterung einer bestehenden Bestellung, Änderung einer Rechnungsadresse usw.) selbst vollständig aus.

Oft ist man sich gar nicht bewusst, dass etwas nicht stimmt oder kompliziert ist.

BEISPIEL

Im Internetshop einer Hardwarefirma war das Feld „Geschäftsführer" als Pflichtfeld definiert. Blieb dieses leer, kam man als Kunde über die Eingabe der Firmendaten nicht hinaus und konnte somit nicht bestellen.
Man hatte schlichtweg nur an GmbHs gedacht und alternative Rechtsformen wie die GbR außen vor gelassen.

4.9.3 Bezahlung

Obwohl E-Commerce mittlerweile viel genutzt wird, misstrauen viele Menschen der Bezahlung per Internet. Kein Wunder: Es wird ja tatsächlich viel Schindluder getrieben – von schwarzen Schafen, die angebotene Ware überhaupt nicht senden, bis hin zum Abgreifen von Bankdaten durch alle möglichen Tricks.

Wählen Sie Bezahlformen, die für Sie akzeptabel sind, was das eigene Risiko und zusätzliche Kosten betrifft. Seien Sie aber auch so flexibel, Ihren Kunden keine Hürden in den Weg zu legen, etwa indem Sie ihm bestimmte Bezahlformen aufzwingen („nur per Kreditkarte") oder indem Sie eine Zahlungsart wählen, die umständlich ist oder den Versand hinauszögert (beispielsweise Nachnahme, sodass der Kunde bei Lieferung anwesend sein und je nach Bestellumfang eine große Geldmenge bar zu Hause haben muss, oder lediglich Vorkasse, was mehrere Tage dauert). Auf die Möglichkeit, einen Provider für das Internetzahlungssystem zu nutzen, sind wir schon eingegangen.

Den Kunden keine bestimmten Bezahlformen aufzwingen

4.9.4 Versand

Hier gilt: Immer so schnell wie möglich. Ist **von vornherein klar, dass eine Ware erst später verfügbar** ist, etwa weil erst nachbestellt werden muss oder weil die Lieferzeit generell länger ist (z.B. bei Sonderanfertigung oder Import), dann sollte der Kunde idealerweise schon vor der Bestellung darüber informiert werden, d.h., die Information sollte beim jeweiligen Produkt angegeben sein.

Informieren über Lieferverzögerungen so früh wie möglich

Ergibt sich die **Verzögerung unerwarteterweise**, ist es wichtig, dass Sie Ihren Kunden sofort informieren (per E-Mail oder auch per Telefon) und sich bei langen Lieferzeiten versichern, dass der Kunde die Ware dann noch haben oder vielleicht vom Kauf zurücktreten oder auf eine Alternative ausweichen möchte.

Denken Sie daran: E-Commerce soll eine **positive Erfahrung** sein. Die Möglichkeit, über Ihre Website etwas zu bestellen, soll einen **Mehrwert** darstellen, der Ihre Webbesucher zufrieden macht, dazu anregt, gerne wiederzukommen und idealerweise anderen davon zu erzählen. Das tut er aber nur, wenn alles gut läuft und wenn er sieht, dass das Unternehmen, das hinter der Website steckt, sich kümmert.

Es ist zu empfehlen, eine **Versandart** zu wählen, die **schnell** ist (es kann sich z.B. lohnen, eine etwas teurere Versandart zu wählen, weil diese eine kürzere Laufzeit hat – beispielsweise sind Warensendungen zwar deutlich preiswerter, aber sie sind im Regelfall auch sehr viel länger unterwegs) und die **nachzuverfolgen** ist.

Schnelle und nachzuverfolgende Versandart wählen

Ideal ist es, wenn Sie Ihren Kunden **Alternativen anbieten**, z.B. Eilsendung, reguläre Sendung, versicherter Versand oder (wenn möglich) Warensendung, jeweils mit den unterschiedlichen Preisen und Hinweisen auf die Laufzeiten.

Selbstverständlich ist es elementar, dass das Internet-Business hervorragend in die regulären Geschäftsprozesse integriert ist (vgl. Teil 4).

4.9.5 AGB und Rechtslage

Entscheiden Sie sich dafür, Produkte über das Internet zu vertreiben, ist es wichtig, dass Sie rechtlich auf der sicheren Seite sind. Meine Empfehlung: Investieren Sie in einen auf Medienrecht bzw. E-Commerce spezialisierten Anwalt und lassen Sie sich individuell für Ihr Business allgemeine Geschäftsbedingungen erstellen.

Rechtlich auf der sicheren Seite sein

Informieren Sie sich genau über **Rechte und Pflichten** (Bestellungen, Reklamationen, Rückgabe, Kostenerstattung).

Insbesondere Einzelunternehmer versäumen das oft und handeln sich unabsichtlich großen Ärger ein, was sie teuer zu stehen kommen kann.

Vorteile, die Sie durch E-Commerce erzielen können	
Für Ihre Besucher	Für Ihr Business
Sie können sich bequem von zu Hause aus umfassend informieren, z.B. mit Hilfe von Verbraucherforen, Produktbewertungen etc.	Preiswerte Möglichkeit, um Geschäfte zu machen (bei ausschließlichem Online-Business keine Nebenkosten durch Ladengeschäft etc.)
Sie sind unabhängig von regulären Öffnungszeiten	Sie sind unabhängig von regulären Öffnungszeiten
Sie sind nicht regional gebunden	Sie sind nicht regional gebunden
Sie können die Angebote besser vergleichen	Wenn Internet ergänzend zum bisherigen Business: unaufwendige Zusatzverdienstmöglichkeit
Sie können bequem von zu Hause aus bestellen	Über reguläres Kerngeschäft hinaus: Möglichkeit, weitere Leistungen/Produkte per E-Commerce zu vertreiben (z.B. Schulungen)

4.9.6 Fallbeispiel Tixedia.de – Eintrittskarten für Konzerte, Bühne, Sport

Abb. 12: Screenshot http://www.tixedia.de

Eckdaten: www.tixedia.de

Zielgruppe: Musikfans jeglichen Alters
Online seit: Februar 2003
Besucher: ca. 8.000.000 im Jahr 2005
Die Aussagen stammen von Tobias Roßner, Geschäftsführer von Tixedia

Die Idee
Anfangs war der Online-Ticketverkauf lediglich als **Zusatzgeschäft für ein Reisebüro** gedacht, die Abwicklung (Versand der Tickets etc.) wurde durch die Mitarbeiter des Reisebüros erledigt.

Die Entwicklung
Im August 2004 folgte die Aufnahme eines Konzertveranstalters in das Unternehmen (ab dann eine eigene GmbH). Wir bauten ein eigenes Callcenter mit Bestell-Hotline und Kundensupport auf. Bis August 2005 entstanden vier Vollzeit-Arbeitsplätze, ein Ausbildungsplatz und ein 400-Euro-Job. Vom reinen Internet-Anbieter haben wir uns angepasst zum Callcenter-Vertrieb und Laufkundengeschäft mit Laden in Deggendorf. Ende 2005 erfolgte der Ausbau auf zehn Vollzeit-Arbeitsplätze.

Callcenter mit Bestell-Hotline und Kundensupport

Die Wichtigkeit des Domainnamens
Der Fantasiename tixedia.de ist nicht so einfach bekanntzumachen, besser sind generische Begriffe. In unserem Bereich „Eintrittskarten“ waren die meisten guten Domains schon registriert.

Reserviert haben wir **musicalkarten.de** und **opernkarten.de**, die noch frei waren. Gekauft haben wir die Domain **konzertkarten.de**, die bereits Besucher hatte. Diese Adresse hat uns vom Start weg 1.000 Besucher am Tag gebracht!

Da „konzertkarten.de“ als Begriff leichter zu behalten ist als „tixedia.de“ ergibt sich momentan für uns die Frage: Versucht man, tixedia beizubehalten und als Marke zu etablieren, oder ist es vorteilhafter, wenn man unter dem Hauptnamen „konzertkarten.de“ gegenüber den Kunden auftritt?

Aktionen, um die Website bekannt zu machen
Wir geben einen monatlichen Newsletter heraus, der derzeit an hunderttausend Kunden verschickt wird. Dieser beinhaltet Informationen zu Gruppen, die momentan im Vorverkauf sind.

Der Domainname „konzertkarten.de“ brachte uns so viele Besucher, dass anfangs keine weiteren Maßnahmen nötig waren.

Später haben wir folgende Maßnahmen eingesetzt:
- Online-Werbung bei Google
- Betrieb von Partnerprogrammen bei affili.net und adbutler.de

- Einsatz fremdgebrandeter Shops (z.B. bei neckermann.de und kartenboerse.de)
- Einbringen in Vergleichssysteme wie kelkoo.de und etainme.de

Letzeres ist ein Shopsystem für Radiosender, was uns dann auch den 3-Tage-Exklusivvertrieb für den Radiosender FFH eingebracht hat, der ein Anastacia-Konzert in Frankfurt beworben hat. Allein durch die damit verbundene enorme Werbung im Radio haben wir einen Riesensprung gemacht.

In Zukunft eigene Radiowerbung

Dieses Ereignis hat uns auf die Idee gebracht, in Zukunft eigene Radiowerbung zu schalten. Wir lassen das Geschäft also nicht mehr nur so dahinplätschern, sondern machen **aktive Partnerschaften** und etwas Werbung. Wobei Partnerschaften recht hoch zu bewerten sind, da diese zumeist auch günstiger sind als normale Werbung. Offline-Werbung bringt uns fast nichts, mit Ausnahme von Radiowerbung.

Vertrauen für E-Business schaffen

Zunächst war natürlich wichtig, die Website benutzerfreundlich zu gestalten und auch weiterhin zu optimieren. Besonders wichtig sind für uns:

- ein ansprechendes Design,
- eine klare Übersicht / gute Struktur,
- eine logische Gliederung der einzelnen Schritte (von Suche der Veranstaltung bis hin zur Bestellung)
- und die Sicherheit als oberstes Gebot!

Verschiedene Zahlungsarten

Außerdem bieten wir unseren Kunden verschiedene Zahlungsarten: Lastschrift, Nachnahme und Kreditkarte. Am meisten wird Lastschrift genutzt. Bedenken gibt es auf Nutzerseite am meisten im Hinblick darauf, Kreditkarten- oder Lastschrift-Daten über das Internet zu senden.

Vorteil ist wiederum, dass Lastschriften und Kreditkartenzahlungen bis zu einem bestimmten Zeitpunkt zurückgegeben werden können. Das gibt den Kunden Sicherheit.

Wir arbeiten neben der **verschlüsselten Übertragung und Speicherung** der sensiblen Kundendaten aber kontinuierlich weiter daran, das Vertrauen in E-Commerce über unsere Plattform zu steigern. So werden wir versuchen, **trusted oder TÜV-zertifizierter Shop** zu werden, um noch mehr Kundenvertrauen zu schaffen.

Ansonsten vereinen wir das „anonyme Internet" mit dem Persönlichen: Die Bestellung der Konzertkarten läuft zwar online ab, aber unsere Kunden können jederzeit ein **persönliches Gespräch** mit einem unserer Hotline-Mitarbeiter führen. Umgekehrt kontaktieren wir Kunden persönlich, wenn es Probleme mit der Bestellung gibt.

Ansonsten schaffen wir zusätzliches Vertrauen, indem wir **rasch und genau arbeiten**. Alle Bestellungen werden am selben Tag bearbeitet, wir senden sofort eine E-Mail mit den Informationen, dass die bestellten Karten verfügbar sind und in Kürze verschickt werden.

4.9.7 Fallbeispiel zeitzuleben.de

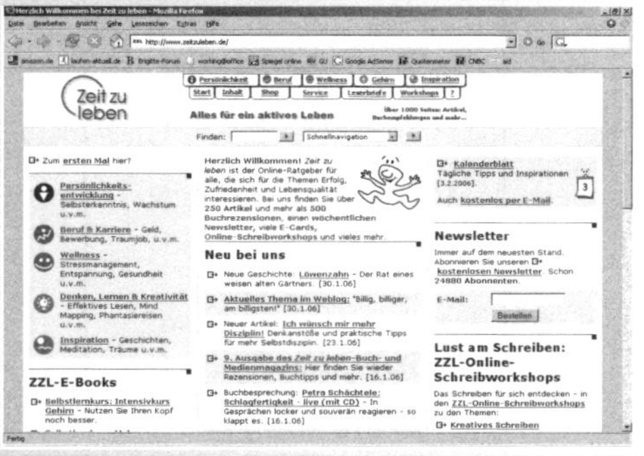

Abb. 13: Screenshot http://www.zeitzuleben.de

ECKDATEN: WWW.ZEITZULEBEN.DE

Zielgruppe: alle, die sich für die Themen Erfolg, Zufriedenheit und Lebensqualität interessieren
Online seit: August 1998
Besucher: ca. 120.000 monatlich
Newsletter: wöchentlich, ca. 25 000 Abonnenten
Die Aussagen stammen von Ralf Senftleben, Mitinhaber von Zeit zu leben

Die Idee

1998, in der Zeit des Internethypes, hatten wir die Idee, ein Portal zum Thema Erfolg und Lebensqualität aufzumachen und von Werbeeinnahmen zu leben (was aber nicht funktioniert hat). Die Themen haben wir gewählt, weil sie uns selbst interessieren und weil es dazu zu diesem Zeitpunkt im Internet nichts gab, wir haben uns also eine Nische gesucht. „Zeit zu leben“ ist unser Weg, mit dem, was uns Spaß macht, unseren Lebensunterhalt zu verdienen.

Eine Nische gefunden

Die Entwicklung

Den größten Teil nehmen bei uns Artikel und Buchbesprechungen ein und natürlich unser Newsletter, den wir seit Beginn an interessierte Benutzer verschicken und der einen sehr großen Stellenwert in unserem Marketing einnimmt.

Wir haben die Website nach und nach erweitert um:

- einen **Kleinanzeigen-Marktplatz**, auf dem man sich kostenlos eintragen kann (zuerst kostenpflichtig, aber das hat nicht funktioniert),

- elektronische **Postkarten**,
- das tägliche Kalenderblatt, das wir im August 2004 in ein Weblog umgewandelt haben,
- unser **Weblog**, in dem die Leute zu Themen aus dem Newsletter ihre Meinung schreiben können,
- unseren **virtuellen Wunschbrunnen**,
- unser **Formular-Center** mit verschiedenen Formularen im PDF-Format, die sich Besucher kostenfrei herunterladen können,
- unser **Forum**, in dem die Leute zu „Zeit zu leben"-Themen diskutiert haben. Das haben wir allerdings nach einigen Jahren wieder geschlossen, weil es zu betreuungsintensiv wurde.

Forum zu betreuungsintensiv

Aktionen, um die Website bekannt zu machen
Am Anfang haben wir ein bisschen mit den gängigen Promotion-Strategien experimentiert (Suchmaschinen-Optimierung, Kooperationen, Linktausch, etc.). Aber all das hat keinen großen, nachhaltigen Erfolg gebracht.

Die wichtigsten Aspekte für unser Bekanntwerden waren:

- Den **Umfang** der Seite immer weiter und weiter zu **erweitern**, zum einen, um den Nutzen der Seite für die Besucher zu erhöhen und andere dazu zu animieren, auf die Seite zu verlinken, zum anderen, um unter immer mehr Begriffen in den Suchmaschinen gefunden zu werden (pro Monat haben wir z.B. ca. 50.000 Besucher über Google).
- Einen **regelmäßigen Newsletter** herauszugeben, um die Leute immer daran zu erinnern, doch mal wieder zu kommen.

Nutzen der Seite für Besucher erhöhen

Also das uralte Prinzip: Tue Gutes und rede darüber. Oder besser tue Gutes, sodass andere über dich reden.

Kooperationen
Wir haben verschiedene Arten von Kooperationen:

- Ausgewählten **Gastautoren** bieten wir die Möglichkeit, bei uns Artikel zu veröffentlichen, und verweisen im Gegenzug auf sie. Für den Newsletter haben wir die Erlaubnis, aus verschiedenen Publikationen eines Verlages kurze Abschnitte abzudrucken. Beides also nach dem Prinzip „Content gegen Traffic".
- Regelmäßig kommen **größere Firmen** auf uns zu, die Artikel von uns auf ihren Seiten veröffentlichen wollen und im Gegenzug auf uns hinweisen.
- **Werbepartnerschaften**: Wir weisen auf Produkte hin und bekommen bei der Bestellung oder bei Anforderung von Infomaterial (Lead-Generation) eine Provision. Ein Beispiel dafür ist z.B. das Partnerprogramm von Amazon.

Das Wichtigste an Kooperationen ist für uns, dass der Nutzen für uns und für die andere Seite immer absolut klar definiert und erkennbar ist und dass sich der Aufwand für die Kooperation lohnt.

Aufwand für Kooperation muss sich lohnen

Der Aufwand

Da wir nur zu zweit sind, hatten wir in den ersten zwei Jahren sicherlich die ein oder die andere 90-Stunden-Woche. Nachdem wir die Basis gelegt hatten, haben wir es ruhiger angehen lassen. Anfangs haben wir pro Woche einen neuen Artikel und neue Buchbesprechungen veröffentlicht. Aber je mehr Inhalte wir auf der Seite angesammelt haben, desto mehr haben wir die Anzahl der Dinge zurückgeschraubt, die wir wöchentlich neu veröffentlichen.

Das Verhältnis von Aufwand und Ergebnis (in Form von Besuchern, Umsatz, etc.) hat sich also in den letzten sieben Jahren ständig zu unseren Gunsten verschoben.

Verhältnis von Aufwand und Ergebnis wird immer besser

Wir sind auch große Fans des 80:20-Prinzips und **untersuchen regelmäßig** unsere verschiedenen **Arbeitsfelder** darauf hin, ob das Ergebnis den Aufwand rechtfertigt. Wir haben uns im Laufe der Zeit von vielen inhaltlichen Bereichen oder Aufgabengebieten verabschiedet, weil das Ergebnis nicht zufriedenstellend war.

4.10 Weitere Features

Es gibt auch Webtools, die für Ihre Besucher so interessant sind, dass sie sich freiwillig ständig auf Ihrer Seite aufhalten.

Beispiele

- Ein Sportaustatter bietet ein Online-Lauftagebuch an, auf dem Besucher ihre Trainingseinheiten eingeben und auswerten können.
- Ein Blumenladen bietet an, auf seiner Website einen individuellen Kalender zu führen, also etwa Geburtstage und sonstige Anlässe einzutragen und den Kunden rechtzeitig daran zu erinnern.
- Eine Gesundheitsberatung bietet lustige Bilder an, die man in seine Internet-Signatur einbauen kann und die die Fortschritte beim Abnehmen grafisch aufzeigen.
- Eine Webhostingfirma bietet die Möglichkeit, sich online Fotoalben einzurichten.

Interaktive Werkzeuge dieser Art, die jeder Besucher für sich selbst nutzen kann – bzw. anderen Internetbesuchern zugänglich machen kann (zum Beispiel, um Freunden die eigenen Fotos zu zeigen) – sind nicht nur ein toller Mehrwert, sondern binden diese Besucher auch an die Unternehmenswebsite.

Erkennbarer Zusammenhang mit dem Kerngeschäft notwendig

Wichtig ist auch hier, dass das Angebot immer im Einklang mit den Leistungen des Unternehmens steht. Es muss abgesehen vom Aufwand (durch das Einrichten und die Wartung!) immer ein erkennbarer Zusammenhang mit dem Kerngeschäft da sein.

5 Interaktive Werkzeuge

Interaktive Bestandteile bringen Unternehmen in direkten Kontakt mit Interessenten und Kunden. Doch die unmittelbare Interaktion bringt neben vieler möglicher Vorteile auch eine ganze Menge Aufwand mit sich. Außerdem gibt es zu jedem interaktiven Tool auch Fallstricke, die sich äußerst kontraproduktiv auswirken können.

In diesem Kapitel sehen wir uns an:
- Gästebuch
- Online-Communities
- Foren/Nachrichtenbretter
- Chats
- Weblogs
- Online-Aktionen und Umfragen

5.1 Gästebuch

Besucher geben ihre Meinung ab

In einem Gästebuch können sich Besucher eintragen und eine Nachricht hinterlassen. Ein Online-Gästebuch hat dieselbe Funktion wie „Offline-Gästebücher", die man beispielsweise in manchen Hotels findet: Besucher geben ihre Meinung zur Website oder zum Unternehmen ab.

Die Entscheidung, ein Gästebuch einzubinden, sollten Sie sich jedoch gut überlegen.

Einen großen Informationsgehalt haben Gästebuch-Beiträge selten.

Abgesehen davon, dass es natürlich schön ist, Feedback zu erhalten, sehen die meisten Einträge in Gästebüchern etwa so aus:
- „Tolle Webseite – Dein Franz"
- „Geil! – Wir sehen uns am Samstag. – Irene."
- „Schöne HP – besuch auch mal meine HP unter xxx – Gerhard"
- „Gibt nicht so viele guten Seiten, wo ich länger bin. Hier war ich länger. Weiter so!" – Hans Müller.
- „Weil du mir in mein Gästebuch geschrieben hast, schreib ich dir jetzt, wie versprochen auch." – Andrea M.

Einträge dieser Art bringen niemandem etwas – wenn es sich um Freunde und Bekannte handelt, können Ihnen diese ihr Lob auch direkt mitteilen.

Gerade, wenn Ihre Internetseite kommerziell genutzt wird, sollten Sie rundum **professionell auftreten**!

Gästebücher dürfen keine Uralt-Einträge enthalten

Abgesehen davon gibt es auch Gästebücher
- mit Einträgen, die uralt sind,
- in die sich bis auf eine eigene Willkommensnachricht noch niemand eingetragen hat,
- die pöblerisch oder beleidigend sind,
- die reine Werbung darstellen und auf andere Websites verweisen.

Schlechte Werbung für Ihre Website

Die Wirkung in diesen Fällen ist negativ: Ein leeres Gästebuch sieht aus, als hätten Sie keine Besucher auf Ihrer Internetseite (dabei trägt sich vielleicht nur niemand ein). Eine Beschimpfung wird ebenfalls mit Ihrem Unternehmen in Verbindung gebracht – wenn nicht unbedingt vom Inhalt, dann doch im Hinblick darauf, dass Sie nicht reagieren.

Wenn Sie merken, dass kein Interesse besteht, sich einzutragen, dann entfernen Sie das Gästebuch lieber vollständig.

Ein Gästebuch ist dann ein **positives Aushängeschild, wenn**
- **kontinuierlich** neue Einträge kommen,
- diese **aussagekräftig** sind und einen guten und umfassenden Eindruck vermitteln, wie die Website oder Ihre Leistungen bei den Benutzern ankommt, und
- ein **freundlicher, sachlicher Umgangston** herrscht.

Konstruktiv-kritische Beiträge kommentieren

Dabei ist es absolut in Ordnung, wenn auch kritische Beiträge kommen: sofern diese konstruktiv sind und auch von Ihnen kommentiert werden.

Auf diese Dinge sollten Sie achten, wenn Sie sich für ein Gästebuch entscheiden:
- Mindestens einmal am Tag durchsehen, auf Fragen reagieren – gegebenenfalls auch löschen (bei Werbung, unsachlichen Beiträgen o.Ä.).

PRAXISTIPP

Sofern der Eintragende eine E-Mail-Adresse hinterlassen hat, sollten Sie die Person über das Löschen und den Grund dafür informieren.

- Sie können Gästebuch-Einträge auch nur zulassen, wenn sie vorher freigeschaltet werden. Ein Eintrag kommt dann zuerst zu Ihnen, Sie können den Text prüfen und dann für die Veröffentlichung freigeben. Natürlich soll diese Funktion nicht dazu dienen, dass Sie willkürlich in irgendeiner Form zensieren oder ausfiltern.

- Überlegen Sie sich, ob Sie Links erlauben und diese klickbar angezeigt werden sollen. Das ist auf der einen Seiten ein schönes Feature, weil man bei einer Information schnell auf eine andere Website gelangt. Gleichzeitig verlassen Besucher unter Umständen Ihre eigene Seite.

PRAXISTIPP

Selbst wenn Sie Links für die eigene Homepage der Eintragenden erlauben, sollten Sie strikt aussortieren, wenn es um Werbeeinträge geht.

- Sofern Sie den Benutzern irgendwelche grafischen Features für den Eintrag erlauben (Upload von Bannern, eigene Einstellung von Schriftart und -größe, animierte GIFs wie Smileys etc.), achten Sie bitte darauf, wie Ihr Gästebuch insgesamt aussieht. Ein chaotisches Layout wirkt nicht nur schnell unprofessionell, sondern kann auch den Eindruck hinterlassen, dass Ihr Unternehmen ein Chaostrupp ist.

PRAXISTIPP

Wenn Sie auf etwaige Fragen, Anregungen, Hinweise im Gästebuch öffentlich eingehen wollen, ist es hilfreich, wenn Sie als Seitenbetreiber direkt zum Eintrag einen Kommentar schreiben können.
Sofern Sie dies möchten, müssen Sie bei der Auswahl der Gästebuch-Software darauf achten, dass diese Kommentar-Funktion auch enthalten ist.

Konstruktiv-kritische Beiträge kommentieren

Ein positives Beispiel für ein informatives, gut betreutes Gästebuch, das unmittelbar Feedback und Antworten gibt, ist z.B. das Gästebuch auf www.wagner-pizza.de.

5.2 Online-Communities

Communities sind gefragt: Interaktiv mit Ihren Besuchern in Kontakt zu treten und die Möglichkeiten dieses Dialogs auszuschöpfen, bringt Ihnen nicht nur **unmittelbare Informationen** darüber, was Ihre Benutzer möchten, sondern sorgt für **regelmäßige Stammkunden** und eine sich stetig **vergrößernde Besucherzahl**.

Erhöhung der Besucherzahlen durch Mundpropaganda

Eine florierende Community dehnt sich zudem durch Mundpropaganda aus, sodass Sie im Idealfall nur noch dabei zuzusehen brauchen, wie sich die Besucherzahlen erhöhen.

Community („Gemeinschaft“) bedeutet, dass Sie auf Ihrer Website eine **Plattform** schaffen, **auf der sich Menschen untereinander kurzschließen**, Fragen beantworten, Meinungen austauschen.

Dies wird hauptsächlich durch Foren und/oder Chats ermöglicht. Allerdings geht der bloße Einbau eines Forums oder einer Chatmöglichkeit nicht automatisch auch in Richtung Community. Sie können auch als Service für Ihre Besucher oder Kunden die Möglichkeit eines interaktiven Austausches schaffen und beispielsweise auch nur aktionsweise ein Expertenforum eröffnen.

Expertenforum für Sonderaktionen

Zunächst wenden wir uns dem Begriff der Online-Communities zu und was Sie davon haben könnten bzw. abklopfen sollten, bevor Sie sich diesem größeren interaktiven Projekt widmen. Nachfolgend besprechen wir dann die Tools Foren und Chat genauer.

In erster Linie werden Communities eingeführt, um Traffic zu erhalten bzw. zu steigern. Dies kann aus verschiedenen Gründen gewünscht sein, zum Beispiel um

- für Werbetreibende **attraktiv** zu sein,
- **potenzielle Kunden** für die eigene Dienstleistung / das eigene Produkt zu erreichen,
- eine **Informationsquelle** anzubieten, Info-Austausch zu schaffen,
- eine **bestimmte Idee umzusetzen**, die nur durch die Gemeinschaft funktioniert.

Schon aus diesen wenigen Beispielen wird deutlich: Je nachdem, worum es geht, verändern sich die Kriterien und die Strategie. Darum ist in erster Linie wichtig, dass Sie Ihre **individuellen Ziele** hinterfragen: Was soll Ihnen der interaktive Kontakt mit Ihren Benutzern bringen? Brauchen Sie überhaupt eine Community?

Welche Ziele haben Sie?

Je nachdem, welche Ziele Sie verfolgen, ergibt sich, ob der richtige Weg dafür eine Community ist oder ob es **alternative Möglichkeiten** gibt, die Ihr Ziel ebenso gut verfolgen oder sogar die effektivere Vorgehensweise dafür sind.

Der Aufbau und die Pflege einer Community benötigen Zeit, Geld und Energie. Und das muss immer im Verhältnis zum Ertrag gesehen werden.

Beispiele

- Ein Verbrauchermeinungsforum wie z.B. ciao.com braucht eine Community: Es ist darauf angewiesen, zahlreich und regelmäßig Input von Besuchern zu erhalten – sonst ist das Angebot nicht attraktiv oder aktuell genug.
- Ein Dienstleistungsunternehmen, das über das Internet in direkten Kontakt mit seinen (potenziellen) Kunden kommen möchte, um zu erfahren,

was diesen wichtig ist, braucht nicht unbedingt gleich eine feste Community, sondern kann durchaus auf anderem Weg – zum Beispiel durch eine Online-Umfrage-Aktion – an seine Antworten kommen.

- Eine Webseite, mit der man erreichen möchte, dass einmalige Besucher immer wieder kommen, benötigt nicht unbedingt eine Community in Form eines Forums oder Chats, sondern kann durch regelmäßige Aktualisierung und neue, interessante Informationen Anreize schaffen. Zusätzlich kann dies durch einen Newsletter gestützt werden: Interessierte User können diesen abonnieren und werden über neue Informationen per E-Mail informiert.

5.2.1 Definition der Zielgruppe („Wunsch-User")

Anhand des Zwecks die Zielgruppe konkretisieren

Die Zwecke, die Sie mit einer Community verfolgen, setzen den Grundstock dafür, welche Zielgruppe angesprochen werden soll. Nur wenn Sie wissen, welche Art von Besucher Sie suchen und was Sie von diesem erwarten, können Sie gezielte Maßnahmen ergreifen, um Ihre „Wunsch-User" anzusprechen.

Warum ist es so wichtig, die Zielgruppe zu bestimmen? Wie bei jedem Produkt / jeder Dienstleistung, die Sie vermarkten möchten, ist es auch bei einem virtuellen Angebot wichtig, den „idealen Abnehmer" zu kennen. Meist sind das die verschiedensten Besuchergruppen, doch auch **innerhalb der** grundsätzlich interessanten **Zielgruppe** gibt es **unterschiedliche Prioritäten**.

Beispiel

Angenommen, Sie haben eine Webseite für Bankensoftware. Sie entscheiden sich, mit interaktiven Tools Leute anzusprechen, die in Banken tätig sind, um Ihre Software vorzustellen und idealerweise zu verkaufen.
„Leute, die in Banken tätig sind" ist jedoch ein sehr weiter Begriff: Möchten Sie Computerabteilungen innerhalb von Banken ansprechen? Geht es Ihnen um Bankangestellte, um Entscheider? Oder geht es Ihnen sogar darum, bereits Auszubildende mit Ihrer Software in Berührung zu bringen? Haben Sie daran gedacht, dass auch branchenspezifische Unternehmensberatungen interessant sind? Usw.
Sie sehen, die Zielgruppe ist sehr differenziert. Und innerhalb dieser einzelnen Gruppen gibt es unterschiedliche Prioritäten, sicherlich sind Entscheider weiter oben auf Ihrer Liste als Azubis.

Sie sagen jetzt vielleicht „Ist ja ohnehin klar!", aber häufig ist das eben nicht deutlich genug durchdacht und ausgesprochen. Und vor allen Dingen ist die Strategie oft nicht auf die eigentliche Zielgruppe ausgerichtet. Wie auch, wenn diese nicht treffend bestimmt ist?

BEISPIEL

Sie haben ein allgemeines Webangebot, das grundsätzlich für jeden geeignet ist – unabhängig von Alter, Geschlecht, Beruf etc.
Wenn Sie Ihre Webseite durch Werbung finanzieren wollen, lohnt sich hier, Schwerpunkte zu setzen, denn nicht jede Zielgruppe ist für Werbetreibende gleich interessant.

Nicht profillos werden

Oft denkt man, man schränkt sich in irgendeiner Form ein, wenn man konkret wird. Das Gegenteil ist der Fall! Wer sein Angebot zu allgemein hält und „profillos" ist, tut sich **schwer, in die richtigen Köpfe zu kommen** und dort zu bleiben. Außerdem kann es Ihnen passieren, dass Sie eine interaktive Plattform aufbauen, die auch genutzt wird – nur nicht von der Personengruppe, die dazu geeignet ist, sie Ihrem Ziel näher zu bringen.

> Nur wer seine Zielgruppe kennt, kann sich aktiv um sie bemühen, d.h. sein Angebot auf der Website genau für diese Personengruppe interessant (genug) und auch an den richtigen Plätzen auf sein Internetangebot aufmerksam machen.

Was soll Ihr User idealerweise tun?

Fragen Sie sich auch: Was soll der User idealerweise tun? Geht es Ihnen lediglich darum, dass sich die Besucher aktiv beteiligen, oder sehen Sie jeden User als potenziellen Kunden – und Ihr eigentliches Ziel ist, dass der Besucher etwas bei Ihnen kauft?

Vielleicht möchten Sie aber auch „nur", dass Ihre Besucher die Banner Ihrer Werbepartner anklicken, um für diese attraktiv zu bleiben und die Erträge aus Werbung zu steigern?

PRAXISTIPP

Formulieren Sie schriftlich, was Sie sich von Ihren Usern erwarten. Das ist die Grundlage, um strategisch vorzugehen und Inhalt und Gestaltung Ihres Internetangebotes entsprechend anzupassen.

5.2.2 Regeln/Nutzungsbedingungen

Jede Community braucht Regeln

Jede Community braucht Regeln, die klar kommuniziert und konsequent durchgesetzt werden. Regeln sind sozusagen die Eckpfeiler dessen, was von allen beachtet/respektiert werden muss. Hierzu gehören Hinweise zum allgemeinen Umgangston, zur Art des Benehmens (Welches Verhalten führt zu einem Ausschluss?), zum Umgang mit Werbung etc.

Es ist wichtig, diese Regeln

- **konkret und eindeutig** festzulegen,

- an einer Stelle auf Ihrer Website zu platzieren, die **schnell und unkompliziert** von Ihren Usern **eingesehen werden** kann,
- auch wirklich **konsequent** umzusetzen.

BEISPIEL

Vielleicht lautet eine der Regeln: Werbung jeder Art ist nicht erwünscht und wird sofort gelöscht. Hier ist es wichtig, festzulegen, was als Werbung gilt, da es sonst bei Usern und Betreibern zu Missverständnissen, Diskussionen und Unmut kommen kann.
Ergibt sich „Werbung“ aus einer konkreten kommerziellen Aufforderung zu etwas? Ist bereits der Link auf eine andere Webseite mit kommerziellem Inhalt als Werbung zu werten, selbst wenn die Information, auf die verwiesen wird, nicht als Werbung gedacht war? Und wie sieht es mit Signaturen aus, also der Angabe von E-Mail-Adresse und/oder URL nach der Unterschrift?
Die Signatur (kurz „Sig“) ist im Internet allgemein als zur Unterschrift gehörend üblich. Wenn also jemand ein Posting in Ihrem Forum setzt und mit **Martin Meier, http://www.firma.de** unterzeichnet – ist das bereits Werbung nach Ihren Maßstäben und damit unerlaubt? Sie sehen: Konkret zu sein ist wichtig!

Beiträge mit Regelverstößen eliminieren

Das Einhalten einer Regel bedeutet, dass Sie zeitnah alle Beiträge sichten müssen (mindestens einmal am Tag) und **Beiträge mit Regelverstößen** dann auch sofort **löschen**. Sofern Sie den Verfasser eines solchen Beitrags kontaktieren können, schicken sie ihm eine freundliche und sachliche E-Mail, die unmissverständlich auf diese Regel hinweist.

Wer Regeln zwar aufstellt, diese jedoch weder selbst beachtet noch sich darum bemüht, dass sie allgemein eingehalten werden, wird sehen, dass diese Regeln schnell allgemein nicht mehr respektiert werden.

Bevor sich User aktiv beteiligen können, werden sie registriert und müssen die Nutzungsbedingungen akzeptieren

Wenn Sie eine Community haben oder planen, dann wird es Nutzungsbedingungen geben, die Ihre Regeln – auch die zu Umgangston und „Netiquette“ – und rechtliche Belange enthalten. Bevor sich User aktiv beteiligen können, gibt es einen Registrierungsprozess, der auch ein **Akzeptieren der Nutzungsbedingungen** beinhaltet.

Nutzungsbedingungen enthalten üblicherweise:

- **Rechtliche Aspekte** zu Datenschutz, Urheberrecht, Haftung
- Angaben zur Verfügbarkeit der **Technik**
- **Verhaltensregeln**, die einem konstruktiven Miteinander dienen (Umgangston etc.) und die Verstöße gegen geltendes Recht betreffen
- **Informationen**, ob und in welchem Rahmen Werbung erlaubt ist

Beachten Sie: Als Seitenbetreiber sind Sie in der Pflicht – und gehen ein **Haftungsrisiko** ein –, wenn Sie eine Plattform für fremde Meinungen bieten.

Vorsicht: Sie gehen ein Haftungsrisiko ein

Es ist nicht möglich, hier eine kleine Empfehlungsliste aufzuführen, da die **Rechtslage komplex** ist und sich mitunter ändert. Auch gibt es immer wieder **unterschiedliche Gesetzesauslegungen** und Entscheidungen von Gerichten. Außerdem müssen Ihre Online-Geschäftsbedingungen auf Ihre gesamten Leistungen Bezug nehmen: Jemand, der Online-Kurse anbietet, hat andere Schwerpunkte als jemand, der Waren versendet. Auch ist zu berücksichtigen, ob Ware ins Ausland versendet wird etc.

PRAXISTIPP

Sofern Sie sich für interaktive Elemente entscheiden, ist es wichtig, dass Sie sich über Ihre Rechte und Pflichten beraten und sich fachmännische Nutzungsbedingungen erstellen lassen. Bitte machen Sie nicht den Fehler, einfach selbst etwas zusammenzustellen oder gar bei einer anderen Plattform abzukupfern in der Hoffnung, dass das schon ausreicht. Die Investition in die Beratung durch einen Fachanwalt – bitte spezialisiert auf Medienrecht! – lohnt sich.

5.2.3 Benutzerfreundlichkeit

Die Benutzerfreundlichkeit ist ein wesentlicher Einflussfaktor darauf, wie frequentiert eine Community ist. Dabei geht es zum einen um die Benutzerfreundlichkeit der gesamten Seite, zum anderen um die **interaktiven Werkzeuge**, die zur Verfügung stehen.

Anhand der folgenden Ausführungen wird konkretisiert, was genau mit Benutzerfreundlichkeit gemeint ist. So können Sie Ihr eigenes Angebot entsprechend gestalten bzw. überprüfen.

Registrierung oder nicht?

Es gibt Seiten, die von ihren Benutzern eine Registrierung verlangen. Wenn Sie mit diesem Gedanken spielen, sollten Sie sich erst einmal fragen, warum Sie möchten, dass sich die Benutzer registrieren:

- Geht es Ihnen darum, Ihre Besucherstruktur näher kennen zu lernen, also etwa Daten für Werbepartner zu sammeln?
- Wollen Sie die Registrierung als Hürde für zweifelhafte User benutzen?
- Möchten Sie eine Datenbank anlegen, um Ihre User über Neuheiten zu informieren?
- Dient die Entscheidung vorrangig der rechtlichen Absicherung?
- Oder soll Ihr Dienst kostenpflichtig sein?

Zweifelhafte User fernhalten?

Die Gründe sind vielfältig, und nur, wenn diese hinterfragt werden, lässt sich prüfen, ob die Registrierung eine gute Lösung dafür ist und wie genau sie aussehen soll.

Beispiel

Die Foren eines Verlages können von jedem gelesen werden, Beiträge kann man jedoch nur nach vorheriger Registrierung einstellen. Nachdem man seine Daten eingibt, erhält man „innerhalb von 24 Stunden" seine Zugangsdaten per E-Mail.
Motiv: Man möchte es unseriösen Usern, die beispielsweise nur Werbepostings absetzen möchten, das Einstellen von Nachrichten erschweren. Ein nachvollziehbarer Gedanke, der jedoch außer Acht lässt, dass damit generell eine Hürde geschaffen wird: Durch die Registrierung und die lange Verzögerung bis zur Übermittlung der Zugangsdaten verlieren Besucher ihr Interesse.

Zu klärende Fragen

Sofern eine Registrierung nötig ist, etwa weil Sie Ihre Community nur für bestehende Kunden öffnen oder weil Sie fest vergebene Pseudonyme/ Nicknames zur Verfügung stellen möchten, ist zu klären:

- **Wie genau soll die Registrierung ablaufen?**
  Spielen Sie mit Ihrer Technik genau durch, was am User-Ende und was an Ihrem Ende passiert. Es ist natürlich wichtig, gerade diesen Teil zu automatisieren.

- **Welche persönlichen Daten wollen Sie abgefragen?**
  Denken Sie daran: Je mehr Angaben Sie fordern, desto mehr sinkt die Bereitschaft der User, sich überhaupt registrieren zu lassen.

Praxistipp

Sie sollten Ihre Besucher unmissverständlich darüber aufklären, warum Sie die Angaben erfragen. Es muss für den Besucher klar sein, was der Hintergrund Ihrer Frage ist und auch, was mit den Daten passiert.
Es gibt viele Dienste im Netz, die darauf aus sind, Adressdaten zu sammeln und weiterzuverkaufen. Selbst wenn das nicht Ihre Intention ist, bleibt der Verdacht beim Besucher.

- **Wollen Sie wirklich mit Zugangsdaten und Passwörtern arbeiten?**
  Abgesehen davon, dass es, wie besprochen, eine Hürde sein kann, ist es auch zusätzlicher Verwaltungsaufwand: Auch wenn Sie alles automatisiert haben, müssen Sie damit rechnen, dass Sie vermehrt Rückfragen zu Zugangsproblemen bekommen, die beantwortet werden müssen, und dass Benutzer ihre Zugangsdaten vergessen.

- **Erlauben Sie Nicknames**, also Namen, die Ihre Besucher sich beliebig geben können, oder ist es Ihnen wichtig, dass Besucher ihren richtigen Namen (Klarname) benutzen?

Im Internet ist es allgemein üblich, anonym zu bleiben. Deshalb sind „Nicks" an der Tagesordnung.

Sofern Sie mit persönlichen Benutzerdaten umgehen, ist es wichtig, dass Sie sich mit den für Ihre Anwendungen relevanten rechtlichen Bestimmungen vertraut machen.

Hilfetexte/FAQ

Informative, kurze und prägnante Hilfetexte

Ein weiterer zentraler Aspekt von Benutzerfreundlichkeit ist es, den Besuchern online Informationen zu geben, wie was funktioniert. Nicht jeder Internetsurfer ist auch mit Feinheiten im Netz vertraut. Wenn also jemand gern eine Nachricht in Ihrem Forum schreiben möchte, aber nicht genau weiß, wie das geht, wird er schnell frustriert aufgeben, wenn es keine **Hilfestellung** gibt. Abgesehen von einer möglichst einfachen und übersichtlichen Software nützen Hilfe-Seiten.

Erklären Sie Ihren Benutzern (den „alten" und auch den Neuzugängen), wie was genau funktioniert. Bringen Sie informative, kurz und prägnant formulierte Hilfetexte überall dort an, wo sich Ihre Besucher befinden.

Solche Informationen können enthalten:

- Detaillierte Anleitungen, welche **Bestandteile** die Community hat, wie der User ein **eigenes Profil** erstellen kann, wie das jeweilige interaktive Tool genutzt wird (z.B. wie man eine Nachricht posten kann, welche Formatierungsmöglichkeiten zur Verfügung stehen etc.).
- Was zu tun ist, wenn man einen **Fehler** gemacht hat (z.B. Zugangsdaten vergessen, eine Nachricht an falscher Stelle gepostet etc.).
- Eine Einführung zu in Online-Communities üblichem „Jargon": Akronyme und Smileys und ihre Bedeutung (vgl. Serviceteil).
- Wie man **Nachrichten** aufbaut, sodass diese gelesen werden (aussagekräftiger Betreff, Textgestaltung, richtiges Zitieren ...).
- Angaben zur **„Netiquette"**, also Umgangsregeln im Internet.

Akronyme und Smileys

Die wichtigsten Vorgehensweisen im Frage-Antwort-Stil

Bewährt haben sich FAQ-Sektionen (FAQ steht für Frequently Asked Questions, also häufig gestellte Fragen), die nach Bereichen sortiert im **Frage-und-Antwort-Stil** die wichtigsten Vorgehensweisen erklären. Achten Sie darauf, diese Bereiche immer wieder zu aktualisieren, wenn es Änderungen oder Ergänzungen gibt.

5.2.4 Erfordernisse bei Online-Communities

Das Betreiben einer Online-Community erfordert also:

- **Hohen Verwaltungsaufwand**:
  Technische Voraussetzungen schaffen; Pflege; je nach Feature zusätzlicher Verwaltungsaufwand (z.B. bei Registrierung Passwortvergabe

und Passwortverwaltung); bei kostenpflichtigen Angeboten: Abrechnung etc.

- **Konsequenzen**:
  Rechtliche Aspekte absichern, AGBs auf Webseite anbringen und von User bestätigen lassen etc.

- **Zeit-/Geldaufwand**:
  Gegebenfalls in die technischen Voraussetzungen investieren; eigene Arbeitskraft oder Mitarbeiter, wenn es sich um ein umfangreicheres Angebot handelt: interne Zusatz-Community für Moderatoren (Austausch, Schulung, ...) etc.

- **Reaktionsschnelligkeit**:
  Rückfragen von Usern müssen schnell beantwortet werden; technische Probleme müssen schnell gelöst werden; alle Nachrichten von Usern müssen zeitnah geprüft werden wegen Antwortnotwendigkeit, unerwünschter Werbung, Umgangston etc.

5.3 Foren

Informations- und Meinungsaustausch

Nachrichtenbretter, auf denen die User Informationen und Meinungen austauschen und sich untereinander Fragen stellen können, sind sehr weit verbreitet – und eine gute Möglichkeit, „Leben“ auf Ihre Webseite zu bekommen.

Ein Forum hat den Vorteil, dass Ihre Besucher völlig **unabhängig von Uhrzeit und paralleler Anwesenheit** Wissen austauschen und persönliche Kontakte pflegen können. Die geposteten **Nachrichten sind für alle sichtbar** und bleiben meistens auch später noch in Form eines Archives im Zugriff.

Bevor Sie sich für ein bestimmtes Forum entscheiden (bzw. eventuell selbst eines programmieren lassen), lohnt es sich, sich auf den verschiedensten Seiten einen Überblick über Optik und Funktionen zu verschaffen, und zwar zum einen aus Sicht des Benutzers, aber vor allem mit Blick auf den **erforderlichen Verwaltungsaufwand**. Zum Beispiel sollten Sie prüfen:

- Erlaubt mir die Software, ohne größeren Aufwand eine passende Struktur, z.B. in Form verschiedener Nachrichtenbretter, einzurichten? Kann ich die einzelnen Nachrichtenbretter entsprechend kennzeichnen und näher beschreiben?
- Sind die Abläufe zur Bedienung des Forums unkompliziert und **benutzerfreundlich**? Ist z.B. das Lesen von Nachrichten ohne viel Klickerei und langen Ladezeiten möglich? Kann der Leser von Nachricht zu Nachricht weiterblättern oder muss er immer wieder zurück zum Ausgangspunkt und die nächste Nachricht anklicken? Werden neue Beiträge gekennzeichnet? Ist das Verfassen von Nachrichten einfach?

- Sofern Sie mit Registrierung arbeiten: Erlaubt die Software eine Registrierung? Wie ist der Ablauf für die **Zugangsdatenverwaltung**? Was passiert, wenn ein User seine Zugangsdaten vergisst?
- Kann ich **„read only"-Konferenzen** einrichten, um bestimmte Bereiche des Forums für eigene Nachrichten zu reservieren und Fremdpostings zu untersagen?

Bestimmte Bereiche für eigene Nachrichten reservieren

- Erlaubt die Software **„active links"**, also die klickbaren Einträge von Webadressen, bzw. können Sie dies auch unterbinden?
- Lässt sich das **Layout** des Forums beliebig dem eigenen Seiten-Layout anpassen?
- Kann man **Beiträge editieren** (und als solche kennzeichnen)?
- Können **einzelne Beiträge gelöscht** werden oder ist immer gleich der gesamte Nachrichtenstrang betroffen?
- Sind **unterschiedliche Zugriffsrechte** möglich, damit Moderatoren eingesetzt werden können, also mehrere Leute bei der Verwaltung und Pflege des Forums mitwirken können?
- Lassen sich Moderatoren **kennzeichnen**, z.B. farblich?
- Gibt es die Möglichkeit einer **„Vorschau"**, um geschriebene Postings vor dem Absenden zu prüfen und gegebenenfalls zu korrigieren?
- Erlaubt das System E-Mail-**Benachrichtigungen**, die die User optional pro Nachricht anfordern können, wenn eine Antwort auf ihren Beitrag gepostet wird?
- Werden alte Beiträge automatisch **archiviert** und sind mittels eines Suchmechanismus schnell auffindbar?
- Gibt es die Möglichkeit von **privaten Nachrichten** („PN"), die sich die Benutzer untereinander schicken können?
- Können/sollen für Nutzerprofile **Bilder** auf den eigenen Server geladen werden (wenn ja: Bildgrößen begrenzen!) oder gibt es die Möglichkeit, Bilder zu verlinken, die auf einem Fremdserver liegen (= geringere Serverlast für Sie und damit weniger Traffic-Kosten)?

Weniger Traffic-Kosten, wenn Bilder auf einem Fremdserver liegen

- Was ist, wenn die eingesetzte **Forensoftware** später durch eine andere **ersetzt** werden soll: Sind die bisherigen Beiträge dann verloren oder lassen sich diese in eine neue Software importieren?
- Gibt es die Möglichkeit, einzelne User bei **Fehlverhalten** aus dem Forum auszuschließen?

Arbeiten Sie bereits mit einem Forum, dann lohnt es sich ebenfalls, sich aktuell zu informieren. Sie stoßen eventuell auf Features, an die Sie bisher noch nicht gedacht haben, die jedoch sehr nützlich sind.

> Ein Forum, das gut läuft, ist eine feine Sache – und wird, wenn Sie die kritische Masse erreicht haben, schnell zum Selbstläufer.

Die Handhabung (Benutzerfreundlichkeit) und Technik Ihres Forums ist ein wesentlicher Aspekt, wie Ihr Forum angenommen und frequentiert wird. Je einfacher Sie es Ihren Nutzern machen, desto schneller „brummt" Ihr Forum.

Seien Sie nicht enttäuscht, wenn sich gerade am Anfang nur sehr wenige Leute aktiv beteiligen. Es gibt in allen Foren jede Menge „Lurker" (to lurk = sich versteckt halten), die mitlesen, sich erst einmal umsehen und ausloten, ob sie thematisch etwas beitragen können, wollen, sich trauen und ob sie mit den Leuten „können".

Zugriffsstatistiken ansehen

Um auszuloten, wie stark Ihr Forum besucht ist, ist es wichtig, dass Sie Ihre **Zugriffsstatistiken** ansehen und sich nicht nur auf die aktiven Teilnehmer begrenzen. Zu den passiven und aktiven Teilnehmern kommen wir gleich noch.

5.3.1 Eine gute Forenstruktur

Um eine Grundlage für ein erfolgreiches Forum zu schaffen, ist eine gute Struktur an Nachrichtenbrettern wichtig. Wie in einem guten Archiv geht es darum, die Forumsbereiche so anzulegen, dass alles, was zu einem bestimmten Thema gehört, auch am richtigen Platz hinterlegt und damit wiedergefunden wird.

Gute Struktur wichtig

Darüber hinaus bietet eine **durchdachte Struktur** noch weitere Vorteile:

- Sie regt die Besucher dazu an, sich **über bestimmte Themenbereiche Gedanken zu machen** und sich darüber auszutauschen.
- Sie kann **verschiedene Zielgruppen** ansprechen: So kann man beispielsweise eine Plattform bieten, die sowohl für Laien als auch für Fachleute interessant ist. Je nach Thema ermöglicht das auch, User über einen längeren Zeitraum zu binden, etwa wenn diese aus dem Anfängerstadium herausgewachsen sind.
- Sie ist **sinnvoll erweiterbar**. Gerade wenn ein Unternehmen mit der Interaktivität beginnt, ist es sinnvoll, nicht zu sehr ins Detail zu gehen. Also nicht gleich mit zehn verschiedenen Nachrichtenbrettern zu beginnen, was bei wenig Traffic dazu führt, dass viele Bretter leer bleiben, sondern lieber kleiner beginnen und die Bezeichnung der Forenbereiche so wählen, dass diese später unkompliziert getrennt werden können.

Neben der fachlichen Struktur ist es auch immer empfehlenswert, ein Nachrichtenbrett für **Plaudereien** einzurichten. Und auch eines für **Fragen und Support** zur Forenbedienung und der Technik.

PRAXISTIPP

Bezeichnen Sie die Nachrichtenbretter immer eindeutig und versehen Sie sie mit einer kurzen Erläuterung. Ein positives Beispiel für eine gute Forenstruktur ist beispielsweise www.laufen-aktuell.de.

5.3.2 Ordnung schaffen und halten

Eine gute Grundstruktur nützt natürlich nur dann, wenn diese auch gepflegt und eingehalten wird.

BEISPIEL

Denken Sie an den Einkauf von Kleidung: Sie gehen in einen Laden und wollen einen Pullover kaufen. Das Geschäft hat alle Pullover in Regalen nach Größen und Farben sortiert. Schnell wird diese Ordnung zerstört. Aus verschiedenen Gründen: Der erste Besucher weiß nicht, dass es überhaupt eine Ordnung gibt, und legt deshalb ein paar Pullover falsch zurück. Der nächste Kunde kümmert sich schlichtweg nicht: Er will eine bestimmte Sache und nimmt, ohne sich erst zu orientieren, die Ware in die Hand und wirft sie achtlos wieder irgendwohin zurück. Nachkommende Kunden wühlen einfach nur, weil es offenbar keine Ordnung gibt.
Kontraproduktiv auf ganzer Linie: Achtlos hingeworfene Ware wirkt auf Kunden nicht ansprechend. Damit ist nicht nur der Pullover-Kauf in Gefahr, sondern auch das Image des Geschäfts: Es wirkt unaufgeräumt, schlampig und zeigt, dass sich „der Laden" nicht kümmert. Selbst Kunden, die mit fester Kaufabsicht kommen, fühlen sich unter Umständen nicht angesprochen oder haben schlichtweg keine Geduld, die gewünschte Ware in dem Durcheinander zu suchen. In Geschäften, in denen sich die Angestellten die Mühe machen, die ursprüngliche Ordnung wieder herzustellen (was einfach geht, wenn sofort reagiert wird), ist zu beobachten: Die Präsentation bleibt 1 A, die Ware kann sofort gefunden werden – und die Hemmschwelle von Kunden, in sortierter Ware Unordnung zu schaffen, ist höher.

Die Besucher müssen sofort den Überblick bekommen

Für ein erfolgreiches Online-Forum gilt das analog. Wichtig ist, dass die Besucher Ihres Forums sofort einen Überblick erhalten, was wohin gehört. Das erreichen Sie durch **eindeutige Bezeichnungen und Beschreibungen** und auch durch **Hilfe- und FAQ-Texte**. In diesen finden sich dann die Hinweise zur Bedienung des Forums und die „Foren-Regeln" (Umgangston, Hinweise zu Abkürzungen, Angaben dazu, was zu einem Ausschluss führen kann etc.).

Darüber hinaus heißt es, **aktiv die Ordnung aufrechtzuerhalten** und dies auch zu **kommunzieren**. Zum Beispiel durch:

- **Neuen Thread bei Themenwechsel**: Ergibt sich innerhalb eines Nachrichtenthreads (= alle Fragen/Antworten zu einem Posting) ein neues Thema, dient es der Übersicht, wenn für das Thema ein neuer Nachrichtenthread begonnen wird. Je nachdem, wie stark Sie eingreifen, können Sie diesen Thread selbst eröffnen bzw. den User, der das Thema aufbringt, dazu ermutigen, einen neuen Strang zu beginnen.

- **Verschieben von Nachrichten**: Nachrichten, die sich in einem falschen Nachrichtenbrett befinden oder ganz eindeutig falsch gepostet wurden

– zum Beispiel wenn irrtümlich statt einer Antwort ein komplett neues Posting kreiert wurde –, sollte der Administrator (oder ein eingesetzter Moderator) des Forums es an die richtige Stelle verschieben. Wenn möglich mit einer Nachricht an den entsprechenden User, da dieser sonst sein Posting nicht mehr findet und irrtümlich annimmt, dass es gelöscht wurde.

PRAXISTIPP

Es ist sinnvoll, bis zu einem gewissen Grad Ihren Usern die Möglichkeit zu geben, falsche Postings zu löschen oder zu editieren. Hierbei sollte man jedoch darauf achten, dass diese nach Beantwortung nicht mehr verändert werden können, sonst kann dies zu Konfusionen während des Gesprächs führen.
Um Ihren Benutzern die Möglichkeit zu geben, ein Posting noch einmal zu überdenken oder zu prüfen, hat sich eine Vorschau bewährt. So kann der User seine Nachricht noch einmal überblicken, bevor er sie zum Absenden freigibt.

Privatgespräche per E-Mail oder PN

- **Plaudereien per E-Mail oder Extra-Nachrichtenbrett**: Oben wurde es bereits kurz angesprochen: Innerhalb eines Nachrichtenthreads kommt es schnell zu privaten Gesprächen, die nichts mehr mit dem Thema zu tun haben. Weisen Sie in Ihren Regeln darauf hin, dass es wichtig ist, die **Übersichtlichkeit** zu wahren, und dass Privatgespräche deshalb entweder per E-Mail oder „PN" fortgeführt werden sollen oder in dem speziell dafür geschaffenen Nachrichtenbrett. Ein freundlicher Hinweis darauf wird gerne angenommen, denn auch Ihre Besucher sind daran interessiert, dass das Forum übersichtlich bleibt.

Anhand des Betreffs muss der Inhalt erfasst werden können

- **Aussagekräftige Betreffs verwenden**: Machen Sie es vor und weisen Sie ausdrücklich darauf hin: Ein aussagekräftiger Betreff ist wichtig, damit man sofort sieht, worum es geht. Postings mit dem Betreff „Hilfe!!!!" oder „Eine Frage" sind nicht sehr ergiebig. Das führt häufig dazu, dass diese Postings keine große Aufmerksamkeit erhalten – wer erst in ein Posting „reinklicken" muss, um den Inhalt zu erfassen, macht sich oft nicht die Mühe. Auch fühlt sich jemand durch den Betreff möglicherweise nicht angesprochen, obwohl er die Antwort wüsste.

- **Bezeichnen von Nachrichten ohne weiteren Text**: Manchmal ist die Antwort auf ein Posting so kurz, dass der Betreff dafür ausreicht. In solchen Fällen hat sich eingebürgert, bereits im Betreff darauf hinzuweisen, dass die Nachricht keinen weiteren Text enthält. Dadurch ersparen sich die Leser das Anklicken der Nachricht. Durchgesetzt haben sich entsprechende Abkürzungen, die vor oder nach den Betreff gesetzt werden: „o.T." für „ohne Text", manchmal auch „nT" für „no text".

- **Kenntlichmachen von Nachrichten, die das Thema verlassen, also „off topic" sind**: Manchmal gibt es Rückfragen oder Anmerkungen, die das ursprüngliche Thema nicht genau treffen oder einen völlig neuen Aspekt in die Diskussion einbringen, und nicht immer möchte man einen neuen Thread beginnen. Der Übersicht halber wird hier ein „off topic" vorangestellt.

PRAXISTIPP

Richtlinien dieser Art erleichtern das Miteinander und die Übersicht. Nehmen Sie diese am besten in Ihre Hilfetexte mit auf. Dann ersparen Sie sich die Diskussionen zu „Was heißt eigentlich ...?"

- **Archiv:** Es sollte auch jederzeit möglich sein, ältere Beiträge/Themen wiederzufinden: Dies ist zum einen durch eine sinnvolle Struktur gewährleistet (man weiß, wo man suchen muss, um fündig zu werden), zum anderen ist es sinnvoll, ein Archiv aufzubauen und mit einer foren-internen Suche auszustatten. Ein Archiv braucht allerdings eine gute Suchfunktion und natürlich Speicherplatz, von daher will dieser „Background"-Dienst gut überlegt und geplant sein.

Archive sind arbeitsaufwendig

PRAXISTIPP

Gehen Sie vorsichtig mit Suchfunktionen um, die es erlauben, nach Usern zu suchen. Je nachdem, womit sich Ihr Forum beschäftigt, kann dies dazu führen, dass jemand Benutzerprofile erstellen kann, um diese dann zweckzuentfremden oder ungute Zusammenhänge herzustellen. Beachten Sie auch in dieser Beziehung bitte den Hinweis auf erforderliche Rechtsberatung in puncto persönliche Daten.

- **FAQ**: Mit FAQ sind an dieser Stelle die themenbezogenen „häufig gestellten Fragen" gemeint (an anderer Stelle hatten wir die FAQ bereits im Hinblick auf Hilfe-Texte angesprochen). Für jedes Themengebiet stellen sich nach einiger Zeit immer wieder dieselben Fragen heraus. Erhöhen Sie Ihren Service und entlasten Sie die Nachrichtenbretter von immer denselben Fragen, indem Sie die häufigsten Fragen/Antworten zusammenfassen und an einer gut sichtbaren Stelle verlinken.

Zusammenfassung der häufigsten Fragen und Antworten

Außerdem ist es wie bereits erwähnt wichtig, dass Ihr Forum immer aktuell ist. Das bedeutet:

- Die letzte Nachricht sollte nicht uralt sein. Sonst wirkt es leicht so, als ob Ihre Webseite nicht gut besucht ist (was durchaus nicht der Fall sein muss, auch wenn die interaktiven Tools nicht genutzt werden) – und es kann auch so wirken, als ob das Material auf Ihren Seiten veraltet ist.

- Achten Sie immer auf zeitnahe Antworten. Wer ein Forum unterhält, sollte mindestens einmal am Tag „nach dem Rechten sehen".

  Sind Sie selbst oder Ihre Mitarbeiter die Einzigen, die ständig posten, also beispielsweise immer wieder neue Diskussionsthemen anregen, die aber nie aufgegriffen werden, ist es besser, das Forum zu schließen.

5.4 Chat

Der Chat ist ein Live-Gespräch zwischen den Anwesenden. Klären sollten Sie, ob es lediglich darum geht, eine Plattform zu bieten, auf der sich die Besucher Ihrer Website unterhalten können, oder ob Sie Themenchats bzw. Experten-Fragen-und-Antwort-Sessions einbauen wollen. Oder soll der Chat einen besonderen Service darstellen, z.B. das Einrichten einer Online-Hotline, bei der ein Mitarbeiter Fragen zu Ihren Leistungen oder Ihrem Produkt beantwortet?

Hier einige Aspekte, die Sie in puncto Chat-Plattform beachten sollten:

- Ist das Einrichten, Benennen und Beschreiben der einzelnen Chaträume **unkompliziert** aus Betreibersicht?

Chaträume nur für bestimmte User sichtbar?

- Lassen sich **öffentliche und private Chaträume** erstellen? Entweder durch direktes 1:1-Gespräch oder durch Chaträume mit Einladungsfunktion (eine beliebige Anzahl von Personen kann durch Einladung an einem privaten Gruppen-Chatraum teilnehmen)? Oder gibt es Chaträume, die nur für bestimme User sichtbar sind (z.B. ein separater Chat für Ihre Chat-Moderatoren).
- Können Sie die Optik der Chatplattform individuell ändern und so dem **Layout Ihrer Website** anpassen?
- Ist die Darstellung **„chatterfreundlich"** (z.B. augenfreundliche Farben, große Fenster, ausreichend große oder individuell verstellbare Schriftart etc.)?
- Wie sind die Abläufe in Bezug auf **Zugangsdaten** bei einer Registrierung und was ist, wenn der User diese vergisst?
- Erlaubt der Chatraum die Benutzung von **Nicknames**? Ist der User durch den Nickname völlig anonym oder durch eine Benutzerkennung oder sonstige Daten (z.B. E-Mail-Adresse) für alle identifizierbar?
- Ist eine Liste der aktuell **anwesenden Chatter** sichtbar und sind diese auch pro Chatraum aufzulisten?
- Bei großen Communities: Kann der User **nach anwesenden Chattern suchen** oder bestimmte Nicknames/IDs in seine „Freundesliste" aufnehmen, sodass er informiert wird, wer davon gerade online ist?
- Kann die Chatsoftware Gespräche „aufzeichnen"? Wird dies automatisch gemacht oder kann jeder User das für sich selbst entscheiden?

Diese Funktion schätzen Chatter aus privaten Gründen, sie kann jedoch auch allgemein nützlich sein, wenn sich jemand schlecht verhält und sich Ihre Besucher an Sie wenden. Durch ein Log mit genauer Aufzeichnung, wer was wann gesagt hat, können Sie besser eingreifen und haben „Beweise".

- Inwieweit erlaubt die Software **individuelle Benutzereingaben** wie unterschiedliche Schrift/Farben/Emoticons etc.?
- Lässt sich die Chatplattform von jedem Benutzer ohne Probleme aufrufen oder muss man erst eine spezielle Software herunterladen und installieren?

Chatplattform für jeden Benutzer ohne Probleme aufrufbar?

- Soll der Chatraum auch **Voice-Chat** (sprechen) oder den Einsatz von **Webcams** (sofern Sie das anbieten möchten) ermöglichen? Welche technischen Konsequenzen hat das für Sie?
- Können einzelne User spezielle Rechte erhalten, sodass Sie die Verwaltung und Pflege des Chatraums delegieren und mit **Moderatoren** arbeiten können?
- Kann ein User bei Fehlverhalten aus dem Chat ausgeschlossen werden (temporär oder permanent)?
- Wenn Sie während eines Chats mit Umfragen arbeiten möchten: Kann die Software ein **Umfragetool** integrieren oder enthält es bereits?
- Sofern Sie **Experten-Chats** planen: Ist die Software darauf ausgelegt, den Chatraum während des Experten-Chats für allgemeines Plaudern zu sperren, oder können Fragen vorab zu einem Moderator geschickt werden, die dieser dann an den Experten freigibt?

5.4.1 Experten-Chats

Möchten Sie Ihre Website attraktiver machen, indem jemand aus Ihrem Unternehmen oder ein Fachmann oder eine prominente Person die Fragen Ihrer Besucher beantwortet?

Dann gibt es eine Menge zu beachten, damit Ihr Event gut besucht ist und erfolgreich abläuft, angefangen bei der Auswahl des Experten (der für einen Online-Chat bestimmte Voraussetzungen mitbringen sollte) über die Ankündigung bis hin zur erfolgreichen Durchführung und gegebenenfalls Nachbereitung in Form eines Mitschnittes.

Grundsätzlich gilt: Wer Experten-Chats anbietet, sollte über eine dafür **besonders geeignete Software** verfügen.

Die Ankündigung des Chats

Die Ankündigung sollte rechtzeitig und auf verschiedenen Wegen stattfinden. Je nachdem wie etabliert Ihre Webseite und eventuell sogar die Expertengespräche bereits sind, können Sie sich natürlich auch auf die Ankündigung auf der eigenen Seite beschränken.

Rechtzeitig und auf verschiedenen Wegen ankündigen

Die Ankündigung sollte **möglichst konkret** sein – Sie konkurrieren nicht nur mit anderen Anbietern im Netz, sondern auch mit dem „richtigen Leben": Nur wenn es sich für einen Besucher lohnt, nutzt er seine Freizeit oder nimmt sich die Zeit, während der Arbeit an einer Veranstaltung im Internet teilzunehmen.

Im Folgenden finden Sie die jeweiligen **Details**, die in **der Ankündigung** kurz und informativ vorkommen sollten, etwas näher erläutert:

- **Was genau ist das Thema?**
  Die Chat-Ankündigung muss kurz, knackig und aussagekräftig formuliert sein. Und gleichzeitig für die Veranstaltung werben. Sprechen Sie den Ankündigungstext IMMER mit dem Experten ab. Dieser weiß, was er leisten kann im Chat und was nicht. Bei der endgültigen Formulierung können Sie ja behilflich sein (nicht jeder Experte kann sein Thema auch gut und werblich formulieren).

Den Text der Ankündigung immer mit dem Experten absprechen

Beispiel

Über Geld reden – Gehaltsgespräche: von der Bewerbung bis zur Erhöhung
Tun Sie sich auch schwer, über Geld zu reden? Schon bei der Bewerbung macht sich häufig Ratlosigkeit breit: Gehaltsvorstellungen angeben? Was kann ich da denn verlangen? Wonach richte ich mich? Welche Rolle spielt mein jetziges Gehalt? Oder Sie möchten eine Gehaltserhöhung, wissen aber nicht, wie Sie das am besten anpacken: Wann ist ein guter Zeitpunkt? Was spricht denn überhaupt für Sie? Was ist, wenn der Chef ablehnt?
Erfahren Sie im Chat, wie Sie sich optimal vorbereiten, auf Kurs bleiben und Ihre Vorstellungen gut präsentieren und vertreten.

- **Wie genau läuft der Chat ab?**
  Um im Rahmen eines Experten-Chats die Fragen der User beantworten zu können, gibt es mehrere Möglichkeiten:
  - Sie geben den Interessenten die Möglichkeit, ihre **Fragen vor dem Event per E-Mail** zu stellen. Diese können dann vorher in Ruhe ausgesucht und zusammengestellt werden (zum Beispiel um zu gewährleisten, dass das Thema umfassend behandelt wird). So hat der Experte die Möglichkeit, sich vorzubereiten, um auch wirklich gute Antworten zu geben (vgl. den Abschnitt zum Experten selbst).
  - Die **Fragen werden live während des Chats** gestellt – jedoch nicht direkt in den Chatraum abgeschickt, sondern vorher zu einem Moderator, der die Fragen scannt und gegebenenfalls mit dem Experten parallel abspricht, welche Frage angenommen wird.
  - Die **Fragen werden allgemein in den Raum gestellt**. Das ist jedoch nicht anzuraten, weil das gerade bei vielen Teilnehmern in einem Durcheinander endet: Weder der Experte noch die Teilnehmer können auf die Schnelle entscheiden, welche Frage beantwortet wird, es gibt Probleme mit dem Nachlesen, wenn sich Fragen/Antworten/Kommentare mischen, und es kommen parallele Diskussionen zu Fragen auf, die nicht angenommen sind.

Wenn Fragen allgemein in den Raum gestellt werden können, gibt es Chaos

- Und es gibt die Variante **„Interview"**: Dabei übernimmt der Moderator die Rolle des Fragenstellers. Die Fragen sind entweder selbst ausgewählt oder aus den Vorab-Fragen der Besucher zusammengestellt. Diese Variante hat den Vorteil, dass alles „geordneter" ablaufen kann und das Thema auch vollständig präsentiert werden kann, weil alles unter Kontrolle ist. Nachteil dabei ist, dass der Vorteil eines Live-Chats, die Interaktion, dabei etwas verloren geht: Zwar bekommt der Teilnehmer den Experten persönlich mit und erhält auch Informationen, kann jedoch nicht aktiv teilnehmen.

Der Moderator übernimmt die Rolle des Fragenstellers

PRAXISTIPP

Sofern Sie bereits Expertenchats durchgeführt haben, empfiehlt es sich, einen Mitschnitt auf Ihrer Website zu hinterlegen, sodass jeder, der den Chat versäumt hat, im Nachhinein von den Inhalten profitieren kann, und Interessierte sich vorher anschauen können, wie genau so ein Chat abläuft und ob sich die Teilnahme für sie lohnt.

- **Tag, Uhrzeit und Dauer**
  Es gibt keine allgemeine Empfehlung, welcher Wochentag und welche Uhrzeit für einen Chat der/die „ultimativ Richtige" ist. Wenn Sie Ihre Zielgruppe kennen, können Sie daraus jedoch bestimmte Muster ableiten. Die meisten Menschen sind tagsüber bei der Arbeit und können, selbst wenn sie Zugriff zum Internet haben, schlecht längere Zeit an einem Chat teilnehmen. Dennoch kann dies durchaus funktionieren, wenn das Thema für den Beruf relevant ist und deshalb vom Unternehmen unter Umständen ausdrücklich erlaubt wird. Als Faustregel gilt: Unter der Woche abends, am Wochenende auch mal etwas früher.

PRAXISTIPP

Sehen Sie sich die Zugriffslogs Ihrer Webseite an. Mit einem entsprechenden Programm können Sie sehen, zu welchen Tagen/Zeiten sich die meisten User auf Ihren Seiten bewegen und wie lange.

Es ist wichtig, den Chat zeitlich zu begrenzen, zum einen, weil es alle Beteiligten bei der Stange hält und so inhaltlich keine Längen aufkommen. Zum anderen, weil jeder Teilnehmer die Zeit genau planen kann und weiß, wann das Event beendet ist.

Chat zeitlich begrenzen

- **Gibt es besondere technische Anforderungen?**
  Interessierte fragen sich natürlich auch: Brauche ich etwas Besonderes, um am Chat teilnehmen zu können? Das kann eine spezielle Zusatzsoft-

Anforderungen bereits in der Ankündigung kommunizieren

ware sein oder einfach eine Registrierung auf Ihrer Internetseite. Sofern Sie irgendeine besondere Anforderung haben, schreiben Sie das bereits in die Ankündigung. Dann kann sich ein potenzieller Teilnehmer bereits vorher darum kümmern, alles entsprechend vorzubereiten bzw. zu veranlassen.

- **Wer ist der Experte? Was ist sein Background?**
  Es ist wichtig, dass aus der Ankündigung hervorgeht, wer die Fragen beantwortet und auch wieso diese Person qualifiziert ist. Wenn Sie einen prominenten Experten einladen, kommen Sie zwar mit weniger Details aus, aber denken Sie bitte auch daran, dass nicht jeder Prominente auch wirklich bei Jedem gleichermaßen bekannt ist. Gerade bei Experten aus speziellen Fachgebieten klingelt nicht bei jedem Namen sofort ein Erkennungsglöckchen. Abgesehen davon werden Sie häufig Experten aus Fachgebieten bemühen, die nicht prominent sind (schon aus Kosten- und Verfügbarkeitsgründen).

Anforderungen an den Experten

Das Medium Internet ist nicht für jeden Experten geeignet: Bei einem Live-Chat ist es wichtig, extrem schnell zu denken, zu formulieren und schnell selbst zu tippen (oder jemandem, der schnell tippen kann, zügig zu diktieren). An den Monitoren sitzen Menschen, die auf den Bildschirm starren – wenn sich nichts tut, werden diese schnell gelangweilt und brechen ab.
Ein Experte muss in der Lage sein, Fragen umfassend, kurz und knapp zu beantworten, und er muss damit leben können, dass seine Antwort niemals 100 %ig sein kann. Will heißen: Es wird ihm hinterher immer noch etwas einfallen, das wichtig gewesen wäre. Er muss eine Antwort geben können, selbst wenn die Frage nicht eindeutig ist, denn Rückfragen sind in einem allgemeinen Chat nicht möglich. In solchen Fällen muss er also ggf. Alternativ-Antworten geben oder voranstellen, wie er die Frage verstanden hat, und dann direkt darauf antworten. Den extremen Zeitdruck – kombiniert damit, dass man sein Publikum nicht sieht – unterschätzen viele.
Zudem ist es wichtig, dass zumindest der Moderator, besser jedoch der Experte selbst, eine Beziehung zu seinem Publikum herstellt.
Wählen Sie Ihre Experten also nicht nur danach aus, dass sie gut in ihrem Fachgebiet sind. Erklären Sie dem Fachmann vorher, was auf ihn zukommt, welche Eigenschaften wichtig sind, und checken Sie auch, ob die Person bereits Erfahrung mit dem Computer hat. Letzteres ist kein Muss, hilft jedoch ungemein.

Gute Zusatzinformationen sind gute Werbung für den Chat

- **Gibt es Zusatzinformationen im Internet zum Chat / zum Thema?**
  Sofern es auf Ihren Seiten oder auf der Website des Experten weitere Informationen gibt, können Sie diese bereits in der Ankündigung mit angeben. Sie brauchen keine Sorge davor zu haben, dass sich dann die Leute „das Event sparen“. Tatsächlich ist es eine zusätzliche Werbung

und ein Argument, bei dem Chat anwesend zu sein, weil der Experte kompetent zu sein scheint und gute Informationen zu erwarten sind.

Während des Chats
Einige grundlegende Dinge sind zum erfolgreichen Ablauf des Chats notwendig:

- **Anwärmen/Pünktlichkeit**
  Am Event-Tag sollten Sie bzw. einer Ihrer Mitarbeiter etwa eine halbe Stunde vor Beginn anwesend sein und die Frühankömmlinge bereits begrüßen und sich mit ihnen unterhalten, sie „anwärmen". Teilnehmer, die frühzeitig kommen, langweilen sich leicht und gehen dann vielleicht doch wieder, wenn sie zu früh sind. Zufällig-Vorbeischauende bleiben nicht, wenn sich nichts tut (selbst wenn sie wissen, worum es geht). Wenn Sie den Chat so organisiert haben, dass Sie vorab Fragen sammeln und sie auswerten, dann fordern Sie die Frühankömmlinge auf, bereits Fragen abzuschicken, die anschließend beantwortet werden. So haben Sie gleich zu Beginn „Futter" für Antworten. Geben Sie immer mal wieder eine Rückmeldung zum „Countdown" („in 10 Minuten gehts los" oder „nur noch 5 Minuten, dann ...").

Teilnehmer begrüßen und anwärmen

- **Fragen**
  Nicht immer kommen sofort Fragen aus dem Publikum. Jeder wartet darauf, dass ein anderer den Anfang macht. Häufig ist zu beobachten, dass die Seitenbetreiber selbst Fragen „faken" oder gar Mitarbeiter in den Chat schicken, die vorgeben, interessierte User zu sein.

BEISPIEL

Das konnte ich sehr amüsiert beim Chat einer Wirtschaftszeitung beobachten, bei dem sich vier Besucher besonders aktiv und lobend äußerten. Beim Klick auf die Nicknames der User erfuhr man die E-Mail-Adressen: Alle vier User waren aus der Firma des Experten. So etwas ist albern und das Unternehmen verspielt seine Glaubwürdigkeit.

Gibt es anfangs noch keine Fragen, ist es Aufgabe des Moderators und des Experten, die Diskussion in Gang zu bringen. Es ist überhaupt nicht schlimm, wenn der Moderator oder Experte offen eine erste Frage stellt, die er anschließend beantwortet.

BEISPIELE

- Moderator: „Bis die ersten Fragen aus dem Publikum kommen: Viele Leute fragen sich sicher xxx, was raten Sie in so einem Fall?"

- Experte: „Unser Thema heute ist xxx. Dazu gehört yyy (hier etwas ausführen, damit die User sich mit dem Thema etwas vertrauter machen können und auf Ideen kommen, was sie fragen könnten). Eine der meist gestellten Fragen dazu ist zzz. Dazu kann ich sagen ..."

Die Besucher wollen wichtige Information mitnehmen

Denken Sie daran: Die Besucher sind da, weil sie wichtige Informationen zu einem Thema mitnehmen wollen. Es ist ihnen egal, woher die Frage kommt. Ist das Thema interessant und wirkt der Experte überzeugend, werden Sie ganz schnell genügend Fragen erhalten!

- **Einbeziehen von Neuankömmlingen**
  Bei jedem Chat wird ein Kommen und Gehen herrschen: Nicht jeder bleibt während des gesamten Events, andere kommen erst später dazu. Beziehen Sie Neuankömmlinge ein. Natürlich können Sie nicht jeden, der neu den Raum begrüßt, extra ansprechen. Halten Sie jedoch ein Auge auf die Teilnehmerliste und gehen Sie bei Veränderungen in Intervallen immer wieder drauf ein.

BEISPIEL

- HansHuber: Hallo alle neu Dazugekommenen
- HansHuber: Unser Thema heute ist „Altersvorsorge"
- HansHuber: Ich bin Spezialist für Finanzfragen bei der Verbraucherzentrale xy
- HansHuber: Bitte stellen Sie mir Ihre Fragen

Da die Wartezeiten sonst zu lange wären, sind die Satzteile einzeln abgeschickt worden. Das Eintippen des gesamten Absatzes würde zu viel Zeit verbrauchen und die „gefühlte Zeit" ist sehr lang, wenn man auf den Bildschirm starrt.

Kurzinfo zu Thema und Experte immer sichtbar halten

Stellen Sie auch während des Chats sicher, dass Leute, die später dazukommen, gleich erfassen können, worum es geht. Empfehlenswert ist eine fest platzierte Information im Chatfenster, die noch einmal die wichtigsten Fragen beantwortet, damit jeder sich schnell über das Thema und den Experten informieren kann. Bietet die Chat-Software diese Möglichkeit nicht an, können Sie das Chat-Fenster auch in einen so genannten „Frame" laden lassen. Das heißt, dass Sie eine fest stehende HTML-Seite um das Chat-Fenster stellen und dort die relevanten Informationen unterbringen können.

- **Eingehen auf Zwischenfragen**
  Es ist nicht jedermanns Sache, weil es etwas schwierig ist, alles auf einmal zu machen – empfehlenswert ist aber, dass der Experte ein Auge auf

den Chatraum hat und auch auf Zwischenfragen eingeht. Dies ist nicht nur wichtig, weil die Besucher sehen, dass sie ernst genommen und überhaupt beachtet werden, sondern auch, weil es Missverständnissen vorbeugen kann.

PRAXISTIPP

Wenn der Experte zu einer Frage nicht kompetent antworten kann: bitte zugeben und, wenn möglich, an jemand anderen oder eine Webseite oder auf Literatur verweisen.

- **Abstimmungen miteinbeziehen**
  Manche Chat-Software bietet die Möglichkeit, Abstimmungen miteinzubeziehen. So wie der TED beim Fernsehen kann man eine thematisch zugehörige Umfrage unter den Anwesenden starten und dann direkt die Umfrageergebnisse veröffentlichen. Das ist ein schönes Zusatzfeature, das alle Besucher unmittelbar einbezieht.

Software/Features
Je nachdem, was Ihre Software erlaubt, können Sie einen moderierten Experten-Chat angenehmer gestalten:

Besondere Kennzeichnung der Moderatoren- und Expertenbeiträge

- Moderatoren- und Expertenbeiträge sollten speziell gekennzeichnet sein (**farblich** oder durch etwas **größere Schrift**), damit diese eindeutig zuordenbar sind.
- Es gibt Software, die die Möglichkeit bietet, während eines Expertengesprächs den allgemeinen Chatraum **für Plaudereien zu sperren**. Gespräche zwischen den Besuchern können allenfalls per privatem Fenster geführt werden. Hier müssen Sie abwägen: Es ist für das Verfolgen der Experten-Fragen sehr angenehm, wenn lediglich die Fragen und die Experten- und Moderatorenbeiträge auf dem Schirm erscheinen und sonstige Plaudereien nicht möglich sind. In diesem Fall verlieren Sie jedoch den Kontakt zum Publikum und können nicht unmittelbar auf Zwischenfragen eingehen. Je nachdem wie viele Besucher an dem Chat teilnehmen, ist es jedoch ein Muss! Stellen Sie sich vor, 50 Leute in einem Chatraum sagen „Hallo" – in diesem Fall scrollt der eigentliche Text viel zu schnell durch.

Wenn Sie, wie oben beschrieben, die Fragen der Teilnehmer vorher scannen und einzeln freischalten möchten, muss Ihre Software dies natürlich unterstützen.

5.4.2 Informelle Chat-Rooms

Möchten Sie lediglich eine Chat-Plattform zur Verfügung stellen, um Ihren Besuchern die Gelegenheit zu geben, informell miteinander zu plaudern bzw. selbst Diskussionen auf die Beine zu stellen, achten Sie auf eine komfortable Software, die Ihnen auch erlaubt, **effektiv zu moderieren** (siehe auch weiter unten „Chat-Moderation“ und „Umgang mit Störern“).

Wählen Sie eine komfortable Software

Die Software sollte von Ihren Besuchern **ohne besondere technische Anforderungen** genutzt werden können: Achten Sie bei der Auswahl/Programmierung der Software darauf, dass die **Schrift und Darstellung augenfreundlich** ist. Gerade beim Chatten verbringen User häufig viele Stunden am Stück vor dem Bildschirm.

Praxistipp

Sofern die Software bestimmte Befehle erfordert (zum Beispiel: das Ändern der Farbe, in der die eigenen Nachrichten erscheinen; das Wechseln eines Chatraums; das Anflüstern eines anderen Besuchers oder das Ignorieren einer bestimmten Person), geben Sie idealerweise im sichtbaren Fenster eine entsprechende Erklärung – zumindest aber im Chatfenster einen Link zu den FAQs, wo diese Fragen beantwortet werden.

Gängige sinnvolle Funktionen einer Chat-Software sind:

- ein oder mehrere Chaträume;
- **private Chaträume**, die entweder separat kreiert und benannt werden können oder als Privat-Chat-Fenster aufgehen, wenn man einen anderen Chatter direkt anspricht;
- die **Ignorier-Funktion** für Benutzer, die man nicht lesen möchte (z.B. notorische Störer, die es leider in jedem Chat gibt);
- eine **Übersicht über die anwesenden Chatter**, wenn es mehrere Chaträume gibt, nach Chatraum aufgelistet;
- Zusatzfunktionen, die es erlauben, **unverschämte User** zu „booten“ (aus dem aktiven Chat rauszuwerfen) oder ganz oder für Teilbereiche der Community zu **sperren**.

Praxistipp

Wenn Sie eine große Community mit vielen Chaträumen anstreben oder haben, dann lohnt es sich, einen Extra-Raum für „Newbies“ zu machen, in dem ein Ansprechpartner (Moderator) für Fragen erreichbar ist und sich der Neuling mit der Software/Bedienung auseinandersetzen kann.

Neue Chatter willkommen heißen

Ein ganz banales, sehr wirkungsvolles Mittel, neue Leute willkommen zu heißen, ist es, sie zu begrüßen! Das ist ein wesentlicher Teil des Umgangstons, der leider in sehr vielen Chats nicht beachtet wird. Wer von Ihnen in Chaträumen unterwegs ist, merkt, dass es häufig lebendige Gespräche von „Stammkunden“ gibt, die niemanden ins Gespräch lassen. Oder aber

Räume, in denen sich mehrere User untereinander anschweigen und nichts zu sagen wissen.

Stammuser um Unterstützung bitten

Meine Empfehlung: Seien Sie – als Moderator – anwesend oder bitten Sie einige Ihrer „Regulars" (Stammuser), Sie in den Chaträumen zu unterstützen und neue Leute zu integrieren.

PRAXISTIPP

Der Moderator sollte im Namen als solcher kenntlich sein. Die Kennung sollte einheitlich sein, z.B.:

- SabineMeier [Mod]
- Franz *SysOp*

Eine schöne Möglichkeit, den Chat in Gang zu bringen, ist es auch, **zu bestimmten Zeiten feste Chat**s zu initiieren. Gerade für kleine Plattformen, die noch im Aufbau sind, ist es gut, eine Stammzeit anzugeben, in der Sie selbst oder ein Mitarbeiter anwesend sind.

Ansonsten kann es passieren, dass interessierte Besucher immer zu Zeiten in Ihrem Chat nachsehen, wo gerade nichts los ist, und es dann aufgeben.

Chat-Aktionen anfangs unter ein Motto stellen

Möchte ein Unternehmen also als Kundenbindungsmaßnahme einen Chat starten, lohnt sich ein **Versuchsballon**: Beispielsweise immer am ersten Montag im Monat um 18 Uhr eine Chat-Aktion zu machen. Hilfreich ist es, diese anfangs unter ein Motto zu stellen. Gerade, wenn es um für Kunden interessante Themen geht, wirkt das als Magnet.

Denken Sie als Anreiz immer an **aktuelle Problematiken** oder Themen, die Ihre Zielgruppe besonders beschäftigen.

BEISPIELE

- So könnte eine aktuell anstehende Gesetzesänderung, die das Arbeitsgebiet Ihrer Zielgruppe sehr stark verändert, ein guter Aufhänger sein.
- Oder aber auch eine typische „Dauerbrenner-Problematik" wie Organisation oder Zeitmanagement in einem bestimmten Gebiet.

Sprechen Sie Ihre Kunden an. Neben der Ankündigung auf der Website ist auch eine **persönliche Einladung** wichtig. So erhöhen Sie die Wahrscheinlichkeit, dass das Chat-Angebot auch angenommen wird.

Wer einen Chat zur Verfügung stellt, sollte außerdem ein **Forum bereitstellen**: So können sich Ihre Community-Teilnehmer auch außerhalb des Chats miteinander austauschen. Ein zusätzlicher Faktor, um Ihre Community noch aktiver zu gestalten und zu beleben.

Umgang mit Störern

Sofern die Chat-Plattform allgemein und nicht nur für einen bestimmten Kreis – zum Beispiel alle aktiven Kunden – zugänglich gemacht wird, werden Sie es möglicherweise auch mit Störern zu tun bekommen, also Usern, die provozieren, den Chatraum mit Unsinn zumüllen oder gar andere Besucher regelrecht belästigen.
Es ist wichtig, als Betreiber in solchen Fällen einzugreifen. Tun Sie das nicht, passiert es, dass Ihre „guten" User sich einen neuen Platz suchen, an dem sie ungestört sind.

- Der erste wichtige Schritt ist, dass Sie eine „Chatiquette", also schlicht und ergreifend Ihre Spielregeln formulieren und damit unmissverständlich sagen, was Sie von Ihren Usern erwarten und was untersagt ist. Machen Sie dies möglichst konkret und lassen Sie Ihre Besucher, wenn Sie eine Registrierung verlangen, diese Spielregeln per Mausklick anerkennen. Es geht nicht darum, Ihren Usern irgendwie zu drohen oder einen ernsten Text als „Gesetz" vorzuschreiben. Seien Sie freundlich, aber bestimmt. Und sagen Sie auch klar und deutlich, welches Verhalten Sie keinesfalls dulden und dass dies auch zum Ausschluss führen kann.
- Sofern ein Besucher den Chat stört, sollte er freundlich darauf hingewiesen werden, dass dieses Verhalten nicht erwünscht ist. Diese Rolle übernimmt idealerweise einer Ihrer Moderatoren. Dieser sollte, wenn es die Software erlaubt, dem Störer eine private Mitteilung schicken, die auf sein Verhalten Bezug nimmt und ihn bittet, es zu unterlassen und sich freundlich zu benehmen. Häufig reicht bereits dieser Schritt aus: Der Störer, der häufig nur Aufmerksamkeit möchte, merkt, dass jemand sich kümmert, verliert die Lust und sucht sich einen anderen Platz, wo er aufmischen kann – oder aber er macht weiter.
- Wenn er weitermacht, sollte er mit einer weiteren Verwarnung darauf hingewiesen werden, dass er aus dem Chat rausgeworfen wird, wenn er sein Verhalten nicht einstellt. Wirkt dies immer noch nicht, sollte der Störer „gebootet", also rausgeworfen werden. Dies ist im Sinne Ihrer normalen Besucher, weil sie ungestört chatten können und vor allen Dingen sich nicht beleidigen oder belästigen lassen müssen. Und es setzt Signale für etwaige andere Störer. Störer, denen es Spaß bereitet, immer wieder zu kommen und andere zu beschimpfen, suchen sich bald neue „Jagdgründe", wenn sie merken, dass in Ihrem Chatraum in diesen Extremfällen durchgegriffen wird.
- Sofern Ihnen jemand als notorischer Störer und Beleidiger bekannt ist und es die Software erlaubt, können Sie diese Person auch komplett aus Ihrer Community ausschließen. Dies unterbindet unter Umständen nicht eine Neuanmeldung unter anderem Namen oder mit einer anderen E-Mail-Adresse, stellt jedoch eine weitere Hürde für den Störer dar.

5.5 Weblogs

Sicher haben Sie den Begriff „Blog" schon gehört: es ist die Kurzform für „Weblog", ein Kunstwort aus „Web" und „Log" (engl. Protokoll, Tagebuch,

Logbuch). Darunter versteht man eine Internetseite, bei der der Autor – Blogger – regelmäßig Einträge hinzufügt. Das können **Gedanken und Meinungen** sein, **Kommentare** zu anderen Websites, Erfahrungen aus dem Alltag etc. Weblogs sind untereinander stark verlinkt.

Man spricht in diesem Zusammenhang von der Blogosphäre („blogosphere").

Die User können die Weblog-Einträge kommentieren

Die Einträge sind – wie bei einem Tagebuch – **chronologisch geordnet**, das Neueste steht oben. Außerdem ist ein Blog **interaktiv**, das heißt, dass User die Einträge kommentieren können.

Auch Unternehmen nutzen Weblogs mittlerweile. Besonders in den USA sind Blogs weit verbreitet und auch in der Wirtschaft zu einem wichtigen PR-Werkzeug geworden: Geschickt eingesetzt, können Firmen ihre **Unternehmenskommunikation darüber steuern**.

Umgekehrt ist es ein kraftvolles Werkzeug zur Meinungsfreiheit geworden: Kritische Nachrichten über eine Firma verbreiten sich rasend schnell. Und natürlich wird auch mitunter Schindluder getrieben.

In Deutschland vergrößert sich die Blog-Gemeinde zwar ebenfalls, doch nutzen Firmen diesen Weg hier bisher kaum.

Auch gibt es laut einer aktuellen Umfrage vom Herbst 2005 unter deutschen Internet-Usern mehr Blogger als Blog-Leser: Von mehr als 100.000 befragten Personen gaben 4 % an, sich regelmäßig in einem Weblog aufzuhalten, 12 % hingegen gaben an, selbst zu bloggen. (Quelle: Sonderauswertung WWW-Benutzeranalyse (Webstudie) von Fittkau & Maaß) Diese Tendenz bestätigt sich auch, wenn man in verschiedenen Blogs stöbert: Sehr häufig sind Einträge unkommentiert.

Doch sehen wir uns nicht gleich die Extremfälle an, sondern bleiben beim Blog als Möglichkeit, Ihre **Internetpräsenz attraktiver** zu machen und in den **Dialog mit Ihren Besuchern** zu treten.

Der Einstieg ist einfach: Es gibt entsprechende Software oder Plattformen, die Blogs „hosten". Die Einträge erfordern keine besonderen Kenntnisse, man kann praktisch sofort loslegen.

Für Zielgruppe interessante Berichte

Für Ihr Unternehmen ist ein **Blog sinnvoll, wenn** es etwas zu berichten gibt, das **für Ihre Zielgruppe interessant** ist. Also:

- fachlich gute Informationen,
- unterhaltsam geschriebene Erfahrungen oder Neuigkeiten, die man gerne liest und weiterverfolgt,
- Unternehmensdaten, Mitarbeitervorstellung,
- besondere Informationen, die einem das Gefühl geben, up to date zu sein (etwa, was einen Entwicklungsprozess betrifft etc.).

Beispiele

- Ein selbstständiger Computer-Fachmann berichtet von ungewöhnlichen Problemen und schildert, wie er bei der Lösung vorgegangen ist. Hier können User sich nicht nur von seiner Kompetenz überzeugen, sondern profitieren auch von Tipps zur strukturierten Fehlersuche und von der Lösung.
- Ein Rechtsanwalt schildert interessante Fälle.
- Ein Entwicklungsingenieur einer Medizintechnik-Firma lässt Interessierte am Entwicklungsprozess eines Implantates teilnehmen.
- Ein Kommunikationstrainer verweist auf interessante Websites und Medienberichte und schreibt eigene Kommentare, die seine Besucher zur Diskussion anregen.

Kontraproduktiv wird ein Blog, wenn:
- die Inhalte nicht interessant sind oder nur Insider-Bemerkungen enthalten,
- der Autor langweilig oder ermüdend schreibt,
- Einträge in viel zu langen Abständen veröffentlicht werden,
- überhaupt keine Kommentare anderer User da sind,
- Kommentare ausschließlich kritisch sind oder aus Fremdwerbung bestehen oder einen schlechten Umgangston haben.

5.6 Online-Aktionen und Umfragen

Gezielte Feedback-Aktionen sinnvoller?

Wer sagt, dass er sich den interaktiven Kontakt zu den Besuchern seiner Webseite wünscht, eigentlich aber nur „auf Tuchfühlung mit (potenziellen) Kunden" sein will, der sollte sich überlegen, ob nicht gezielte Feedback-Aktionen und Umfragen der bessere Weg sind.

Nicht zielführend sind hier **Abstimm-Tools**, die allenfalls **grobe Tendenzen** zeigen. Sie sagen nicht wirklich etwas aus.

Beispiel

Auf die Frage „Wie finden Sie meine Homepage?" gibt es die Antwortmöglichkeiten „sehr gut", „gut", „mittel", „schlecht".
Das sagt nichts aus, denn Sie wissen nicht, warum jemand eine Website sehr gut oder schlecht findet. Jemand findet es möglicherweise angenehm, dass Sie ein zurückhaltendes, augenfreundliches Layout haben, und gibt Ihnen ein „sehr gut" – ein anderer findet Ihre Informationen super, gibt Ihnen aber ein „schlecht" weil er sich durch das Werbe-Pop-up bedrängt fühlt.

Auch die **Anzahl der befragten User ist häufig nicht ersichtlich**. Wenn dann bei „Ergebnisse ansehen" steht „100 % finden xyz", dann sagt das gar nichts aus, denn es könnte sein, dass sich nur eine einzige Person an der Umfrage beteiligt hat.

Zu unterscheiden sind also eine Abstimmung mit reinem Unterhaltungscharakter einerseits und eine ernstzunehmende Umfrage andererseits. Mit Ersterer möchten Sie Ihren Webbesuchern lediglich die Möglichkeit bieten, eine Meinung zu einem bestimmten Thema kundzutun, haben aber nicht weiter etwas mit den Antworten vor.

Wenn es hingegen darum geht, aussagekräftiges Feedback zu erhalten, gilt es, **die richtigen Fragen** zu stellen.

Bereiche sinnvoll konkretisieren

Hier müssen abgefragte Bereiche sinnvoll konkretisiert werden (in dem Beispiel Bewertung der Website wäre das z.B. die getrennte Abfrage der grafischen Gestaltung und des Inhalts und die Formulierung von konkreten Fragen zu Teilbereichen etc.), außerdem sollte mit Freitext-Begründungen gearbeitet werden, um qualitative Aussagen zu erhalten.

Werteskala muss genauer erklärt werden

Sofern eine **Werteskala** genutzt wird, muss deutlich werden, wie diese verstanden werden will, ein „sehr gut" bis „schlecht" oder Schulnoten-System kann für sich schon sehr unterschiedlich gewertet werden. Deshalb ist es gut, den Besuchern eine nähere Erklärung, was gemeint ist, an die Hand zu geben.

PRAXISTIPP

Achten Sie darauf, die Ergebnisse der Umfrage in einer Form zu bekommen, die Sie für Ihre weitere Arbeit gut benutzen können. Ideal ist eine elektronische Schnittstelle, die es Ihnen erlaubt, die Antworten in ein anderes Programm zu importieren und dort weiterzubearbeiten.

Bei der Planung sollten Sie sich einige Fragen stellen:

- Mit welchem **Ziel** mache ich eine Umfrage? Was genau möchte ich abfragen?
  Stellen Sie immer nur die Fragen, mit denen Sie auch hinterher wirklich etwas anfangen! Ich sehe immer wieder sehr umfangreiche Fragebögen, deren Ausfüllen viel Zeit in Anspruch nimmt. Häufig enden die Ergebnisse der Umfrage in einer Statistik, die oft zweifelhafte Aussagen birgt (wie in obigen Beispielen angesprochen).

BEISPIEL

Wenn Sie wissen, dass Sie am grafischen Layout Ihrer Webseite gar nichts ändern werden, dann fragen Sie auch nicht nach Änderungsvorschlägen hierzu.

- Wie will ich die **Umfrage aufbauen**: Multiple Choice oder Freitext oder eine Kombination?
  Sollen die Fragen anhand vorgegebener Antworten abgearbeitet werden, sodass Ihre Besucher lediglich anzuklicken brauchen? Das hat den Vorteil, dass Sie die Antworten in ein bestimmtes Schema pressen, kann jedoch auch zu verfälschten Ergebnissen führen, denn bei zu starker Vorformulierung kann es sein, dass der Besucher nicht die richtige Antwort findet und daraufhin die entsprechende Frage auslässt oder, wenn dies nicht erlaubt ist, irgendetwas anklickt. Bei Vergabe von Noten oder Einordnung in eine Skala sind außerdem, wie schon angesprochen, die Wertungskriterien der User sehr unterschiedlich.

  Multiple-Choice-Fragen und qualitative Aussagen kombinieren

  Für eine effektive Umfrage und Auswertung ist eine **Kombination anzuraten**: einige Multiple-Choice-Fragen mit eindeutiger Werteskala (Beschreibung!), um Tendenzen zu erfahren, und qualitative Aussagen in Form von Freitext, d.h. Fragen stellen oder auch Sätze vervollständigen lassen („Ich würde Ihre Website weiterempfehlen, weil ...“ etc.).

  Die Auswertung qualitativer Antworten ist weitaus langwieriger und arbeitsintensiver. Hier bekommen Sie aber Ergebnisse, mit denen Sie arbeiten und aus denen Sie strategische Schlüsse ziehen können.

- Wie formuliere ich Fragen?
  Der Aspekt, dass Fragen eventuell **zu detailliert** vorformuliert sind, sodass keine der Optionen auf den Einzelfall passt, ist bereits erwähnt. Außerdem müssen Sie sich Gedanken über **Mehrfachnennungen** machen.

Beispiel

Wie nutzen Sie das Internet?
☐ privat
☐ beruflich
Viele Menschen gehen sowohl privat als auch beruflich ins Internet. Da die Umfrage jedoch hier nur eine Nennung erlaubt, der User sich also für eine Antwort entscheiden muss, führt das zu einem verfälschtes Ergebnis.

Aus „Sonstiges“ können Sie keine Schlüsse ziehen

Vorsicht auch vor „Sonstiges“: Bei Multiple-Choice-Fragen müssen immer alle wahrscheinlichen Möglichkeiten abgefragt werden. Man sollte sich hier nicht zu schnell in ein „Sonstiges“ flüchten.

Beispiel

Was haben Sie von solch einer Aussage: 10 % unserer User surfen 20 Stunden pro Woche im Netz, 30 % unter 5 Stunden und 60 % „Sonstiges“.

- **Wie lange** dauert das Ausfüllen des Fragebogens?
  Onlinezeit bedeutet für die meisten User noch immer, dass parallel das Geld „durchläuft" (nicht jeder hat eine Flatrate) und dass er Ihnen seine Zeit schenkt. Wenn ein User Ihnen den Gefallen tut, eine Umfrage zu beantworten, kann er erwarten, dass Sie seine Zeit und sein Geld respektieren. Prüfen Sie also, wie lange es dauert, Ihre Umfrage auszufüllen. Berücksichtigen Sie dabei auch, dass es noch User gibt, die langsame Internetverbindungen haben, z.B. per Modem im Netz sind.

Der User schenkt Ihnen seine Zeit und investiert unter Umständen auch sein Geld

- Welche **persönlichen Daten** möchte ich abfragen?
  Wie bereits erwähnt, sind viele Internetsurfer verständlicherweise nicht bereit, ihre persönlichen Daten überall anzugeben. Überlegen Sie sich also, ob (und wofür!) Sie persönliche Daten abfragen möchten und in welcher Form. Sofern Sie erfahren möchten, wie sich die Besucher Ihrer Website z.B. hinsichtlich Alter, Geschlecht etc. zusammensetzen, beachten Sie, dass nicht jeder, der Ihre Umfrage mitmacht, auch Ihre gesamte Besucherzahl repräsentiert, auch hier lässt sich lediglich eine Tendenz erfahren. Meine Empfehlungen: Bieten Sie optionale Angaben, anonymisieren Sie die Angaben und beschränken Sie sich auf das Nötigste.

- Handelt es sich um eine **zeitlich begrenzte** Aktion?
  Wenn ja, machen Sie in dieser Zeit kräftig Wirbel, sodass Ihre Besucher sie auch wahrnehmen und mitmachen. Bitten Sie um Unterstützung, erklären Sie, warum Sie die Umfrage machen, und geben Sie vorher an, wie lange das Ausfüllen dauert.

- Sollten **Anreize** zum Mitmachen geschaffen werden?
  Meine Empfehlung: Ja! So lässt sich die Beteiligung an der Umfrage erhöhen. Dies kann in Form einer Verlosung geschehen (rechtliche Vorschriften beachten) oder – beispielsweise bei kostenpflichtigen Diensten – eine begrenzte Zeit „freier Zugang" o.Ä. sein.

Wenn dann die Umfrage erfolgreich beendet ist, beachten Sie unbedingt:

Veröffentlichen Sie zeitnah die Ergebnisse der Umfrage.

Lassen Sie Ihre Besucher an den Antworten teilhaben, bedanken Sie sich für die Teilnahme und gehen Sie konkret darauf ein, welche Schritte zur Umsetzung der Verbesserungsvorschläge Sie angehen werden.

Am besten setzen Sie einige Änderungen ganz schnell um. Demonstrieren Sie durch Taten, dass Sie die Umfrage und das Feedback Ihrer Besucher ernst nehmen und mit einbeziehen. Das stärkt die Bindung an Ihr Unternehmen – und Ihre Website!

Feedback der Umfrageteilnehmer ernst nehmen!

6 Die Website aktiv bekannt machen!

Leider immer noch weit verbreitet ist die Annahme, es genüge, eine Website ins Netz zu stellen und sich dann von Suchmaschinen die Kunden „beitreiben" zu lassen.

Suchmaschinen-Eintrag ist selbstverständlich, aber nicht ausreichend

Zwar sollte der Suchmaschinen-Eintrag eine Selbstverständlichkeit sein – jedoch reicht die bloße Anmeldung schon lange nicht mehr aus. **Aktive Promotion ist gefragt**!

Um Ihre Internetseite aktiv zu bewerben, haben Sie zahlreiche Möglichkeiten – einige davon kosten **Geld**, für die meisten brauchen Sie lediglich etwas **Zeit** und **Energie**. Insbesondere kleine und mittlere Unternehmen, die kein großes Werbebudget haben oder gerade in der Startphase überhaupt kein Geld investieren können, sollten solche kostenfreien Möglichkeiten nutzen.

Es ist ein Muss, die Website kontinuierlich und mehrgleisig bekannt zu machen. Mit etwas Werbung am Anfang ist es nicht getan!

6.1 Eintrag in Suchmaschinen und Verzeichnisse

Um über Suchmaschinen gefunden und gelistet zu werden, ist es wichtig, dass Ihre Website **an der richtigen Stelle und in der richtigen Form** mit entsprechenden Informationen ausgestattet ist.

Zum **Anmelden** gibt es einen entsprechenden Link auf der Internetseite der Suchmaschine. Die meisten Suchmaschineneinträge sind gratis, es gibt mittlerweile jedoch einige Such-Sites und Verzeichnisse, die für den Eintrag Geld verlangen.

Relevante Informationen werden automatisch ausgelesen

Wenn Sie Ihre URL (Internet-Adresse) eingetragen haben, sendet die Suchmaschine einen „Roboter" vorbei, der die relevanten Informationen aus Ihrer Website ausliest. Dies kann bis zu mehreren Wochen dauern.

Die wichtigsten Suchmaschinen – insbesondere Google mit über 80 % Marktanteil (Stand Juni 2006; Quelle: www.webhits.de) – durchsuchen das Web in kurzen Abständen selbst (Stichwort: **Webcrawler** – ein Computerprogramm, das automatisch das Word Wide Web durchsucht und Webseiten analysiert) und erstellen dann das entsprechende **Ranking**.

Damit die Suchmaschinen-Roboter Ihre Website auch korrekt indexieren und um sicherzugehen, dass Sie auch eine gute Platzierung erreichen, ist es wichtig, einige **Informationen im HTML-Code** der Site zu hinterlegen:

- Die einzelnen **Seiten** sollten Sie immer **bezeichnen** („title" ausfüllen). Seiten, die den Suchbegriff im Titel haben, werden als vielversprechend weiter oben aufgeführt. Außerdem wird bei einigen Suchmaschinen in der Ergebnisliste der Titel einer Seite mit angezeigt.

- Der **Anfang eines Textes** wird häufig als **besonders relevant** angesehen und teilweise ebenfalls in der Ergebnisliste „angerissen". Je aussagekräftiger sich der Beginn auf das Thema bezieht, desto besser für das Listing in der Suchmaschine. Außerdem ist es für den User einfacher, sich ein spontanes Bild darüber zu machen, wie relevant Ihre Website für seine Suche ist. Das kann auch wettmachen, dass Sie nicht auf den Top-Plätzen der Suchergebnisse sind: Erkennt ein User beim Scannen der Ergebnisliste, dass gerade Ihr Text aussagekräftige und relevante Beschreibungen enthält, wird er darauf klicken und sich ein näheres Bild machen.
- Es gibt so genannte **„Meta-Tags"**: Das sind HTML-Befehlszeilen, die die wichtigsten Informationen für die Suchmaschinen zusammenfassen und in einer Form präsentieren, die deren Roboter ausliest. (Allerdings werden solche Meta-Tags beispielsweise von Google kaum beachtet.) Es gibt verschiedene Meta-Tags, unter anderem:
  - Suchbegriffe („Keywords")
  - eine Information zum Betreiber/Unternehmen
  - eine kurze Zusammenfassung der Website

Leistungspalette treffend wiedergeben

Am wichtigsten sind aussagekräftige Suchbegriffe! Überlegen Sie deshalb genau, welche Wörter Sie hinterlegen, damit diese die Inhalte bzw. Ihre Leistungspalette treffend wiedergeben, und das Ganze in einer Art, die die richtige Zielgruppe anzieht.

Sie können viele **Keywords** hinterlegen – allerdings sollten diese immer auch **der Wahrheit entsprechen**. Leider wird nämlich in puncto Suchbegriffen häufig getrickst – denn man verspricht sich mit bestimmten Suchwörtern mehr Besucherinteresse und damit mehr Klicks.

Eine seriöse Firma hat hiervon jedoch nichts. Wenn Sie etwas verkaufen möchten, dann ist es wichtig, Ihre **Zielgruppe anzusprechen** und nicht irgendwelche Besucher unter falschen Voraussetzungen auf Ihre Website zu locken. So etwas verärgert nicht nur, weil Webbesucher irregeführt werden, sondern macht eine sinnvolle Suche im Internet nach und nach unmöglich.

Wonach sucht der User?

Geben Sie bei den Suchbegriffen auch **Synonyme** ein und achten Sie auf **Plural** und **unterschiedliche Schreibweisen**! Ausschlaggebend ist immer die Frage: Wonach sucht der Internet-User?

BEISPIEL

Ein Naturkostfachgeschäft wird allein beim Suchwort für seine Ladenbezeichnung verschiedene Varianten wählen, z.B.: Naturkostfachgeschäft, Naturkostladen, Bioladen, Biomarkt, Ökoladen – und dabei auch auf die Schreibweise mit Bindestrich achten.

Vermeiden Sie unspezifische Allerweltswörter

Nicht gut ist es, lediglich wenige und dann auch noch solche Suchbegriffe zu wählen, bei denen es ohnehin schon Tausende von Treffern gibt. Wer also beispielsweise in seinen Suchbegriffen nur Allerweltswörter wie „Management" oder „Seminar" hat, wird lange auf eine vordere Platzierung warten.

Je mehr Links, desto relevanter

Manche Suchmaschinen (z.B. Google) arbeiten mit **Link-Relevanz**: Die Software der Suchmaschine wertet aus, wie viele Links es von anderen Websites auf eine bestimmte Seite gibt. Je mehr das sind, desto relevanter und empfehlenswerter scheint diese Website zu sein, mit der Folge, dass man in der Auflistung der Ergebnisse nach oben rutscht.

Es lohnt sich also durchaus, seine Website mit so interessanten Inhalten zu füllen, dass andere Besucher diese weiterempfehlen und bei sich als Linktipp aufführen.

Auch ist es empfehlenswert, sich bei den **Webverzeichnissen Open Directory Projects** (www.dmoz.org) und **Yahoo** (www.yahoo.de) anzumelden, da sich viele Suchmaschinen auf deren Ergebnisse beziehen.

Auch andere Webverzeichnisse (z.B. meinestadt.de, allesklar.de, dino-online.de) sollten Sie nutzen. Sie haben den Charakter von Gelben Seiten: Man ordnet sich in einen vorgefertigten Suchkatalog ein und verfasst eine etwas ausführlichere Beschreibung. So kann man dann über entsprechende Begriffe, wie etwa die Branche, gefunden werden.

6.2 Ihre E-Mail-Adresse

Sehr häufig sehe ich Websites, die die E-Mail-Adresse von anderen Providern nutzen, auf Firmenseiten steht dann beispielsweise firmenname@gmx.de oder vorname.name@t-online.de.

Internetadresse ableiten

Abgesehen davon, dass das im Business-Bereich etwas **unseriös** wirken kann, **verschenken Sie** hiermit **Chancen**. Denn Ihre E-Mail-Adresse ist ebenfalls ein **Werbeträger**, der Ihre Website bekannt macht. Wenn Sie meine E-Mail-Adresse gitte@selbstmarketing.de lesen, können Sie daraus direkt die Internetadresse ableiten und meiner Website einen Besuch abstatten.

Die meisten E-Mail-Programme erlauben es, **mehrere E-Mail-Konten** zu verwalten – Sie können unterschiedliche Absenderbezeichnungen, Signaturen und sonstige Einstellungen separat vornehmen und so bequem Privates von Beruflichem trennen.

Für **generelle Adressen** hat sich info@firma.de oder auch post@firma.de eingebürgert. Oder natürlich abteilung@firma.de.

6.3 Empfehlungstool einbauen

Das Einfachste wird häufig vergessen: Bitten Sie Ihre Besucher aktiv darum, Ihre Website weiterzuempfehlen!

Weiterempfehlung per Mausklick

Die meisten Menschen denken schlichtweg nicht daran, etwas weiterzuerzählen, auch wenn sie es selbst hervorragend finden. Wenn man sie jedoch im richtigen Augenblick aktiv darauf hinweist und sie keinen großen Aufwand damit haben, machen sie sich gerne daran, eine Seite weiterzuempfehlen.

Anzuraten ist daher ein Empfehlungstool: Per Mausklick können Ihre Besucher anderen von Ihrer Seite erzählen.

Abb. 14: „Diese Seite weiterempfehlen"

Natürlich können Sie auch die Anzahl der Empfehlungsfelder erhöhen, sodass es beispielweise möglich ist, direkt noch eine kleine Mitteilung an den Empfänger einzubauen.

Auf jeden Fall müssen Sie darauf achten, dass der Besucher, der die Empfehlung ausspricht, seinen eigenen Namen eingeben kann. So wird die Empfehlung persönlich – und vom Empfänger nicht etwa als unaufgeforderte Werbemail bewertet.

Der Text sollte kurz, knapp und informativ gehalten werden.

Beispiel

Subject: interessante Website
„Marion Meier denkt, dass die Website http://www.domainname.de für Sie interessant ist. Dort gibt es viele Tipps rund um Business & Karriere. Wir freuen uns auf Ihren Besuch."

Keine Werbung in Empfehlungsmails

Ich rate dringend davon ab, in diesen Empfehlungsmails Werbung irgendeiner Art unterzubringen. Damit zerstören Sie den persönlichen Charakter der Empfehlung!

VORSICHT: E-MAIL-WERBUNG

Unerlaubte Werbung per E-Mail nimmt Ihnen nicht nur der Empfänger übel, sondern kann auch rechtliche Konsequenzen nach sich ziehen. Viele Unternehmen wissen gar nicht, dass bereits eine einzige unerlaubt zugesandte Werbemail problematisch ist. Werbung per E-Mail ist nur dann zulässig, wenn der Empfänger ausdrücklich sein Einverständnis erklärt hat oder aber ein Geschäftsverhältnis besteht (z.B. wenn sich ein Kunde grundsätzlich bereit erklärt hat, künftig Informationen zu empfangen).

6.4 Anzeigen und Bannerwerbung

Unterscheiden lassen sich hier: Textanzeigen auf fremden Websites oder in Newslettern und Bannerwerbung.

6.4.1 Textanzeigen

Anzeigen, die mit einem kurzen Text für Ihre Seite werben – entweder indem sie Ihre Leistungen kurz vorstellen oder aber **auf bestimmte Aktionen oder Inhalte neugierig** machen –, gibt es auf Websites oder auch im Rahmen von E-Mail-Newslettern.

Neugierig machen

In der Regel sind diese vom Umfang her natürlich stark eingegrenzt: Von einem einzigen Satz, der Interessenten ansprechen oder neugierig genug machen muss, den entsprechenden Link zu klicken, bis hin zu einer mehrzeiligen Textanzeige gibt es die unterschiedlichsten Varianten.

Die **Vergütung** erfolgt entweder als Pauschale, bei der der Umfang der Textanzeige vom Betreiber klar begrenzt ist, was Zeilenlänge und Anzahl der Zeilen plus Linkhinweis angeht, oder aber es wird zeilenweise abgerechnet. Auch gibt es die Berechnung nach Klicks, in der Regel ist die Einheit der „TKP“ (= Tausender-Kontakt-Preis – vgl. nächstes Kapitel).

PRAXISTIPP

Sofern Sie Ihre Website per Anzeige bekannt machen möchten, lohnt es sich, den **Link** zu Ihrer Website individuell, d.h. **je nach Werbemaßnahme**, zu bestimmen.
Verlinken Sie lediglich Ihre übliche Domain, können Sie anhand Ihrer Zugriffszahlen nicht feststellen, woher die Besucher letztlich kamen. Damit tappen Sie bei Ihren Werbemaßnahmen weiterhin im Dunkeln.
Wenn Sie jedoch eine Erfolgskontrolle zu einzelnen Werbeformen machen können, erkennen Sie, welche Art von Werbung sich für Sie lohnt. Dann können Sie später das entsprechende Budget für die vielversprechenden Maßnahmen bereitstellen.

6.4.2 Werbebanner, Pop-ups & Co.

Vom Betreiber gestaltetes Bild, das mit einem Link hinterlegt wird

Bannerwerbung auf anderen Websites ist ebenfalls eine Möglichkeit, auf sich aufmerksam zu machen. Das typische Werbebanner ist eine festgelegte Fläche: Ein großes Banner hat die Maße 468 x 60 Pixel (oder aber „in klein" die Hälfte: 234 x 60 Pixel) und ist ein „vom Betreiber gestaltetes Bild", das mit einem Link hinterlegt wird.

Es gibt darüber hinaus mittlerweile eine Vielzahl weiterer Online-Anzeigenformen: Die schon erwähnten **Pop-ups**, **Pop-unders**, **vertikale Werbeflächen**, die sich „neben" den Inhalten einer Seite zeigen, **animierte Bilder** mit Sound oder Video, **bewegliche Werbung** etc.

Auch lassen sich Anzeigen einbinden, die stetig aktualisierte, also während der Einblendungszeit wechselnde Inhalte präsentieren können.

Bevor Sie Werbung buchen, fragen Sie sich:

- Hat die Seite, auf der ich Werbung schalten möchte, die für mich richtige **Zielgruppe**?
- Stehen die **Kosten** in einem vernünftigen Verhältnis zum Nutzen (Konditionen prüfen: Pauschale oder Abrechnung nach Klicks)?
- Möchte ich meine Seite in diesem **Umfeld** präsentieren?

Bei der Gestaltung eines Banners ist der Platz begrenzt. Umso wichtiger ist es, ihn optimal zu nutzen, und zwar sowohl von der Wirkung als auch von den Informationen her.

„Teaser", um Betrachter neugierig zu machen?

Wie in der Printwerbung gibt es hier unterschiedliche Taktiken. Manche arbeiten nur mit einem „Teaser", möchten den Betrachter neugierig machen und hoffen, dass er deshalb das Banner klickt, um zu erfahren, worum es eigentlich geht.

Meine Erfahrung ist, dass es sinnvoller ist, das Banner **unmissverständlich und informativ** zu gestalten. Denn:

Sie möchten die richtige Zielgruppe ansprechen und sind an qualitativen Klicks interessiert, nicht nur an der Anzahl.

Abb. 15: Banner mit informativem Kurztext

Visuelle Gedächtnisunterstützung

Da nicht jeder direkt auf ein Banner klickt, sondern sich vielleicht später an Ihre Seite erinnern soll oder aus Prinzip die URL (= Web-Adresse) manuell im Browser eingibt, sollten Sie auf Ihrem Banner nach Möglichkeit die **URL nennen**. Damit bleibt die Adresse, wenn Sie Glück haben, im Kopf der Betrachter hängen, auch wenn diese nicht sofort Ihre Seite anklicken.

Grundsätzlich ist wichtig: Achten Sie auf die **Wirkung**! Gerade Menschen, die oft im Netz unterwegs sind, sind der vielen Werbung und auch der Aufdringlichkeit müde.

Verärgern Sie Ihre User nicht

Machen Sie neugierig, präsentieren Sie Ihr Angebot interessant (ruhig auch spielerisch oder etwas heimlichtuerisch), aber verärgern Sie den User nicht durch aggressives Geblinke, Sounds, Filmchen oder gar Werbung, die sich mitten über den Text legt und nicht einmal weggeklickt werden kann.

Werbeanzeigen können Sie auch **tauschen**. So ist ein Anzeigentausch beispielsweise möglich, wenn zwei Websites einen Newsletter betreiben. Oder aber, Sie schalten im Newsletter einer Partnerseite eine Anzeige und bauen dafür für eine begrenzte Zeit einen Werbebanner Ihres Tauschpartner ein.

Auch ist es möglich, eine andere **Dienstleistung gegen eine Anzeige** einzutauschen. So könnte ein Webdesigner für einen Kunden ein kleines Empfehlungstool programmieren und im Gegenzug etwas Werbefläche erhalten.

6.5 Die Webadresse überall angeben

Wie wichtig es ist, bereits mit der E-Mail-Adresse die Domain zu transportieren, habe ich bereits betont. Belassen Sie es dabei aber bitte nicht, sondern achten Sie darauf, dass Ihre Internetadresse auf allen Schriftstücken erscheint.

Manchmal richten Firmen ihre Webadresse erst später ein und haben diese daher noch nicht auf Briefbögen, Visitenkarten und sonstigen Werbemitteln aufgedruckt.

Vergeben Sie sich diese kostenfreien Möglichkeiten nicht!

Sofern Sie nur noch kleinere Bestände an **Firmenpapier** haben, lassen Sie, sobald Sie Ihre Domain angemeldet haben, neues mit Ihrer Webadresse drucken. Das alte Papier können Sie noch für Zwecke nutzen, bei denen die Webadresse nicht relevant ist, oder in Kombination mit dem neuen Papier.

Sprechen Sie mit Ihrem Drucker auch darüber, ob es möglich ist, in bestimmte Druckerzeugnisse die Webadresse sauber nachdrucken zu lassen. Sollten Sie sich für eine Aufkleber- und Stempelvariante entscheiden, achten Sie darauf, dass dieses Nachrüsten auch wirklich sauber (gerade und einwandfrei gestempelt) geschieht.

6.5.1 Korrespondenz

Neue Internetpräsenz zum Kontakte-Auffrischen nutzen

Eine neue Internetpräsenz oder auch der Relaunch Ihrer bisherigen Website, die Aktualisierung mit neuen Inhalten sind hervorragende Gelegenheiten, mit bestehenden Kunden und Geschäftspartnern wieder in Kontakt zu treten. Nutzen Sie Ihre Internetaktivitäten dazu, Beziehungen aufzufrischen oder zu intensivieren.

Auch in der alltäglichen Korrespondenz sollte der Hinweis auf Ihre Webadresse nicht fehlen. Je nach Inhalt genügt es, die Adresse anzugeben (bei einer reinen Imageseite). Wenn Ihre Website jedoch besondere Inhalte enthält (Aktionspreise bei Online-Kauf, Tipps und Kniffe zu Ihrem Fachthema etc.), dann lohnt es sich, die Internetseite näher zu beschreiben.

Praxistipp

Wer jedoch zunächst nur eine leere Seite oder eine vorläufige Startseite im Netz hat, der sollte auf keinen Fall offensiv Werbung für die Website machen, weil Kunden, die sich die Mühe machen, diese zu besuchen, sich im besten Fall hierüber wundern, im schlechten Fall ärgern.

6.5.2 Werbemittel

Webadresse zu allen Gelegenheiten

Wie erwähnt sollten alle Druckerzeugnisse – also auch Produktflyer, Messeeinladungen etc. – mit der Webadresse bestückt werden. Denken Sie aber auch an andere Gelegenheiten:

- Beim **Messeauftritt** die Webadresse groß an der Standwand anbringen, sodass sie jedem Besucher zwangsläufig ins Auge fällt.
- Ihr **Auto** (das kann auch Ihr Privatfahrzeug sein) mit der Webadresse bekleben, und zwar seitlich und vor allem am Heck. Beim Warten an der Ampel oder im Stau fällt diese Adresse gut ins Auge und bleibt – je besser Ihr Domainname ist, was Einfachheit und Name angeht, bzw. je neugieriger Sie mit einem oder zwei erklärenden Schlagworten machen – hängen.
- Beim Eintrag in das **Telefonbuch** oder Branchenverzeichnis auch die Webadresse angeben.
- Webadresse auf die **Arbeitskleidung** drucken: Auch wenn Sie keine firmenintern vorgeschriebene Kleidung haben, können Sie selbst oder Ihre Mitarbeiter Firmen-T-Shirts tragen, sozusagen auf freiwilliger Basis. Ich kenne einige Selbstständige, die sich schlichte, schöne T-Shirts mit ihrer Webanschrift drucken lassen haben und damit im Privatleben für sich selbst Werbung laufen.

6.5.3 E-Mail-Signatur

Die Signatur ist der Anhang, der am Ende einer E-Mail auftaucht und meist Kontaktdaten oder weitere Informationen enthält.

So gut wie jedes E-Mail-Programm bietet die Möglichkeit, einen festen Text einzugeben, der automatisch an jede E-Mail angehängt wird oder aber der auf Knopfdruck eingefügt wird. Meist kann man mehrere Signaturen speichern und aus diesen individuell auswählen.

Die Signatur enthält die Kontaktdaten des Absenders. Sinnvolle **Bestandteile** im geschäftlichen E-Mail-Verkehr sind:

- Firmenname
- Tätigkeitsfeld des Unternehmens
- Vorname/Name des Absenders
- ggf. Position/Abteilung
- Telefon und ggf. Fax
- Webadresse („URL")
- E-Mail-Adresse

Praxistipp

Wenn Sie Webadressen angeben, ergänzen Sie das http:// vorweg – also nicht nur www.firma.de, sondern http://www.firma.de. So wird die Adresse bei den meisten E-Mail-Programmen als Link dargestellt.

Vorsicht bei Grußformeln in der Signatur

Des öfteren sieht man, dass eine **Grußformel fest** in die Signatur eingegeben ist. Das ist nicht immer schön: Je nach Gestaltung kommt man sich als Empfänger nicht mehr individuell gegrüßt vor.

Beispiele

- Die Signatur eines Unternehmens ist in blauer Farbe an die E-Mail angehängt, der Text selbst ist jedoch schwarz: Hierdurch sind Gruß und Name eindeutig als „vorgespeichert" erkennbar.
- Obwohl der Absender der E-Mail den Empfänger duzt, ist der Standardgruß angehängt, der sehr formell ist und Vor- und Nachnamen angibt.

Natürlich ist das kein Beinbruch – es wirkt dennoch nicht sehr persönlich. Stellen Sie sich analog die herkömmliche Variante vor: Bei einem Brief ist meist das einzig Persönliche die Unterschrift. Briefe, bei denen die Unterschrift bereits einkopiert oder eingescannt ist und die sofort als vorgefertigte Standards erkennbar sind, machen keinen so schönen Eindruck, weil sie nicht mehr persönlich sind.

Deutsche Sonderzeichen bei internationalem E-Mail-Verkehr vermeiden

Es kann passieren, dass die **deutschen Sonderzeichen** wie Umlaute und „ß" nicht ordnungsgemäß dargestellt werden. Wer auf Nummer Sicher gehen will, sollte auf ae, oe, ue und ss ausweichen. Bei nationalem E-Mail-

Kontakt kann man allerdings davon ausgehen, dass die entsprechenden Zeichen unterstützt werden.

Übersichtlich ist es, wenn Sie die **Signatur deutlich vom E-Mail-Text absetzen** bzw. durch eine Linie, Sternchen o.Ä. trennen. Achten Sie auch hier auf ein ansprechendes Layout.

Für Firmen gilt zudem: Auch die Signatur fällt unter Ihr Corporate Design und sollte firmenweit einheitlich gestaltet sein.

Bauen Sie einen Zusatznutzen ein

Geben Sie, wie oben bereits erwähnt, neben Ihrem Firmennamen auch an, **was das Unternehmen genau macht**. Als Absender kommt man häufig nicht auf diese Idee, weil für einen selbst ja klar ist, was man tut. Der Empfänger kennt jedoch das Unternehmen vielleicht gar nicht oder nicht gut genug.

Die eigene Website in der Signatur aktiv zu promoten und per Link direkt klickbar zu machen, macht es Interessenten leicht, „mal eben" dort vorbeizuschauen, und so Ihren Internetauftritt bekannt.

Texte nicht quetschen

Auch für die Signatur gilt: Nicht quetschen. Gestalten Sie den E-Mail-Anhang **übersichtlich**, gegebenenfalls mit Leerzeilen.

Außerdem können Sie Ihre Signatur dazu nutzen, **aktuelle Termine** – zum Beispiel Ihre Teilnahme an einer Messe mit Standnummer – zu verbreiten oder auf **Sonderangebote** oder Aktionen/Interaktivität auf Ihrer Website hinzuweisen etc. Die Möglichkeiten sind vielfältig.

BEISPIEL

****
netzpertise.de – Gitte Härter
Web-Check/Optimierung/Interaktives Netz
Dietersheimer Straße 19, 80805 München
Tel. 089 – 36107847
E-Mail: gitte@netzpertise.de
Internet: http://www.netzpertise.de

Besuchen Sie mich auf der CeBIT!
Halle X, Stand YZ

6.6 Partnerprogramme anbieten

Eine weit verbreitete Möglichkeit, um Besucher für die eigene Website zu gewinnen, sind Partnerprogramme. Diese können sich auf den reinen Besucherstrom beziehen, sind aber häufig auch direkt an Umsätze geknüpft.

BEISPIELE

- Das Amazon-Partnerprogramm verspricht dem Webbetreiber einige Prozente von Produkten, die über dessen Website eingekauft werden.
- workshopwelt.de gibt einen Teil der Teilnahmegebühr an den Partner weiter, wenn ein Online-Workshop gebucht wird.

Inhalt und Ziele Ihrer Unternehmenswebsite

Prüfen Sie, ob und in welcher Form sich ein Partnerprogramm für Ihr eigenes Angebot lohnt. Aber Achtung: Motivation darf nicht die Frage sein, ob und wie Sie mit Ihrer Website Geld verdienen können, indem Sie ein fremdes Partnerprogramm auf Ihren Seiten einbinden, sondern die Frage: „Wie kann ich meine Internetpräsenz und meine Leistungen aktiv pushen?“ Hier kommt es stark auf Inhalt und Ziele Ihrer Unternehmenswebsite an.

Genau prüfen, ob sich der Aufwand lohnt

Verkaufen Sie etwas über das Internet, kann sich die Provision an Kunden, die Ihre Seite vermitteln, durchaus lohnen. Allerdings müssen Sie einberechnen, was das Schaffen der technischen Voraussetzungen (automatisches Verfolgen und Nachvollziehen provisionsberechtigter Transaktionen und deren korrekte Abrechnung) und die Verwaltung an Aufwand mit sich bringen.

Es gibt selbstverständlich Dienstleister im Netz, die Partnerprogramme vermarkten. Nähere Informationen dazu und zum umgekehrten Fall, dem Einbinden von Werbung und der Teilnahme an Partnerprogrammen, um Geld zu generieren, finden Sie in Kap. 4.4.

Und weitere Anregungen, wie Sie andere Webangebote nutzen können, um Ihre Internetpräsenz bekannt zu machen und gewinnbringend zu kooperieren, lesen Sie im dritten Teil dieses Buches.

6.7 Durch PR auf die Website aufmerksam machen

6.7.1 Gezielte Pressearbeit

Sofern Ihre Website Inhalte enthält, die für andere interessant sind, etwa aufgrund Ihrer Leistungs-/Produktpalette oder weil Sie mit redaktionellen Tipps und Kniffen aufwarten, lohnt sich gezielte Pressearbeit.

Vorteile gezielter Pressearbeit

Die Vorteile:
- Sie kostet nichts, außer Zeit und Energie und Porto bzw. Telefongebühren.
- Sie wirkt **glaubwürdiger** als bloße Werbung.
- Sie können durch Veröffentlichung Ihre Kompetenz bzw. Ihren **Expertenstatus** untermauern.

- Sie machen sich bei richtiger Auswahl der angesprochenen Medien bei Ihrer Zielgruppe bekannt.

Der Begriff „Pressearbeit" ist in diesem Fall etwas weiter gefasst und geht über bloße Pressemeldungen hinaus. Auf einige Dinge sollten Sie – wie im Folgenden beschrieben – achten.

Pressearbeit ist mehr als bloße Pressemeldungen

Einen Grund haben
Bevor Sie sich um Ihre Pressearbeit kümmern, machen Sie sich ganz klar, was Sie „bewerben" und bekannt machen möchten und inwiefern Ihr **Angebot tatsächlich für andere interessant** ist. Keine Publikation hat ein Interesse an reiner Werbung, für diese Fälle gibt es (kostenpflichtige) Anzeigenschaltungen.

Auch eine reine Aneinanderreihung von Lobliedern auf sich selbst gilt es zu vermeiden, denn sie ist nicht nur nicht interessant, sondern wird auch nicht gedruckt. Geben Sie immer **handfeste Informationen**.

Superlative und nichtssagende Wörter wie „toll", „das Original", „das Beste" etc. sind nicht sehr aussagekräftig.

Tun Sie sich den Gefallen und verwenden Sie Zeit und Mühe darauf, Ihre **Pressearbeit gut zu planen**. Und ganz wichtig: Betrachten Sie alles aus Sicht des Empfängers.

Sicht des Empfängers!

Die Medien gezielt auswählen
Es gibt die **„passive" Pressearbeit**, bei der Sie **Informationen** auf entsprechenden Presseportalen **zur Verfügung stellen** und Journalisten verschiedener Medien, die dort recherchieren, auf Ihr Unternehmen aufmerksam werden.

Für Ihre **aktive Pressearbeit** ist es jedoch wichtig, die in Frage kommenden **Medien gezielt auszuwählen**. Denn Sie möchten zwar hauptsächlich Ihre Internetpräsenz bekannt machen, tun dies aber natürlich mit einem weiterführenden Zweck, z.B.

Aktive Pressearbeit will mehr

- mehr Besucher zu generieren,
- potenzielle Neukunden auf sich aufmerksam zu machen,
- Produkte oder Leistungen zu verkaufen,
- interessante neue Geschäftskontakte zu finden.

Überlegen Sie sich also im Vorfeld, wen Sie letztlich erreichen möchten. Und wählen Sie auf dieser Basis aus, welche anderen Internetseiten, Zeitungen und Zeitschriften sinnvolle Empfänger sind.

Wer ganz professionell und auf längere Sicht Pressearbeit machen möchte, für den lohnt sich eventuell auch ein entsprechendes **Adressbuch für Verlags- und Redaktionskontakte**. Manche Adressbücher werden als aktualisierte Loseblattsammlungen angeboten – je nachdem, was Sie vorhaben, lohnt sich möglicherweise auch nur die Anschaffung des Grundwerkes. Auch das Internet ist eine gute Hilfe (vgl. Linktipps am Ende des Kapitels).

Auch bei der Pressearbeit gilt: Qualität statt Quantität! Lieber weniger, und das gezielt und richtig, als viel und Gießkannenprinzip.

Sich als Experte für Interviews und Aktionen vorstellen

Journalistenkontakte herstellen

Möglicherweise sind Sie in einem speziellen Bereich tätig oder haben relevantes Fachwissen, das Sie zu einem interessanten Interviewpartner macht. In diesem Fall stellen Sie sich bei Redaktionen oder Journalisten vor und machen Sie klar, zu welchen Themen Sie kompetent sind. Wichtig ist, dass Sie **konkrete Informationen geben** und nicht einen schwammigen „Ich-weiß-alles-Eindruck" zu machen versuchen.

Bei **telefonischen Interviews** sollten Sie darum bitten, dass man Ihnen die letztlich verwendeten Zitate vor Abdruck noch einmal zuschickt. Das ist in der Regel kein Problem – im Gegenteil: Es hilft beiden Seiten, sicherzustellen, dass es kein Missverständnis gab.

Praxistipp

Sie sollten Ihre Kontaktaufnahmen unbedingt personalisieren. Machen Sie sich die Mühe und finden Sie im Vorfeld heraus, welches das richtige Ressort und wer der zuständige Ansprechpartner ist. Hier ist das Impressum nützlich, die Internetseite oder auch einfach Anruf bei der entsprechenden Redaktion. Lassen Sie sich Vor- und Zunamen geben und gegebenenfalls buchstabieren. Falsch geschriebene Namen sind ärgerlich und unnötig.

Eigene Artikel anbieten

Inhalt gegen Kontaktdaten?

Wenn Sie selbst gut schreiben können, möchten Sie eventuell Ihre Pressearbeit dahingehend ausdehnen, eigene Artikel anzubieten. Mittlerweile gibt es sowohl in den Printmedien als auch im Internet viele Anbieter, die Inhalte publizieren und im Gegenzug die Kontaktdaten und eine Kurzbeschreibung der eigenen Leistungen anbieten. Oder aber Sie verkaufen Artikel an Publikationen.

Bedenken Sie aber: In der Regel wird eine Publikation darauf achten, nicht zum „Werbeblatt" zu werden – deshalb können Sie nicht immer damit rechnen, dass Sie Ihre vollständigen Kontaktdaten veröffentlicht finden.

6.7.2 Erfolgreiche Pressearbeit im Internet

Im Folgenden lesen Sie das Interview mit mit Barbara Brecht-Hadraschek, Fachfrau für Webtexte, Pressetexte, Fachartikel (www.contentundco.de).

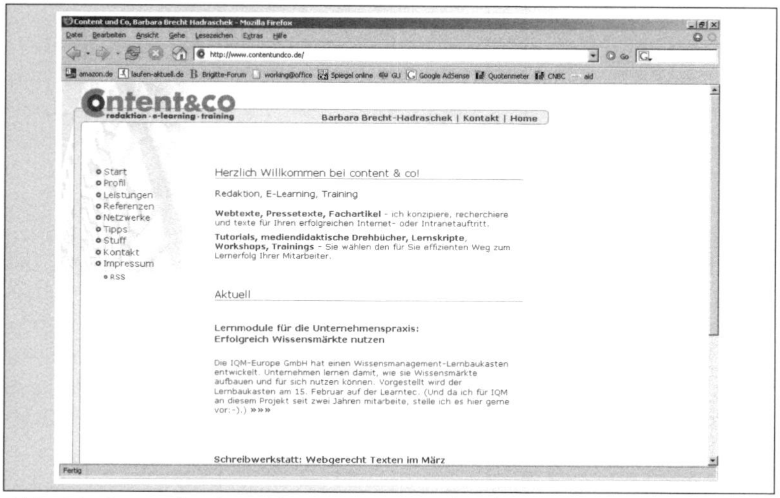

Abb. 16: Screenshot http://www.contentundco.de

Welche „Goldenen Regeln" gelten für Form und Inhalt einer Pressemitteilung?

Objektiv, aktuell und von allgemeinem Interesse

Wenn sie gut konzipiert ist, ist die Pressemitteilung **wie eine journalistische Nachricht** aufgebaut: d.h., sie ist objektiv formuliert, aktuell und von allgemeinem Interesse. Faustregel: Die Pressemitteilung könnte vom Journalisten **1:1 übernommen** werden – muss also nicht mehr überarbeitet werden. Deshalb bitte **keine Werbesprache** verwenden und auch **nicht in der „Wir-Form"** schreiben, auch wenn man ja über sich selbst bzw. das eigene Unternehmen schreibt.

Auch der inhaltliche Aufbau entspricht der journalistischen Nachricht: Das Wichtigste, die Kernaussage, muss an den Anfang. Dann geht es immer vom Wichtigen zum weniger Wichtigen.

Ein gutes Gerüst liefern dafür die so genannten **W-Fragen**. Diese sollten immer beantwortet werden, und zwar so früh wie möglich: **Wer hat was getan oder wem ist was passiert? Wann? Wo? (Wie? Warum?)**

Nachrichten von Presseagenturen wie z.B. dpa oder ddp sind stets so aufgebaut: Alle wesentlichen Fakten (W-Fragen) stehen im Vorspann (im „Lead"). Die ersten Sätze sind damit eine Inhaltsangabe des folgenden Textes, der weitere Details bietet.

Was heißt jetzt allgemeines Interesse? Aus Sicht der Redaktionen ist allein der **Nachrichtenwert**, d.h. die relative Wichtigkeit der Nachricht für die betreffende Öffentlichkeit, entscheidend. Journalisten interessieren sich für Themen, die „nah dran" und aktuell sind. Eine Meldung wird uninteressant, wenn die Fakten zu kompliziert sind oder die Leser sich vom Problem nicht persönlich betroffen fühlen.

Leser müssen sich persönlich betroffen fühlen

Spezialthemen in Fach- und Branchenpresse

Wer eine Pressemitteilung schreibt, sollte sich also selbstkritisch fragen, ob die Meldung überhaupt interessant ist. Wichtig: Wer eine ganz **spezielle Zielgruppe** hat, weil er z.B. Mähdrescher herstellt, hat meist auch ganz spezielle Zielmedien. Hier kann auch ein neues Verfahren für die Weizenernte für die Medien interessant sein, nämlich für die Fach- und Branchenmagazine. Diese sollten dann auch in den Presseverteiler.

Unterschiedliche Pressemitteilungen für ein Fachpublikum und die breite Öffentlichkeit

Wer mit seinen Produkten sowohl Publikums- als auch Fachmedien anspricht, sollte besser zwei Pressemitteilungen schreiben: eine für das Fachpublikum und eine für die breite Öffentlichkeit. Denn hier unterscheiden sich die **Leserinteressen** nicht nur in ihrem inhaltlichen Fokus, sondern auch in der Sprache: Der Fachmann interessiert sich nicht nur für ganz bestimmte technische Details, sondern versteht natürlich auch bestimmte Fachbegriffe, die für den Otto Normalverbraucher unverständlich und auch uninteressant sind.

Für wen ist ein separater Presse-Link sinnvoll – und was ist dabei zu beachten?

Pauschal lässt sich nicht sagen: Erst ab XX Mitarbeiter oder XX Summe Umsatz „lohnt" sich ein Presse-Link. Es gibt sowohl kleine Firmen oder sogar Einzelunternehmer, die erfolgreiche Öffentlichkeitsarbeit machen – und auch ihren Pressebereich im Web nutzen –, als auch mittelständische Unternehmen, die gar keine Pressearbeit machen.

Kontakte zur Presse müssen gepflegt werden

Ein Pressebereich ist nur sinnvoll, wenn das Unternehmen regelmäßige und strategische Pressearbeit machen möchte und es einen **Verantwortlichen** gibt, der die Kontakte zur Presse und natürlich die Rubrik auf der Website sorgfältig pflegt.

Was muss und was kann in den Pressebereich?

Der **Link** zum Pressebereich muss unbedingt **auf die Startseite der Website**. Im Pressebereich selbst stehen an erster Stelle die Kontaktdaten: konkrete Ansprechpartner mit Mail, Telefon- und Faxnummer sowie Postadresse sind dabei ein absolutes Muss!

Eine allgemeine info@mustermanngmbh.de wirkt eher abschreckend. Besser sind namentlich genannte Ansprechpartner, vielleicht sogar mit Foto und Themenschwerpunkten und einer persönlichen Mailadresse (Martin.Mustermann@mustermanngmbh.de).

Konkrete Ansprechpartner nennen

Auch in kleinen Firmen sollte es einen festen Ansprechpartner geben. Der muss nicht jede Fachfrage beantworten können, aber wissen, an wen er sie weiterleiten kann.

Wer regelmäßig **Pressemitteilungen** versendet, sollte **die aktuelle stets auch im Pressebereich** anbieten sowie die älteren in einem **Archiv** sammeln. Die Pressemitteilungen sollten am besten auch als txt-Datei zum Download angeboten werden, denn damit kann der Journalist gleich weiterarbeiten.

Interessant für Journalisten können auch folgende Informationen und Downloads sein:

- **Hintergrundinformationen** (z.B. wichtige Projekte, Umsatzzahlen, Firmengeschichte bzw. wichtige biografische Daten bei Einzelunternehmern etc.)
- **Geschäftsbericht** (als PDF zum Download)
- **Produktinformationen** (als PDF zum Download)
- **Bild- und Grafikmaterial** – z.B. das Logo, Fotos von der Geschäftsführung, vom Firmengelände, Labors, Produkten

Das Bildmaterial sollte man sowohl in Hoch- als auch Querformat anbieten und in druckfähiger Auflösung hinterlegen. Für hochauflösende Fotos sollte man komprimierte ZIP-Dateien hinterlegen, um zu lange Downloadzeiten zu vermeiden.

Lange Downloadzeiten vermeiden

Was ist, wenn es keine eigene Presseabteilung gibt?
Der Verantwortliche für Presseanfragen

1. sollte jemand sein, der **nah an der Geschäftsführung** arbeitet. Schließlich muss er genau wissen, was an Projekten geplant ist, was „man sagen darf" und was besser im Unternehmen bleibt – und natürlich, was die Unternehmensziele sind. Denn diese sollen ja mit gut geplanter Pressearbeit unterstützt werden.
2. muss jemand sein, der das Unternehmen gut genug kennt, um mögliche **Experten ausfindig zu machen**, wenn er selbst eine Frage nicht beantworten kann.

Wichtig ist vor allem, dass stets sehr zeitnah geantwortet wird. Die meisten Journalisten arbeiten mit sehr kurzen Deadlines, oft muss noch am gleichen Tag gesendet oder gedruckt werden, und da kann eine verlorene Stunde schon das Aus für den Bericht über Sie bzw. die Erwähnung in der Presse bedeuten.

Unbedingt zeitnah antworten

Es gibt mittlerweile einige virtuelle Presse-Center, bei denen nach Bekunden der Betreiber Journalisten recherchieren. Als Anbieter kann man dort seine Pressemitteilungen oder ganze Pressemappen online hinterlegen. Was ist davon zu halten und wie trennt man die Spreu vom Weizen?

Das entscheidende Kriterium für mich ist der **Service für die Journalisten**. Was wird diesen geboten, damit sie gerne das Portal nutzen? Am wichtigsten sind dabei die **thematischen Selektier- und Recherchemöglichkeiten**: Sind die Pressemitteilungen thematisch gut sortiert? D.h., kann man sie gut nach Ressorts sortieren (Wirtschaft, Finanzen, Politik, Kultur etc.)? Gibt es die Möglichkeit für Journalisten, sich Pressemeldungen nach Branchen selektiert zusenden zu lassen, oder Ähnliches?

Neben der Möglichkeit, im Presse-Center selbst zu recherchieren, sollte man sich auch per Mail informieren lassen können. Außerdem nutzen

Benachrichtigungsmöglichkeiten

heute sehr viele Journalisten RSS-Feeds und lesen nur noch in ihrem Newsreader die kurzen Anreißer ihrer abonnierten Themen mit. Das Presseportal von newsaktuell.de bietet das z.B. bereits an.

Bekanntheitsgrad des Presse-Centers

Wenn es sich nicht gerade um ein thematisch spezialisiertes Presse-Center handelt (z.B. nur Wissenschafts- oder Umweltthemen), ist auch die Menge der Nutzer, also der Bekanntheitsgrad, entscheidend. Wer etabliert am Markt ist und viele Pressemeldungen veröffentlicht, wird auch eher bei Journalisten bekannt sein.

Wenn man sich unsicher ist, muss man genauer hinschauen: Wer steckt hinter dem Angebot? Oft sind die Presse-Center Angebote von etablierten Agenturen oder Medienfirmen. Hinter dem Presseportal von newsaktuell steckt z.B. die Nachrichtenagentur dpa. Sicher eine gute Adresse. Denn die sollten die Bedürfnisse der Journalisten kennen.

TEIL 3

Nutzen fremder Webangebote und Kooperationen

Im Internet ist alles miteinander verbunden. Mit geschickter PR und virtueller Zusammenarbeit haben Sie die Möglichkeit, eine marketingmäßige Lawine ins Rollen zu bringen. Werden Sie aktiv und tun Sie sich mit anderen zusammen beziehungsweise nutzen Sie bestehende Plattformen für Ihren optimalen Auftritt!

Werbeeffekt erhöhen, Kontakte knüpfen

Um auf Ihren Unternehmensauftritt aufmerksam zu machen, können Sie einen passiven Ansatz wählen und sich darum bemühen, dass auf Ihre Internetseite verwiesen wird. Sie können aber auch aktiv bei anderen Websites „mitmischen" und damit den Werbeeffekt zusätzlich erhöhen. Außerdem bieten sich im Netz hervorragende Möglichkeiten, Kontakte zu knüpfen.

7 Verlinkung

Bei der Verlinkung gibt es unterschiedlichen **Nutzen**, allerdings auch unterschiedliche **Konsequenzen**, die bedacht werden wollen:

- Der Link kann ein inhaltlicher **Mehrwert** für die Besucher Ihrer Website sein, z.B. verlinkt ein Online-Shop für Bastelbedarf auf Bastelseiten.
- Der Link kann eine Empfehlung auf **andere Dienstleister** sein, etwa Internetseiten von Partnerunternehmen oder Bekannten.

BEISPIELE

- Ein Finanzdienstleister verweist auf ein Steuerberatungsbüro, mit dem er hin und wieder zusammenarbeitet.
- Der Besitzer einer Druckerei verlinkt die Website seines Schwagers, der eine Autowerkstatt betreibt.

- Die Verlinkung kann **Prestigegründe** haben, etwa wenn Sie damit werben, für bestimmte, vielleicht renommierte Unternehmen tätig zu sein oder mit diesen zu kooperieren.
- Die Verlinkung kann auch **Werbeversprechen unterstreichen**, etwa wenn man eine breite Leistungs-/Produktpalette abdecken will, selbst aber nur einen Teil davon leistet.

BEISPIEL

Ein Grafiker bietet alle Leistungen einer Full-Service-Werbeagentur an und stellt per Link seine Partner vor: ein PR-Unternehmen, einen Internetprogrammierer und eine Druckerei.

- Die Verlinkung kann auch eine **Einnahmequelle** sein: Andere Internetseiten bezahlen dafür, dass auf Ihrer Seite ein Linkhinweis steht.
- Oder es handelt sich um einen so genannten **Linktausch**: Beide Seiten haben sich geeinigt, auf die jeweils andere Website zu verweisen.

Doch Vorsicht: Nicht jeder Link ist ein guter Link!

Zum einen ist immer relevant, in welchem **Umfeld** auf Ihre Website hingewiesen wird. Ich kann mich noch gut an eine Internetseite erinnern, deren Linkempfehlungsseite mit animierten Pin-up-Girls garniert war – und direkt daneben sollte unser Unternehmen präsentiert werden! Zum anderen ist die zentrale Frage stets, ob Sie eine für Sie **relevante Zielgruppe** erreichen.

Achten Sie unbedingt auf das Link-Umfeld

Beispiel

Wer hochpreisige Beratungen anbietet und nun auf einer Seite für Existenzgründer wirbt, der präsentiert sich bei einer Zielgruppe, die das nötige Kleingeld für diese Leistungen wohl (noch) nicht hat.

Letztlich hat ein Link immer auch Empfehlungscharakter – das kann **Folgen** haben, und zwar **positive und negative** (vgl. Kap. 7.2.1).

7.1 Verlinkungen, die auf Ihre Website hinweisen

Nutzen Sie den **Multiplikationseffekt** im Netz: Je mehr Links auf Ihre Website führen, desto mehr können Sie von den Besuchern der entsprechenden Internetseiten profitieren, die diese wiederum weiterempfehlen, wenn Ihre Website überzeugend ist.

Außerdem sortieren einige **Suchmaschinen**, wie schon erwähnt beispielsweise Google, ihre Ergebnisse danach, wie viele Fremdlinks auf eine Website führen. Der Gedanke dahinter ist, dass die Webinhalte besonders relevant und interessant sein müssen, je mehr andere Seiten diese verlinken (vgl. Kap. 6.1). Doch wie kommt man zu einer Verlinkung?

7.1.1 Datenbanken nutzen

Branchendienste, Verbände, Adressbücher – es gibt zahlreiche Websites, die davon leben, dass man sich bei ihnen einträgt. Der Eintrag ist in der Regel **kostenfrei**.

Recherchieren Sie gezielt die Seiten, die die von Ihnen angestrebte Zielgruppe ansprechen.

Natürlich ist es außerdem empfehlenswert, kostenfreie Einträge in allgemeinen Adressbüchern „mitzunehmen“.

Es gibt auch Einträge, die **kostenpflichtig** sind: So unterscheiden einige Plattformen zwischen Standardeinträgen, bieten aber auch weitere Eintragfeatures – wie etwa das Einbinden eines Logos, eine Kurzvorstellung etc. –, die allerdings in Rechnung gestellt werden.

Es gibt kostenfreie und kostenpflichtige Einträge

7.1.2 Profile und Signaturen

Sind Sie im Netz unterwegs, etwa in **Foren** oder in **Gästebüchern**, dann nutzen Sie immer den Hinweis auf Ihre Website. Gerade große Communities haben ein wahnsinniges Potenzial, da diese oft Nutzerzahlen in den Tausenden haben.

Immer auf Ihre Website hinweisen

In den meisten Foren ist es möglich, ein **User-Profil** auszufüllen, in dem neben einem Foto auch die Möglichkeit gegeben ist, sich selbst kurz vorzustellen und auf die eigene Homepage zu verlinken. Füllen Sie derlei Profile immer aus (es sei denn, Sie sind bewusst incognito unterwegs) und nutzen Sie diese Verlinkungsmöglichkeit!

Auch ist es absolut üblich und akzeptiert, dass man im Internet **unter eigene Nachrichten eine Signatur** setzt, in der man auf seine eigene Seite verweist. Ausnahme ist, wenn die entsprechende Plattform das per Nutzerbedingungen ausdrücklich untersagt.

Diese kostenlose Möglichkeit, Ihre Website zu verlinken, ist einerseits interessant für die direkte Ansprache der für Sie relevanten Zielgruppe, andererseits ist hier aber auch der **Mundpropaganda-Effekt** spannend.

Beispiel

Eine Übersetzerin ist privat im Fan-Forum einer Fernsehserie unterwegs. Sie postet fleißig mit und kennt schon eine Menge Leute dort. In ihrem Profil steht, dass sie Französisch-Übersetzerin ist, außerdem ist ihre Website verlinkt. Jeder User in diesem Forum ist ein potenzieller Geschäftskontakt, und sei es nur in der Konstellation, dass ein Schwager eines Nutzers beim Kegeln verlauten lässt, er brauche eine Übersetzung eines französischen Unternehmensprospektes.

Mehr zum Nutzen von Internetforen für Ihren Geschäftserfolg finden Sie in Kap. 9.1.

7.1.3 Sich in Linklisten eintragen

Es gibt zahlreiche Privat- und Geschäfts-Websites, die ihren Besuchern Linklisten zur Verfügung stellen. Manche sind automatisiert, sodass man sich selbst ganz einfach eintragen kann.

Kurzinfos über Sie und Ihre Experteneigenschaften

Meine Empfehlung: Formulieren Sie für diesen Fall eine kurze und prägnante Kurzvorstellung (oder mehrere, je nach Zielgruppe), die die Besucher dazu angeregt, auf den Link zu klicken.

Beispiel

Ein Finanzdienstleister hat eine interessante Website aufgebaut, die neben seinen Leistungen auch Tipps zur Geldanlage enthält. Er nutzt folgende Kurzbeschreibungen:

- www.firma.de: Finanzdienstleistungen Gerhard Müller, Düsseldorf
- www.firma.de: Viele Tipps zur guten und sicheren Geldanlage!
- www.firma.de: Online-Tipps zur Geldanlage – vom Profi

Auf welchen dieser Linkhinweise würden Sie am ehesten klicken?

Einige Linklisten bieten die Möglichkeit, sich einzutragen. Die Einträge werden dann jedoch als Vorschlag zunächst zum Betreiber der Plattform geschickt, der sich dann ein Bild macht und auswählt, was er online stellt.

Auch hierfür ist es wichtig, Ihre **Webinhalte interessant vorzustellen**. Der Verweis auf rein kommerzielle Seiten erfolgt bei vielen Plattformen auch im Rahmen umfassender Linklisten nicht.

7.1.4 Geschäftskontakte und Bekannte fragen

Unternehmen, mit denen Sie zusammenarbeiten, oder auch Familie, Freunde und Bekannte können bezüglich einer Verlinkung ebenfalls helfen.

Fragen Sie Ihre Kontakte, die eine eigene Internetseite haben, ob diese einen Link setzen würden. Wenn Sie selbst planen, auf deren Website zu verweisen, ist es gut, das direkt anzubieten. Überlegen Sie sich aber, bevor Sie einen Linktausch anbieten, genau, ob Sie auch wirklich zu tauschen bereit sind.

Aber auch Bekannte, die keine eigene Website haben, können interessant sein: Diese könnten beispielsweise in ihren Kurzprofilen in Foren auf Ihre Webadresse verweisen.

Auch ohne eigene Website kann man auf Sie hinweisen

7.1.5 Für Sie interessante Plattformen ansprechen

Es ist auch immer eine gute Möglichkeit, andere Website-Betreiber einfach anzusprechen und zu fragen, ob diese einen Link setzen würden. Auch hier müssen Sie sich natürlich klar dazu äußern, ob ein Linktausch eine Möglichkeit ist.

Die meisten Plattformen sind an informativen Websites durchaus interessiert, da diese auch einen Mehrwert für deren Besucher darstellen können. Reine Imagesites, die nur kommerzielle Inhalte enthalten, sind jedoch in den wenigsten Fällen interessant genug.

Nur kommerzielle Inhalte sind nicht so interessant

Vieles im Netz ist gratis. Doch auch wenn eine Verlinkung etwas kostet, lohnt sich ein näherer Blick. Es kann für Sie durchaus sinnvoll sein, eine kostenpflichtige Verlinkung zu buchen.

Je attraktiver Ihre Internetseite inhaltlich ist, desto mehr kostenfreie Verlinkungen bekommen Sie ohnehin!

Banner und Logos zur Verfügung stellen

Manche Internetseiten bringen nicht nur einen Textlink, sondern binden auch das Logo oder eine Werbegrafik („Banner") mit ein.
Wenn Sie die entsprechenden Daten in **unterschiedlichen Standard-Größen** zur Verfügung stellen, haben Sie mehr Kontrolle darüber, dass Sie in einer Weise präsentiert werden, die Ihrer gewünschten Wirkung auch entspricht. So passiert es nicht, dass jemand ein Logo ungeschickt komprimiert und es daher in schlechter Qualität angezeigt wird. Sie können auch mit unterschiedlichen Bannern auf verschiedene Leistungen aufmerksam machen.
Sehr schön ist es auch, **verschiedene Farbkombinationen** zu berücksichtigen, damit sich das Banner in das Layout der anderen Seite gut einfügt.

Mehr zu den Standardformaten bei Werbebannern finden Sie im Kapitel 7.2.2.

7.2 Link-Empfehlungen zu anderen Websites

Prüfen Sie Ihre Link-Empfehlungen sorgfältig

Sofern Sie planen, eine andere Internetseite zu verlinken, etwa um Mehrwert für Ihre Besucher zu bieten, weil Sie um einen Link gebeten werden oder aber einen Linktausch planen, ist es sehr wichtig, dass Sie sich immer die Zeit nehmen, sich die andere Website ganz genau anzusehen.

7.2.1 Empfehlungscharakter – und die Folgen

Alle Link-Tipps, die Sie auf Ihrer Website anbringen, sind Empfehlungen von Ihnen. Deshalb sollten Sie immer nur Websites in Ihre Webtipps aufnehmen, die Sie auch selbst gut finden. „Gut" heißt in diesem Fall, dass ein Nutzen für Ihre Besucher entsteht. Dieser kann in **weiterführender Information** oder **interessanten Kontakten** bestehen.

Firmenwebsites, die keine weiteren Informationen bieten, sollten Sie nur dann empfehlen, wenn Sie **persönliche Erfahrungen** oder verlässliche Empfehlungen haben. Stellen Sie sich vor, Sie empfehlen ein Unternehmen, das sich als schlecht oder unzuverlässig herausstellt – das würde negativ auf Sie zurückfallen!

Bieten Sie auf Ihrer Plattform die Möglichkeit, sich selbst in eine Linkliste einzutragen, ist es wichtig, dass Sie diese Einträge niemals freischalten, ohne sie vorher zu prüfen!

Linkliste gut strukturieren

Jede Linkliste, die wirklichen Mehrwert bieten soll, profitiert von einer guten Struktur und von einer **aussagekräftigen Beschreibung**. Je umfassender oder thematisch gemischter die Empfehlungen sind, desto wichtiger sind **sinnvolle Rubriken**.

Auch sollten die Web-Empfehlungen ein paar Sätze mit einer **persönlichen Zusammenfassung** enthalten bzw. eine Erklärung darüber, warum man auf die andere Website verweist. So werden die Links noch besser angenommen und haben für die verlinkten Seiten noch mehr Effekt.

PRAXISTIPP

Die Verlinkung auf Gegenseitigkeit hat sich im Internet eingebürgert. Ein generelles Tauschversprechen ist, wie gesagt, nicht empfehlenswert!
Ich selbst bin bei entsprechenden Tauschanfragen immer gut damit gefahren, von vornherein klar zu sagen, dass ich einem Linktausch nicht automatisch zustimme, sondern mir erst ein Bild von der anderen Website machen möchte. In Fällen, in denen mich die andere Website nicht überzeugt oder ich sie nicht als Mehrwert für meine Web-Besucher empfinde, sage ich freundlich ab. Sofern die andere Seite im Gegenzug dann auch nicht mehr auf unsere Website verlinken möchte, ist das nicht zu ändern.

Auf Verhältnismäßigkeit achten

Gehen Sie auf einen Tausch ein, achten Sie bitte auch darauf, wie das Tauschgeschäft tatsächlich aussieht. Ist Ihre Internetseite bereits sehr gut besucht? Haben Sie eine eingeführte Domain oder hat Ihr Unternehmen einen guten Ruf und so gute Kontakte, dass Sie Ihrem „Tausch-Partner" eine ganze Menge mehr bieten als er selbst?

Wenn das Verhältnis, das sich hier ergibt, sehr ungleichgewichtig ist, sollte verhandelt werden.

7.2.2 Text-Link oder bebildert?

Hier geht es um die Frage, ob auf der eigenen Website nicht nur Text-Links angeboten, sondern auch Logos oder Werbebanner eingebunden werden sollen.

Planen Sie, ein **Firmenlogo** einzubinden, sollten Sie das betreffende Unternehmen immer um Erlaubnis bitten! Zum einen ist es eine gute Möglichkeit, wieder in Kontakt zu treten, z.B. mit Ihren Kunden, wenn Sie eine Referenzliste erstellen möchten. Zum anderen sind viele Firmen – zu Recht – wählerisch, wo ihr Logo erscheint.

Abbilden eines Logos immer genehmigen lassen

Auch kann es zu rechtlichen Problemen kommen, wenn man das Logo eines Unternehmens unerlaubt abbildet.

Definieren Sie Abmessungen und Dateigrößen für einen Bild-Upload

Sofern Sie mit **interaktiven Elementen** arbeiten, zum Beispiel ein Gästebuch oder ein Forum haben, überlegen Sie sich gut, ob Sie den Upload von Bildern gestatten (wenn ja: Dateiformate definieren, Abmessungen und Dateigrößen unbedingt begrenzen!). Sonst haben Sie schnell das Problem, dass die Gestaltung Ihrer Website leidet, wenn ein Sammelsurium aus **unterschiedlichen Farben, Formen und möglicherweise sogar Animationen** untereinander erscheint.

Besonders schlecht ist aber, dass es auch einen negativen Eindruck machen kann, wenn „Hinz und Kunz" Bilder hochladen können.

Beispiel

Oft gesehen: Einträge in Gästebüchern und Foren, in denen die Werbebanner dominieren. Extrembeispiel sind Unternehmenswebsites, in deren Gästebuch lauter Banner von Sexseiten eingestellt wurden, die vom Administrator rätselhafterweise auch nicht gelöscht werden.

Immer den Überblick behalten

Wie im fünften Kapitel „Interaktive Werkzeuge" schon näher beschrieben, tragen sich fremde Anbieter, insbesondere Strukturvertriebe (MLM), Partnerprogramm-Teilnehmer, Sexseiten & Co. gerne in Foren und Gästebüchern ein, um für sich Werbung zu machen.

Bei einer professionell genutzten Internetseite ist es deshalb elementar, dass Sie die absolute Kontrolle darüber behalten, was in welcher Form eingebunden wird.

Entscheiden Sie sich dafür, Logos oder Banner zu veröffentlichen, achten Sie bitte unbedingt darauf, dass

- das **Gesamtlayout** Ihrer Seite **stimmig** bleibt,
- eine **gute, übersichtliche Struktur** gewährleistet ist (zu viele unterschiedliche Elemente in Form und Farbe bzw. Animationen stören nicht nur das Gesamtbild, sondern erschweren auch den Lesefluss),
- Animationen nur vereinzelt erscheinen und langsam eingestellt sind.

Praxistipp

Möchten Sie unbedingt ein Werbebanner einer Fremdseite einbauen, um Ihre Link-Seite mit Bildelementen aufzulockern, dann bitten Sie ggf. die andere Seite, Ihnen ein Banner zu erstellen, das sich in Ihr Layout einfügt.

7.2.3 Aktualität und Pflege

Unbedingt auf Aktualität achten

Das Internet ist schnelllebig: Websites verschwinden, werden verkauft, ändern ihre Inhalte und Struktur etc. Hierdurch kann ein Link plötzlich ins Leere führen oder auf eine völlig andere Website, die Ihnen gestalterisch oder inhaltlich gar nicht gefällt. Im Extremfall ist die Internetseite nicht nur kein Mehrwert mehr für Ihre Besucher, sondern verärgert diese sogar.

Beispiel

Ein Unternehmen kauft populäre Domains auf und leitet diese auf seine kostenpflichtigen Internetseiten mit zweideutigen Inhalten um, um die Interessenten der Ursprungsseiten abzuschöpfen.

Wenn Sie auf Ihrer Website eine Linkliste anbieten, ist es wichtig, diese in regelmäßigen Abständen zu prüfen. Dann können Sie geänderte Links korrigieren bzw. nicht mehr vorhandene oder nicht mehr empfehlenswerte Websites entfernen.

Bitten Sie Ihre Besucher, Sie zu informieren, wenn ein Link ins Leere führt

Linklisten mit „toten" Links erwecken den Anschein, dass sie nicht gepflegt werden. Außerdem ist es ärgerlich für Besucher, wenn sie auf Linkempfehlungen klicken, bei denen jeder zweite nicht mehr aktuell ist. Mein Empfehlung: Bitten Sie Ihre Besucher darum, Sie zu informieren, wenn ein Link ins Leere führt.

PRAXISTIPP

Am besten richten Sie Links, die auf eine andere Website führen, so ein, dass sich ein neues Browserfenster öffnet. Damit stellen Sie sicher, dass Besucher nicht automatisch Ihre Website verlassen, nur weil sie einer interessanten Empfehlung folgen. Außerdem laufen Sie so nicht Gefahr, unwissend das Urheberrecht zu verletzen, etwa indem Sie fremde Inhalte in eigene Frameseiten laden.

7.2.4 Verlinkung und Recht

Im Folgenden lesen Sie das Interview mit dem Rechtsanwalt Michael H. Heng (www.advocatus.de), spezialisiert auf Medienrecht, Online- und EDV-Recht.

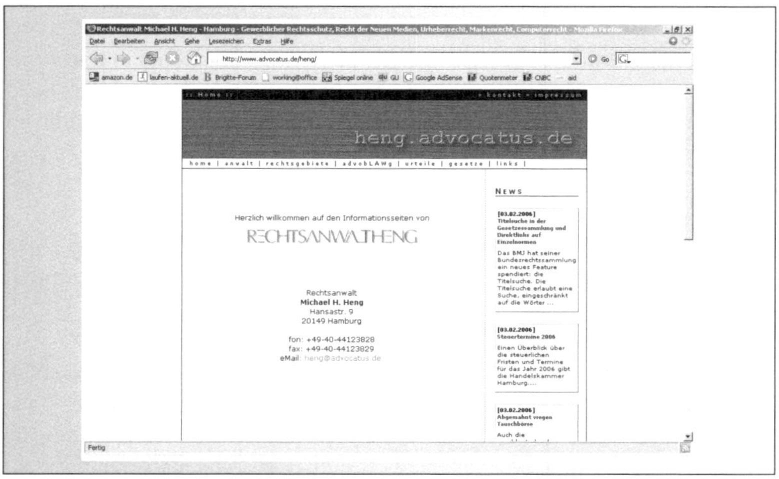

Abb. 17: Screenshot http://www.advocatus.de

Was muss man als Webseiten-Betreiber bei Verlinkungen beachten?
Hyperlinks gehören zu den wesentlichen Grundlagen des Internets – ohne Verlinkungen wäre das Internet, wie wir es kennen, nicht möglich.

Trotz dieser erheblichen Relevanz für das Funktionieren des Internets sind Verlinkungen von der eigenen auf andere Internetseiten spezialgesetzlich nicht geregelt, sodass für die rechtlichen Haftungsfragen die so genannten „allgemeinen" Gesetze heranzuziehen und allgemeine Verantwortlichkeitsregelungen aus den bestehenden Gesetzen abzuleiten sind.

Haftung für „eigene Inhalte" uneingeschränkt

Für Teledienste, zu denen Internetseiten in der Regel gehören, sind insbesondere die Regelungen der §§ 9–11 Teledienstegesetz (TDG) maßgeblich. Nach diesen haftet der Webseiten-Betreiber natürlich für Inhalte, die er selbst eingestellt hat – so genannte **„eigene Inhalte"** –, uneingeschränkt.

Für **„fremde Inhalte"**, die er zur Nutzung bereithält, haftet der Webseiten-Betreiber nach § 11 TDG, wenn er die Inhalte kannte und es ihm technisch möglich und zumutbar war, die Verweisung zu unterbinden. Dabei ist erforderlich, dass der Webseiten-Betreiber **positive Kenntnis** besitzt und den rechtswidrigen fremden Inhalt nicht nur „hätte kennen müssen".

Bei Verlinkungen fremder Internetseiten stellt sich nun die Frage, ob man lediglich auf die dort vorgehaltenen Inhalte – ähnlich einer Fußnote als Quellenangabe – verweist, also den **Zugang neutral** vermittelt, oder ob man z.B. durch beschreibende, bejahende, zustimmende Zusätze zum eigentlichen Link deutlich macht, dass man sich **mit den verlinkten Inhalten identifiziert** und diese gutheißt.

Im letztgenannten Fall hat man sich nach mittlerweile überwiegender Auffassung die Inhalte der fremden Internetseite „zu eigen gemacht" und haftet für diese Inhalte wie für eigene Inhalte.

Vor Verlinkung sorgfältig prüfen

Ob man sich fremde Webseiten-Inhalte zu eigen gemacht hat und in Konsequenz dessen auch **für die Inhalte haftbar** gemacht werden kann, wird natürlich erst dann relevant, wenn es sich bei den fremden Inhalten um strafbare oder sonst rechtswidrige Inhalte (z.B. Markenverletzungen) handelt. Eine sorgfältige Prüfung der entsprechenden Seiten vor der Verlinkung ist daher selbstverständlich.

Hat sich der Webseitenbetreiber die verlinkten Inhalte auch „zu eigen gemacht", ist die Überprüfung derselben in regelmäßigen Abständen durchaus angebracht.

Fremde, verlinkte Internetseiten grundsätzlich in einem neuen Browserfenster öffnen lassen

Um bei fremden Inhalten ein „Zu-eigen-Machen" zu verhindern, sollte man das Verlinken – und damit die Darstellung – einer fremden Internetseite in einem Frame auf der eigenen Internetseite tunlichst unterlassen, da hierdurch für den Betrachter so gut wie überhaupt nicht erkennbar ist, dass der im Frame dargestellte Inhalt in Wirklichkeit von einer fremden Internetseite kommt. Für die in diesem Falle verlinkten fremden Inhalte dürfte der Webseitenbetreiber in vollem Umfange haftbar sein.

Ebenfalls kann ein Verlinken innerhalb des gleichen Browserfensters zu einem „Zu-eigen-Machen" der fremden Inhalte führen. Möchte man hier sichergehen, sollte man fremde, verlinkte Internetseiten grundsätzlich in einem neuen Browserfenster öffnen.

Weit verbreitet sind Disclaimer à la „Mit dem Urteil vom 12. Mai 1998 hat das Landgericht Hamburg entschieden, dass man durch die Anbringung eines Links die Inhalte der gelinkten Seite gegebenenfalls mit zu verantworten hat. Dies kann nur dadurch verhindert werden, dass man sich ausdrücklich von diesen Inhalten distanziert.“ Wie ist diese Mit-Haftung für fremde Inhalte zu sehen? Welche negativen Konsequenzen wären denkbar? Bringen solche Disclaimer überhaupt etwas?

Der vorgenannte Disclaimer unter Bezugnahme auf das Urteil des Landgerichts Hamburg ist – obwohl in unzähligen Varianten genutzt – tatsächlich Unfug und rechtlich in den überwiegenden Fällen uninteressant. Wenn man das zitierte Urteil liest, wird man feststellen, dass der im dortigen Fall gesetzte Disclaimer gerade nicht in der Lage war, die Verantwortlichkeit des Verlinkenden zu verhindern.

Haftung bei Kenntnis von der Rechtswidrigkeit von Inhalten

Rechtlich maßgeblich ist immer, ob sich der Verlinkende die fremden Inhalte, wie zuvor dargestellt, zu eigen macht. Hatte er darüber hinaus Kenntnis von der Rechtswidrigkeit der Inhalte, kann ihn kein Disclaimer von der Haftung befreien.

Die Benutzung eines Disclaimers kann sogar **kontraproduktiv** sein. Es gibt Fälle, in denen aus dem Vorhandensein eines Disclaimers geschlossen wurde, dass der Verwender des Disclaimers die Rechtswidrigkeit der verlinkten Seiten kannte und durch den Disclaimer lediglich versuchte, sich aus der Haftung zu stehlen.

Zusammenfassend ist die **Verwendung eines Disclaimers** im besten Falle **nutzlos und überflüssig**, im schlimmsten Falle ein Hinweis auf ein möglicherweise vorhandenes Unrechtsbewusstsein.

8 Content-Kooperation

Das Anbieten eigener Inhalte auf anderen Internetseiten bzw. das Einbinden von Fremdcontent auf der eigenen Website ist eine nutzbringende Kooperationsmöglichkeit:

Vorteile, die Sie durch Content-Kooperation erzielen können	
Ihre Inhalte auf fremden Websites	**Fremde Inhalte auf Ihrer Website**
Mit redaktionellen Artikeln oder Tipps auf Ihre Website aufmerksam machen	Interessanter Mehrwert trotz fehlender eigener Inhalte
Durch die zugehörige Verlinkung auf Ihre Domain erhöhen Sie die Relevanz bei Suchmaschinen	Eigener Content kann durch Fremdinhalte ergänzt werden

Vorteile, die Sie durch Content-Kooperation erzielen können	
Je nach Kooperationsart ist ein Zusatzverdienst möglich (Content gegen Bezahlung)	Bekanntheitsgrad und Ansehen der Webite kann gesteigert werden, wenn bekannte Experten bzw. hochwertige Inhalte geboten werden

8.1 Inhalte anbieten

Welche Webseiten sprechen Ihre Zielgruppe an?

Haben Sie eigenen Content, sollten Sie aktiv werden und eine Kooperation vorschlagen. Zuvor ist es wichtig, gezielt nach Internetseiten zu recherchieren, die die von Ihnen gewünschte Zielgruppe ansprechen.

Um eine erfolgreiche Content-Kooperation zu erreichen, ist **wichtig**:

- Schicken Sie eine **individuell verfasste, aussagekräftige E-Mail**, stellen Sie sich kurz und prägnant vor und sagen Sie konkret, welche Art von Kooperation Sie sich vorstellen. Ein Anruf ist natürlich auch möglich. Allerdings empfiehlt sich eine Vorab-E-Mail mit den grundsätzlichen Informationen, damit der Gesprächspartner bereits informiert ist.
- Kommunizieren Sie deutlich, was und welche Form von **Content** Sie anbieten und warum Sie glauben, dass dieser Content für die Seite von Belang ist.

PRAXISTIPP

Sagen Sie klar, was Sie sich als **Gegenleistung** vorstellen! Im Businessbereich ist vielen Unternehmen der Werbeeffekt wichtiger als eine Bezahlung. Da im Internet zudem sehr viel Content kostenfrei erhältlich ist, ist es hier üblich, einen Copyrightvermerk zu machen und auf Ihre Internetseite zu verlinken. Sofern Sie sich aber eine Bezahlung vorstellen, müssen Sie das von vornherein sagen. Dann gibt es für beide Seiten keine unnötige Zeitverschwendung, wenn dies nicht akzeptiert wird.

Leider sieht das Anbahnen von Kooperationen oft sehr betrüblich aus. **Typische Fehler** sind:

Individualisieren Sie die Kontaktaufnahme

- Die Kontaktaufnahme erfolgt offensichtlich durch einen **Serienbrief**, erkennbar durch einen eindeutig generischen Verteiler mit einer unsichtbaren BCC-Verteilerliste oder sogar durch einen sichtbaren Verteiler. Letzteres ist zudem ein Faux-pas, da nicht nur erkennbar ist, wen man alles angeschrieben hat, sondern auch, dass man es mit dem Datenschutz offensichtlich nicht sehr genau nimmt.
- Die **Anrede ist allgemein** „Sehr geehrte Damen und Herren", auch wenn die Adresse persönlich ist. Meist liest man hier sogar einen Standardsatz à la „ich habe mir Ihre Internetseite intensiv angesehen und ich

finde sie interessant", aus dem Text selbst geht jedoch hervor, dass das offenbar nicht stimmt.
- Die E-Mail ist zu kurz und zu wenig aussagekräftig („stelle mir eine Kooperation vor" – Was genau und wie?) oder im Gegenteil viel zu lang und ausschweifend.
- Es gibt **zu viele oder zu große Dateianhänge**, meist lange Word-Dokumente oder auch zu große und unnötige Powerpoint-Präsentationen. Abgesehen von der Virenthematik ist es auch eine Zumutung, den Empfänger mit ungebetenen – und unnützen – Romanen zuzuschütten.

Große Dateianhänge vermeiden

Kommt es zu einer Content-Kooperationen, **beachten** Sie unbedingt folgende Punkte:
- Es muss klar vereinbart sein, wofür die andere Website Ihre Inhalte nutzen darf: Nur für die Internetseite oder auch für andere Websites? Für Werbemittel? Für einen begrenzten Zeitraum oder für immer? ...

- Geben Sie einen **Copyrightvermerk** vor, der deutlich sichtbar direkt **am Artikel** platziert werden muss. Schnell „passiert es", insbesondere im Internet, dass von anderen Websites abgeschrieben wird oder Inhalte 1:1 übernommen werden und hinterher nicht mehr klar ist, was von wem stammt.

- Achten Sie darauf, dass der Copyrightvermerk gut **Werbung für Ihr Unternehmen** und Ihre Internetseite macht. Die Leser begeben sich nur auf Ihre Website, wenn der Vermerk aussagekräftig genug ist. Hier gibt es verschiedene Möglichkeiten: Je nach Vereinbarung kann der Vermerk kurz und knapp sein, aber auch ein umfassender Kasten mit einem Kurzprofil zu Ihren Leistungen ist denkbar. Geben Sie Ihrem Kooperationspartner jedenfalls unbedingt vor, wie Ihr Copyright-Nachweis lauten soll! Sie selbst wissen am besten, welche Schwerpunkte Sie setzen möchten, damit neben Ihrem Unternehmen auch Ihre Website gut beworben wird. Sofern Sie ein gutes Foto von sich haben, lassen Sie dieses mit einbinden, so wird es noch persönlicher.

Klare Vorgaben für den Copryrightvermerk machen

Abb. 18: Copyright-Nachweis Gitte Härter

- Legen Sie immer fest, ob die **Inhalte exklusiv oder nicht-exklusiv** sind. Nicht-exklusiv ist empfehlenswert, weil Sie dieselben Inhalte auch

Informieren bei Weiterverwertung

weiterhin in unterschiedlichen Medien verbreiten können. Natürlich gebietet es die Fairness, dass Sie andere Websites davon in Kenntnis setzen, wenn dieselben Inhalte auch auf anderen Internetseiten zu lesen sind. Auch sollte klar sein, dass und ob Sie die Texte auf Ihrer eigenen Website veröffentlichen. Insbesondere wenn Sie Content verkaufen, ist das wichtig, denn exklusives Erstellen von Inhalten hat einen anderen Preis als Nichtexklusivität.

- Bei bezahlten Inhalten sollten Sie bei der Kalkulation des **Honorars** darauf achten, dass dieses **angemessen** ist (auch die Nutzungsdauer einkalkulieren bzw. Honorar an eine bestimmte Dauer knüpfen).

- Werden Ihre **Inhalte bearbeitet** (z.B. gekürzt oder umgeschrieben), ist es wichtig, dass Sie immer zuerst **prüfen**, was gemacht wurde, und dann erst die Veröffentlichung freigeben. Sonst kann es sein, dass Ihre Inhalte verändert oder irrtümlich falsch dargestellt werden und Ihr Ruf leidet.

- Machen Sie sich auch immer ein Bild davon, **in welcher Form** (Layout, Gestaltung, Struktur) Ihre **Inhalte präsentiert** werden sollen. Sollten Texte schwer lesbar sein oder gar Fehler aufweisen, fällt das auf den Autor zurück.

- Bieten Sie immer nur Content an, bei dem Sie das **volle Urheberrecht** haben! Leider kommt es im Alltag immer wieder vor, dass Inhalte von anderen übernommen und als die eigenen ausgegeben werden. Das führt nicht nur zu rechtlichen Problemen und hohen Kosten, sondern ruiniert die eigene Glaubwürdigkeit, was sich durchaus herumspricht.

8.2 Fallbeispiel: Die Website durch Content bekannt gemacht

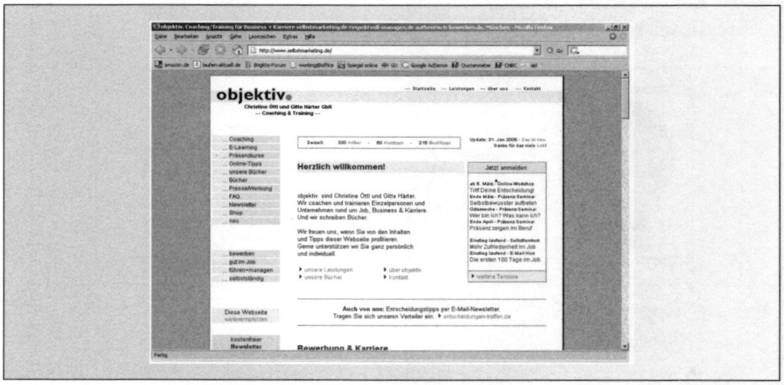

Abb. 19: Screenshot http://www.selbstmarketing.de

ECKDATEN: OBJEKTIV.
COACHING UND TRAINING FÜR BUSINESS & KARRIERE

Zielgruppe: alle, die zufrieden und gut in ihrem Beruf sein möchten
Online seit: 1999
Besucher: ca. 1.100 täglich
Newsletter: monatlich, ca. 5.000 Abonnenten
Die Aussagen sind zwischen Christine Öttl – Mitgründerin und Partnerin – und mir abgestimmt.

Die Ausgangssituation

Namen möglichst schnell bekannt machen

Zu Beginn unserer Selbstständigkeit als Trainer für Business und Karriere kannte uns natürlich noch niemand. Das Internet war damals die nächstliegende und kostengünstigste Werbemöglichkeit, um unsere Namen möglichst schnell allgemein bekannt zu machen. Unser Ziel war **„passive Akquise"**: Unsere Kunden sollten sich bei uns melden.

Die Entwicklung

Der erste Schritt war eine reine Image-Website, die wir uns von einer Webdesignerin machen ließen: Vorstellen des Unternehmens, der Leistungen und Termine. Außerdem boten wir anderen Internetseiten Content an: Bewerbungstipps gegen Link auf unsere Website.

Einige Monate später überarbeiteten wir die Website und veröffentlichten unsere Tipps und Artikel auf unserer eigenen Internetseite. Diese programmierten wir mittlerweile auch selbst, da das viel schneller ging und preiswerter war, als bei jedem Update einen externen Dienstleister zu bezahlen.

Das gesamte erste Jahr kontaktierten wir kontinuierlich andere Websites (vor allen Dingen Online-Stellenmärkte) und boten unsere Bewerbungstipps gegen Kurzvorstellung und Verlinkung an. Dadurch erreichten wir innerhalb weniger Monate, dass man beim Thema Bewerbung im Netz schon kaum mehr an uns vorbeikam.

Dann kam das Internet-Hoch: Websites und Portale schossen wie Pilze aus dem Boden, es wurden Online-Redaktionen eingerichtet und Content war gefragter denn je. So bekamen wir Anfang 2000 häufig Anfragen von Websites hinsichtlich Content-Kooperationen.

Hauptziel: Bekanntheitsgrad erhöhen

In dieser Zeit haben wir (bis auf wenige Ausnahmen mit Exklusiv-Content, der eigens erstellt und bezahlt wurde) unsere **Inhalte nicht-exklusiv** vergeben und das **kostenfrei**, da das Ziel **„Bekanntheitsgrad erhöhen"** war.

Außerdem haben wir ein eigenes Internetforum eingerichtet für Bewerberfragen und haben kurzzeitig auch **Karriereforen** bei einer Businesszeitschrift und einem großen Provider betreut.

Die Wichtigkeit des Domainnamens

Da unser Firmenname objektiv bereits vergeben war und auch gute, kurze generische Begriffe wie bewerbung.de schon weg waren, entschlossen wir uns für authentisch-bewerben.de.

Im ersten Jahr ergeben sich bei vielen frischen Unternehmen oft Änderungen in der Leistungs-/Produktpalette. So auch bei uns. Da wir einen Schwerpunkt auf Management und Mitarbeiterführung legten, passte der ursprünglich von uns gewählte Domainname nicht auf diese Zielgruppe. Darum bauten wir eine zweite Website auf – respektvoll-managen.de –, die gestalterisch der Bewerberseite glich, aber andere Farben hatte. Wir verlinkten untereinander, aber konnten so die unterschiedlichen Zielgruppen individuell mit Domain und Webinhalten ansprechen.

Nach zwei Jahren kam die Zielgruppe „Selbstständige" hinzu. Da hier erneut die Domainnamen zu speziell waren, reservierten wir uns selbstmarketing.de.

Alte Verlinkungen umleiten auf aktuelle Adresse

Seit Frühjahr 2002 sind alle separaten Websites zusammengefasst unter der Domain selbstmarketing.de erreichbar. Auch die anderen Webadressen haben wir behalten und auf unsere Hauptdomain umgeleitet. So gehen alte Verlinkungen nicht ins Leere.

E-Mail-Newsletter

Im Februar 2001 starteten wir mit einem Bewerbungsnewsletter. Ende 2005 hatten wir fast 5.000 Abonnenten (unzustellbare Adressen werden regelmäßig gelöscht). Der Newsletter erscheint monatlich und enthält sehr viel Content:

- ein praktischer Kurztipp
- vier komplett neue Artikel zu unseren Fachgebieten Bewerbung/Karriere, Motivation, Kommunikation, Selbstmanagement, Mitarbeiterführung, Selbstständigkeit
- Buchtipps
- Informationen zu unseren Büchern und Leistungen

Dabei werden die einzelnen Artikel jeweils angerissen („Teaser") und der entsprechende Link ergänzt, wo der gesamte Artikel zu lesen ist.

Ein Newsletter bedeutet sehr viel Arbeit

Der Newsletter ist fast kostenfrei (bis auf das Hosting), allerdings bedeutet er monatlich sehr viel Arbeit für das Erstellen des Contents und die umfassende Aktualisierung der Website. Die Internetseite wächst so allerdings kontinuierlich und enthält mittlerweile über 300 umfangreiche Artikel und weitere Tipps. Dadurch ist sie nicht nur für bestehende Kunden immer wieder aufs Neue interessant, sondern auch für neue Besucher. Außerdem ist die Website weiterhin gut verlinkt.

Durch diese Links und unsere eigenen umfassenden Informationen werden wir in Suchmaschinen zu fast allen für uns relevanten Begriffen sehr weit oben gelistet.

8.3 Fremden Content auf der eigenen Site anbieten

Möchten Sie fremde Inhalte auf Ihrer Website veröffentlichen, um Ihren Besuchern Zusatznutzen zu bieten, gelten die gleichen Empfehlungen wie in Kapitel 8.1 beschrieben natürlich auch umgekehrt: Mit dem Urheber ganz genau vereinbaren, was, wie und in welcher Form genutzt werden darf, für wie lange und mit welcher Gegenleistung.

Klare Vereinbarungen treffen

Darüber hinaus sollten Sie jedoch folgende Dinge bedenken:

- Achten Sie darauf, dass die veröffentlichten Inhalte Ihre Produkt- bzw. Leistungspalette stützen. Überlegen Sie sich vorher ganz genau, was Sie veröffentlichen möchten und was Sie damit bezwecken! Nur so können Sie abwägen, ob das Werkzeug – in diesem Fall der Einbau von Fremdinhalten – dieses Ziel überhaupt stützt. Vielleicht stellt sich heraus, dass Sie glauben, Ihre Website damit interessanter zu machen, dass aber Ihr Businessalltag schon so ausgefüllt ist und andere Akquiseaktionen ohnehin schon erfolgreich genug sind, dass Sie mit einer guten Imageseite zufrieden sein können.

- Geht es darum, Besuchern die eigenen Themen und Kompetenz nahezubringen, ist es unter Umständen nicht anzuraten, (zu viel) fremden Content anzubieten. Sonst kann es sein, dass Sie an Überzeugung einbüßen und den Fokus auf den Fremdautoren richten. Hier ist es besser, den Content selbst zu erstellen. Wer sich schwertut mit dem **Schreiben**, kann dieses Defizit entweder durch Seminare ausbügeln oder aber sich Unterstützung vom Profi holen, der die eigenen Texte lektoriert oder aber als Ghostwriter fungiert: Sie erzählen, was Sie sagen möchten, jemand anderer übernimmt das In-Worte-Fassen. Das sollte jedoch immer jemand sein, der wirklich **professionell** mit Texten zu tun hat und sich auch mit der Besonderheit Internet auskennt.

Kompetent und internettauglich formulieren

- Bedenken Sie den **Aufwand**! Wenn Sie fremden Content einbinden, ist das auch eine Zeit- und Kostenfrage. Selbst wenn die Inhalte schon bestehen, gibt es einiges abzustimmen und die Inhalte müssen auf Ihrer Website eingebaut werden. Sofern es einen festen Termin gibt, weil beispielsweise Anfang jeden Monats neue Inhalte erscheinen sollen, kann das auch in Zeitdruck ausarten. Außerdem ist es eine **Geldfrage**: Entweder Ihre Website wird von einem Externen betreut, dann fällt dessen Honorar an, oder aber Sie aktualisieren selbst, dann ist Ihre Arbeitszeit oder die des zuständigen Mitarbeiters zu berücksichtigen.

- Bieten Sie Content von einem anderen Unternehmen an, denken Sie daran, dass mit der Veröffentlichung immer auch eine Art **Empfehlungscharakter** einhergeht. Da Sie die Inhalte veröffentlichen, ist davon auszugehen, dass Sie damit einverstanden sind, die Informationen/

Gut auswählen, mit wem man zusammenarbeitet

Tipps für gut befinden oder die geäußerte Meinung teilen. Sofern der Autor eigene Leistungen anbietet, geht man davon aus, dass Sie die Person gut und empfehlenswert finden. Darum sollten Sie immer genau auswählen, mit wem Sie arbeiten und was Sie veröffentlichen.

- Achten Sie streng auf die **Qualität der Inhalte**! Nehmen Sie nie einfach fremden Content auf, nur weil Sie eine bestimmte Menge vereinbart haben oder unbedingt irgendetwas Redaktionelles veröffentlichen möchten. Gerade Inhalte fallen immer voll auf den Seitenbetreiber zurück. Qualität schließt ein:
  - **Inhalt**: Korrektheit von Informationen, Teilen der Meinung, Aktualität
  - **Ausdruck**: Passt die Sprache (locker, geschäftsmäßig, wissenschaftlich ...) und die geäußerte Meinung auch zu Ihrem Unternehmen und der Wirkung, die Sie sich für Ihre Website wünschen?
  - **Rechtschreibung**: grammatikalische und orthografische Fehlerfreiheit

PRAXISTIPP

Sofern Ihre Website so gestaltet ist, dass der jeweilige Autor seinen Content selbst hochladen kann, ist es elementar, dass Sie vor Freischaltung Art und Inhalt immer prüfen! Das gilt insbesondere für Seiten, auf denen jeder, wenn er möchte, etwas von sich beitragen kann.

Alles was Sie auf Ihrer Webseite veröffentlichen, fällt auf Sie zurück

- Vielleicht bittet Sie ein Geschäftspartner (Kunde, Lieferant, Kooperationsunternehmen) oder ein Bekannter darum, dass Sie – als Gefälligkeitsdienst – auf Ihrer Unternehmenswebsite Inhalte von ihm aufnehmen. Machen Sie das niemals nur, weil Sie mit der anderen Person befreundet sind, oder aus Angst, Nein zu sagen! Denken Sie daran: Alles, was Sie auf Ihrer Internetseite veröffentlichen, fällt auf das Unternehmen zurück. Darum ist nicht nur wichtig, dass Sie qualitativ einwandfreie und passende Inhalte anbieten, sondern auch, dass Sie immer **Ihre Ziele** und **Ihre Wirkung** als Maßstab dafür nehmen, was Sie einbinden.

- Sorgen Sie für eine **professionelle Abwicklung**. Eine Kooperation lebt immer auch davon, wie gut das Miteinander ist. Damit sich der Urheber mit der Vereinbarung wohlfühlt, ist es gut, vor der Veröffentlichung des Contents einen Vorab-Link an den Urheber zu schicken, damit dieser sieht, wie die Inhalte erscheinen sollen. Bitten Sie um dessen Zustimmung bzw. ermutigen Sie ihn, etwaige Änderungswünsche anzubringen. Geben Sie an, wann der Link freigeschaltet wird. Markieren Sie Stellen, an denen Sie gekürzt, etwas umformuliert oder eine Überschrift geändert oder eingefügt haben, und fragen Sie nach, ob das in Ordnung ist. Und: Denken Sie unbedingt an den vereinbarten **Copyright-vermerk**!

- Wenn Sie fremde Inhalte veröffentlichen wollen, vereinbaren Sie dies immer **schriftlich**.

Es gibt Seiten, die ihren Content ganz bewusst dafür freigeben, dass sie auf anderen Seiten eingebunden werden: Das geht von Nachrichten oder kleinen Texten bis hin zu interaktiven Funktionen wie die Wettervorhersage, Börsennews etc. Vieles davon gibt es sogar kostenfrei. Wichtig ist allerdings, nicht all das, was geht, auf die eigene Firmenwebsite zu basteln, sondern immer bewusst auszuwählen: Was brauchen wir? Und warum? Dann fällt es leichter abzuwägen, was man an Inhalten von anderen Seiten übernimmt.

8.4 Rechtliche Fragen zu Content und Urheberrecht

Im Folgenden lesen Sie ein weiteres Interview mit dem Rechtsanwalt Michael H. Heng, spezialisiert auf Medienrecht, Online- und EDV-Recht (vgl. Kap. 7.2.4).

Was kann ich als Seitenbetreiber tun, um meine eigenen Inhalte urheberrechtlich zu schützen?
Urheberrechtlicher Schutz der eigenen Inhalte entsteht automatisch, sobald es sich bei den jeweiligen Inhalten um ein **urheberrechtsfähiges Werk** und darüber hinaus um eine **persönliche geistige Schöpfung des Seitenbetreibers** handelt. Als urheberrechtsfähige Werke als Bestandteile von Internetseiten kommen insbesondere Bilder, Lichtbilder (Fotos), Grafiken, Texte und Datenbanken in Betracht. Das Design der Internetseite bzw. die komplette Internetseite selbst wird überwiegend nicht als urheberrechtsfähig angesehen; unter bestimmten, jedoch selten vorhandenen Bedingungen kommt der Schutz der Internetseite als multimediales Gesamtwerk in Betracht.

Bilder, Fotos, Grafiken, Texte, Datenbanken

Sind die vorgenannten Voraussetzungen gegeben, bedarf es keiner weiteren Handlungen, um urheberrechtlichen Schutz zu genießen. Insbesondere ist das Anbringen eines © am Werk selbst keine Voraussetzung für das Entstehen des urheberrechtlichen Schutzes. Im Gegensatz zu anderen Rechtskreisen ist dies im deutschen Recht nicht erforderlich, kann aber hilfreich sein, um Dritten zu zeigen, dass man das eigene Urheberrecht ernst nimmt und im Zweifel auch verteidigt.

Wenn auch für die Entstehung des Urheberrechts nicht erforderlich, kann das Anbringen des Urheberrechtsvermerks, also des © mit Namensangabe, im Falle einer gerichtlichen Auseinandersetzung eine **Beweiserleichterung** bewirken: Nach § 10 UrhG gilt der Vermerk nämlich als Hinweis auf den Urheber mit der Folge, dass derjenige, der als Urheber bezeichnet wird, so lange rechtlich auch als Urheber gilt, bis das Gegenteil bewiesen ist (**Urheberrechtsvermutung**). Die gleichzeitige Angabe des Jahres oder eines genauen Datums hilft dabei, den Zeitpunkt der Herstellung des Werkes, ab dem Urheberrechtsschutz geltend gemacht wird, festzulegen.

Was kann ich tun, wenn ich eigene Inhalte auf fremden Seiten wiederfinde?

Soweit eigene Inhalte, also alle urheberrechtlich geschützten Werkformen, wie selbst verfasste Texte, selbst erstellte Bilder und Grafiken oder auch selbst geschossene Fotografien, eigene Musik oder Videos, auf anderen Internetseiten ohne Erlaubnis wiedergegeben oder in sonstiger Form verbreitet werden, besitzt der Urheber einen **Anspruch** gegen den Betreiber der fremden Internetseite **auf Unterlassung und auf Zahlung von Schadensersatz**.

Wichtig: umfassende Beweissicherung

Zunächst sollte in einem solchen Fall immer als erste Handlung eine umfassende Beweissicherung durchgeführt werden. Hierzu ist die fremde Internetseite möglichst komplett, zumindest die einzelnen Seiten, auf denen die eigenen Inhalte wiedergegeben oder sonst wie verbreitet werden, im **Quellformat auf Datenträger** zu sichern. Unter Quellformat versteht man das, was der Internet-Browser als HTML-Inhalt der jeweiligen Seite ausgibt. Zusätzlich müssen **Screenshots** aller Seiten, die die eigenen Inhalte darstellen, gefertigt werden.

Beweissicherung von einem Dritten durchführen oder beobachten lassen

Es ist unbedingt zu empfehlen, die Beweissicherung entweder von einem **Dritten** (Mitarbeiter, Ehepartner, Freund) durchführen zu lassen, damit dieser im Streitfall als Zeuge auftreten kann, oder diesen Dritten zu Beginn der Datensicherung beizuziehen und die Beweissicherung beobachten zu lassen. Im zweiten Fall muss der Beigezogene am Ende der Beweissicherung ein Protokoll der gesicherten Daten (Dateinamen der gesicherten Quelldateien und Screenshots) unterzeichnen, nebst Erklärung, dass er bei der Durchführung der Sicherung zugegen war und bestätigen kann, dass die gesicherten Daten in der gespeicherten Form im Browser sichtbar, in seinem Beisein gespeichert und nicht verändert wurden.

Selbstverständlich besteht dann die Möglichkeit, den Betreiber der fremden Internetseite anzuschreiben und **Unterlassung** der Benutzung der Inhalte oder, als Alternative, den Abschluss eines entsprechenden Lizenzvertrags zu **verlangen**.

Gleichzeitig sollte darauf bestanden und der Abschluss eines Lizenzvertrags davon abhängig gemacht werden, dass über **Dauer und Art der bisherigen Nutzung** (sowohl der Nutzung, auf die man aufmerksam geworden ist, als auch aller anderen Nutzungen, die man möglicherweise überhaupt nicht kennt) Auskunft erteilt wird. Mit dieser Auskunft lassen sich Lizenzzahlungen für die Vergangenheit errechnen und in Rechnung stellen.

Handelt es sich hingegen um Nutzungen, die ohnehin lediglich mit einer einmaligen Lizenzzahlung verkauft worden wären, kann auch sogleich und ohne Auskunftsverlangen eine Rechnung erstellt und mitgeschickt werden.

Kurze Fristen setzen

Bei eigenen Verhandlungen ohne die Einschaltung eines Rechtsanwalts ist unbedingt darauf zu achten, dass man vom Betreiber der fremden Internetseite nicht durch allzu lange Verhandlungen und Briefwechsel hingehalten wird, da einem ansonsten rechtliche Nachteile drohen. Es ist daher empfehlenswert, recht **kurze Fristen von 1–2 Wochen zur Beantwortung, Unterlassung und/oder Zahlung** zu setzen, diese auch nur in absoluten Ausnahmefällen zu verlängern und nach fruchtlosem Ablauf der gesetzten Frist auch tätig zu werden. Spätestens ab diesem Zeitpunkt sollte ein im Urheberrecht versierter Rechtsanwalt zu Rate gezogen werden.

9 Als Experte auf anderen Websites auftauchen

Es gibt zahlreiche Internetpräsenzen, die Aktionen mit Experten machen. Das ist besonders interessant, um Besucher auf die eigene Website zu locken: Denn man profitiert besonders bei renommierten Seiten von deren hohen Besucherzahlen und Werbeaktivitäten.

Beispiele

- Ein Bauunternehmer-Verband organisiert einen Online-Chat mit einem Spezialisten für Diamantwerkzeuge
- Eine Existenzgründerplattform engagiert einen Anwalt als Rechtsexperte für ihr Forum
- Eine Computerzeitschrift veranstaltet regelmäßig zweiwöchige Aktionsforen mit Unternehmensberatern, die Karrierefragen beantworten

Internetforen, Mailinglisten, Expertenbeiträge

Außerdem gibt es zahlreiche Möglichkeiten, sich als Fachkraft zu empfehlen: Generell in Internetforen, in Mailinglisten oder auch mittels Expertenbeiträgen auf anderen Websites.

9.1 Ihr Expertenrat in Internetforen

Ein Internetforum besteht aus einem oder mehreren Nachrichtenbrettern. Vorteil von Foren ist, dass die Benutzer **nicht gleichzeitig online** sein müssen, sondern die Korrespondenz für alle einsehbar ist und man sie jederzeit lesen oder sich dazu äußern kann.

Je nach Internetseite sind Foren für alle Besucher zu sehen oder teilweise nur nach Registrierung zu „betreten". Es gibt auch Foren, die nur einem bestimmten Userkreis zugänglich sind (z.B. im internen Kundenbereich einer Internetseite) oder die nur für einen gewissen Zeitraum genutzt werden (eine zeitlich begrenzte Aktion).

9.1.1 „Offizielles" Experten-Forum

Plattformen mit Ihrer Zielgruppe suchen

Möchten Sie als ausgewiesener Experte zu Ihrem Fachgebiet auftreten, heißt es wiederum, gezielt nach Plattformen Ausschau zu halten, auf denen sich die für Sie interessante Zielgruppe tummelt.

Wenn diese bereits entsprechende Experten-Foren anbieten, sollten Sie überlegen, ob Sie sich dort für eine begrenzte Aktion **den Fragen der Benutzer stellen** wollen (z.B. Karriere-Ratgeber der Computerwoche: www.computerwoche.de/job_karriere/karriere_ratgeber), oder aber, ob Sie dies regelmäßig oder sogar dauernd übernehmen möchten.

Es gibt Internetpräsenzen, die mit einem festen Experten arbeiten. In Ausnahmefällen wird sogar für die Forenbetreuung bezahlt. In der Regel ist so ein **Experten-Forum** jedoch eine **Selbstdarstellung** und wird als **Werbemaßnahme** betrachtet. Gegenleistung ist dann die Ankündigung, Werbung der Plattform in Printobjekten oder E-Mail-Newslettern und eine Kurzvorstellung zum Experten mit Verlinkung zu dessen Internetseite.

Außerdem gibt es Plattformen, die – ähnlich wie Meinungsseiten – von selbst ernannten Experten zu allen möglichen Bereichen betreut werden.

Aufwand realistisch einschätzen und berücksichtigen

Sofern Sie sich für ein solche Experten-Aktion zur Verfügung stellen, sollten Sie immer den **Aufwand** dafür betrachten: Während der Dauer der Forenaktion ist es wichtig, mindestens einmal täglich online zu gehen; sofern es eine große Plattform mit vielen Besuchern ist, reicht das nicht einmal aus. Denn es ist **unabdingbar, zeitnah zu antworten und vor allen Dingen auch aussagekräftig**. Da kann eine Antwort dann schon einmal etwas länger werden – und je nachdem, wie zahlreich die Fragen kommen, geht viel Zeit pro Tag für das Lesen und Tippen der Antworten drauf. Zeit, die zwar idealerweise auch einen Werbeeffekt bringt, die aber im Regelfall nicht bezahlt wird.

Besser zeitlich begrenzte Aktion

Von daher ist eine zeitlich begrenzte Aktion eher empfehlenswert oder aber eine Co-Moderation, d.h., ein Team von z.B. Kollegen Ihres Unternehmens teilt sich die Antworten.

9.1.2 Sich „informell" als Experte vorstellen

Jedes andere Forum eignet sich ebenfalls sehr gut, um auf die eigene Website aufmerksam zu machen. So gibt es beispielsweise Foren, die eine Vielzahl unterschiedlicher Themen abdecken, zum Beispiel wer-weiss-was.de oder brigitte.de.

Aber auch Plattformen von Verbänden, Branchen- und Berufszusammenschlüssen oder Netzwerken eignen sich, um sich kompetent mit den eigenen Leistungen hervorzutun und damit die Neugier für sein Business zu wecken.

Bei „informellen" Foren steht der Austausch im Vordergrund – entsprechend sind die Antworten, die gegeben werden, natürlich auch oft aus dem Bauch heraus oder werden von Laien gegeben, und zwar auch in Fachgebieten wie Rechts-, Businessfragen oder Technikthemen.

Als Fachmann hat man natürlich einen ganz anderen Überblick und bekommt bei der einen oder anderen Fragestellung oder Antwort sicherlich Magendrücken. Denken Sie aber bitte auch daran, dass zu einem guten Eindruck auch gehört, entsprechend konstruktiv aufzutreten. Es wäre also ungut, in einem ganz normalen Forum als „der große Experte" aufzutrumpfen.

Empfehlenswert ist immer die angenehme und konstruktive Kompetenz. Damit kommen die eigenen Empfehlungen nicht nur besser an, sondern Sie werden sich mit fundierten Beiträgen in Kürze einen guten Namen machen.

Geschätzte Mitglieder in Foren werden aktiv kontaktiert und weiterempfohlen

Geschätzte Mitglieder in Foren, die noch dazu Experten in bestimmten Gebieten sind, werden aktiv kontaktiert und weiterempfohlen.

Wichtig ist natürlich, sich dann auch **abgrenzen** zu können: Insbesondere wenn man beruflichen Rat gibt, der eigentlich Geld kosten würde – etwa ein Anwalt, der Rechtsauskunft gibt, ein Persönlichkeitstrainer, der im Forum fast schon Coaching macht –, ist es wichtig, sich dann auch abzugrenzen. Die Expertenleistung innerhalb eines Forums ist ein Aspekt, der **individuelle und tiefergehende Rat** jedoch sollte unbedingt ein bezahlter Auftrag sein – oder eben mit einer **freundlichen Absage** quittiert werden.

Beim Auftritt als „informeller Experte" sollten Sie Folgendes beachten:

- Wählen Sie einen gut überlegten Benutzernamen.
- Schreiben Sie von Ihrer beruflichen Mailadresse, damit Ihre Internetadresse transportiert wird.
- Aus Ihren Antworten sollte ersichtlich sein, dass Sie entsprechendes Fachwissen/Berufspraxis haben, etwa weil Sie auf dem entsprechenden Gebiet tätig sind.
- Nennen Sie, wenn das im Forum gestattet ist, Ihre Website in der Signatur.
- Achten Sie darauf, das Kurzprofil aussagekräftig auszufüllen (inklusive Ihrer Webadresse).

Details zur überzeugenden Selbstdarstellung mittels Benutzername, Kurzprofil und Signatur in Kap. 9.4. Weitere Hinweise zu Internetforen im Kapitel „Interaktive Werkzeuge".

9.2 Online-Chats durchführen

Der Chat ist eine **„Live"-Unterhaltung**, bei der mehrere Teilnehmer gleichzeitig anwesend sind und sich per Tastatur miteinander unterhalten. Handelt es sich um eine kleine Gruppe an Teilnehmern, so ist es natürlich auch möglich, per Webcam und Kopfhörer zu sehen und zu hören.

Bei Expertenchats ist es natürlich sinnvoller und üblich, diese per schriftlichem Austausch stattfinden zu lassen, sonst ginge alles durcheinander. Abgesehen davon ist eine Extra-Ausstattung, die audio-visuellen Austausch erlaubt, auch nicht vorauszusetzen und würde viele Benutzer ausschließen.

Expertenchats mit großem Werbeeffekt

Der Expertenchat ist eine beliebte Aktion: Je interessanter das Thema und/oder je bekannter der Experte ist, desto mehr User werden angezogen und so auf die Seite gelockt. Für den Experten ist das natürlich interessant, denn es entsteht ein großer **Werbeeffekt** durch:

- die Ankündigung des Chats auf der Website, die auf jeden Fall neben dem Chat-Thema auch eine aussagekräftige und werbliche Aussage zu Ihrem Unternehmen und einen Link zur Website enthalten sollte
- Werbemaßnahmen, die der Veranstalter sonst noch durchführt
- den Chat selbst, wo Sie durch Inhalte überzeugen und auf Ihr Unternehmen neugierig machen können
- die Nachbereitung in Form eines Chat-Protokolls oder der Zusammenstellung der häufigsten Fragen mit nochmaligen Antworten zum Nachlesen bzw. für Besucher, die keine Zeit hatten, am Chat teilzunehmen

Ein Experten-Chat wird in der Regel nicht bezahlt! Umso wichtiger ist es, auf eine ordentliche Gegenleistung in Form der Ankündigung und Verlinkung zu achten, damit der größtmögliche Werbeeffekt eintritt.

Beispiel

Eine Wirtschaftszeitschrift veranstaltet auf ihrer Website einen Live-Chat mit einem Gehaltsexperten. Auf der Internetseite steht zwei Wochen vorher eine ausführliche Ankündigung mit Foto, Kurzvorstellung des Experten und Link auf dessen Internetseite. Außerdem wird in der Printausgabe der Zeitschrift auf den Chat hingewiesen.

Überlegen Sie sich: Für welche Themen kann ich – oder ein Mitarbeiter des Unternehmens – kompetent Rede und Antwort stehen?

Was soll konkret beworben werden?

Wählen Sie das Thema danach aus, was gezielt beworben werden soll. Die Website wird immer genannt. „Gute Werbung" ist kein geeignetes Thema, da es zu allgemein ist.

Die Frage muss immer sein: Welche Zielgruppe ist mir besonders wichtig? Welche Art von Leistung bzw. Kompetenz möchte ich herausstellen, um entsprechende Interessenten auf meine Website zu ziehen und idealerweise Anfragen/Aufträge zu erhalten?

Welche Art von Leistung möchte ich herausstellen?

Nehmen wir das Beispiel von eben: Eine Wirtschaftszeitschrift erkundigt sich bei einem Gehaltsexperten nach einem Live-Chat. Dieser ist gerne bereit und könnte natürlich verschiedene Aspekte zum Thema Gehalt abdecken, z.B.:

- Einstiegsgehälter für Uni-Absolventen
- Gehaltsverhandlung im Bewerbungsgespräch
- Gehaltserhöhungen
- variable Gehaltsbestandteile

Szenario A:
Der Gehaltsexperte ist bereits gut im Geschäft. Sein Ziel ist es, seine **späteren Kunden möglichst früh zu erreichen**, um diese, wenn sie Karriere in großen Unternehmen gemacht haben, zu beraten. Da er sich auf Management spezialisiert hat, setzt er auf langfristige Kundengewinnung und will schon bei den Uni-Absolventen Pluspunkte sammeln.

In diesem Fall könnte sein Thema „Einstiegsgehälter für künftige Manager" sein und er könnte damit gezielt Absolventen mit Karriereambitionen ansprechen.

Das Thema muss die Hauptzielgruppe interessieren

Szenario B:
Wenn der Gehaltsexperte den Chat für seine aktuelle Akquise nutzt, also das Ziel hat, möglichst **sofort neue Kunden für eine individuelle Beratung zu erreichen**, dann wäre er dumm, wenn er ein Thema wählt, das ausschließlich Studierende anspricht, denn diese haben in der Regel wenig oder kein Geld für eine individuelle Beratung. Sie werden natürlich den Chat gerne annehmen und er wird wahrscheinlich sehr gut besucht sein. Doch das Ziel, lohnende Eigenwerbung zu machen, die potenzielle Kunden auf die eigene Website führt, wird er nicht erreichen.

In diesem Fall wäre es sinnvoller, sich für das Thema der „Gehaltserhöhungen" zu entscheiden. Damit spricht er nicht nur generell die arbeitende Bevölkerung an – wer möchte nicht gern mehr Geld verdienen und wissen, wie er das erreicht? –, sondern er hat auch Teilnehmer, von denen jeder ein potenzieller Kunde ist, der aktuell etwas will (idealerweise mehr Geld) und der, wenn der Chat überzeugend ist, sicherlich offen dafür ist, sich individuell beraten zu lassen. Da die Beratung idealerweise zu einer „Geldvermehrung" führt, ist die Bereitschaft, erst einmal etwas Geld auszugeben, hoch.

Je nach Formulierung des Chat-Themas und der konkreteren Ankündigung der Inhalte kann also gesteuert werden, welche Zielgruppe mit welchen Bedürfnissen sich angesprochen fühlt.

Expertenchats nicht nur für Dienstleister

Sehen wir uns aber noch ein anderes Beispiel an, damit klarer wird, dass nicht nur Unternehmen aus dem Dienstleistungssektor Expertenchats für sich nutzen können. Auch Hersteller oder Unternehmen, die bestimmte Produkte vertreiben, können diese Werbeform nutzen: zur **Neukundengewinnung**, zur **Kundenbindung** und zum **Stärken des Images** innerhalb der Branche und bei Geschäftspartnern.

Die zentrale Frage hier lautet: **Welche Probleme haben unsere Kunden? Wofür haben wir Antworten bzw. können Lösungen bieten?**

Kurzsichtig gedacht wäre es, wenn man lediglich mit der Marketing- und Werbebrille auf die eigenen Produkte schielt und womöglich mit typischen Verkaufsargumenten in einen Expertenchat geht. Das würde in eine virtuelle Heizdecken-Veranstaltung münden, die kontraproduktiv wäre und die Teilnehmer verärgern würde.

Expertenchat muss hilfreich und relevant sein

Ein **Expertenchat ist für die Teilnehmer da** und muss hilfreich und relevant sein. Das muss sich in den angebotenen Themen widerspiegeln.

Beispiele

- Ein Büromaterial-Händler kann Themen anbieten wie: „Paperless Office", „Die Ablage optimieren", „Günstiger einkaufen"
- Ein Hersteller von Feuerlöschgeräten: „Brandschutz in der Firma", „Haftungsfragen"
- Ein Vertrieb von Bürokleidung: „Stilfragen im Büro", „Pannen und Tricks für unterwegs"
- Eine Beleuchtungsfirma: „Gesundheitsfaktor Licht", „Stromsparen im Unternehmen"

Befinden sich auf Ihrer eigenen Website hilfreiche Artikel oder Informationen zur Vertiefung einer Antwort im Chat – oder als Antwort zu einer Frage, die nicht zum Thema gehört und deshalb im Rahmen des Chats nicht beantwortet wird, dann verweisen Sie kurz auf den entsprechenden Artikel und die Webadresse.

Praxistipp

Außerdem ist es generell empfehlenswert, am Ende des Expertenchats darauf hinzuweisen, dass Infos, Tipps, Checklisten oder einfach die Zusammenfassung des Chatprotokolls auf der eigenen Internetseite (hier nochmals die Domain nennen) nachgelesen werden können.

Details für die effektvolle Ankündigung und erfolgreiche Durchführung eines Expertenchats und darüber, was als Experte wichtig ist, finden Sie in Kap. 5.4.1.

9.3 Content-Seiten

Websites mit Fremdcontent

An dieser Stelle möchte ich eine besondere Art von Websites vorstellen: Es gibt zahlreiche Internetseiten, die ausschließlich Fremdcontent nutzen. Das heißt, dass diese lediglich die Plattform zur Verfügung stellen, diese aber so geplant ist, dass fremde Autoren sich dort präsentieren. Das gilt zum einen für **fachlich orientierte Seiten** (Verkaufsprofis, Führungskräfte o.Ä. geben Tipps), zum anderen für **Meinungsportale**, die davon leben, dass möglichst viele Besucher Produkte oder Leistungen besprechen.

Unterscheiden lassen sich Internetpräsenzen, die ausschließlich vom Fremdcontent „leben", und solche, für die dieser Fremdcontent eine willkommene Ergänzung ist – zum einen, weil es die Kunden- und Besucherbindung erhöht, wenn diese aktiv an der Website mitarbeiten, zum anderen aber auch, weil sich die Inhalte ständig erweitern und die Seite damit attraktiver wird.

Beispiele

- Fachbeiträge z.B. auf: www.competence-site.de und www.vorsicht-starke-worte.de
- Meinungen zu Produkten/Leistungen z.B. auf: www.dooyoo.de

Außerdem entsteht – je nach Website – auch ein direkter Mehrwert für den Umsatz: So wirken sich positive Kundenrezensionen oder Empfehlungslisten von Produkten auf den Umsatz aus (z.B. amazon.de).

Recherchieren Sie gezielt Content-Websites, die für Ihre Zielgruppe am interessantesten sind.

9.4 Die optimale Selbstdarstellung mittels Profil, Nickname und Signatur

Gezielte Promotion für Ihre Website

Auf anderen Plattformen können Sie ganz gezielt Promotion für Ihre Website machen, indem Sie einen passenden Benutzernamen („Nickname") wählen und vor allen Dingen die **Möglichkeit des Kurzprofils** nutzen.

9.4.1 Nickname

Der Benutzername (auch Nickname oder Handle genannt) ist frei wählbar. Bei **Experten-Aktionen** ist es ohnehin der „Klarname", also Ihr **echter Name**, oder die Bezeichnung „Experte" (wobei Sie immer auf Ihrem echten Namen bestehen sollten).

Tummeln Sie sich aber in anderen Foren und sind vielleicht sogar aus rein privaten Interessen unterwegs, möchten aber auch dann auf Ihre Website aufmerksam machen, dann sollten Sie sich einen Benutzernamen aussuchen, der seriös ist.

Man misst Sie an allem, was Sie veröffentlichen

Das kann zum einen Ihr richtiger Name sein. Ich empfehle – und nutze auch selbst – immer meinen kompletten **Vor- und Zunamen**. Allerdings ist das nur nötig und möglich, wenn Sie beruflich auf sich aufmerksam machen möchten und wenn Sie bei allem, was Sie schreiben, auch immer im Hinterkopf behalten, dass man Sie an dem, was Sie schreiben, misst – und alles auch auf Ihr Unternehmen zurückfällt. Sind es interessante und hilfreiche Beiträge, ist Ihr Name automatisch damit verbunden und man klickt auch neugierigerweise gerne auf Ihren Weblink.

Eine andere Möglichkeit ist die Verwendung (nur) des Vornamens oder eines **Phantasienamens**. Letzterer sollte dann aber immer so gewählt sein, dass er Ihre Kompetenz nicht untergräbt, d.h., verniedlichende Namen (Simonchen, Peterle, Mausezahn) oder Zweideutigkeiten sind absolutes Tabu für berufliche Werbezwecke.

Auch denkbar ist, dass der Benutzername der **Website** entspricht (firma.de). Wenn keine Sonderzeichen im Benutzernamen erlaubt sind, können Sie einfach die Schreibweise ändern (z.B. firmaPUNKTde). Das erschließt sich zwar erst beim zweiten Hinschauen, ist aber verständlich. Das geht natürlich nur, wenn man einen kurzen Domainnamen hat.

PRAXISTIPP

Am besten ist es, wenn Sie von Plattform zu Plattform entscheiden, wie Sie auftreten möchten. Aber denken Sie daran: Wenn sich Ihre Auftritte unterscheiden, müssen Sie auch Ihre E-Mail-Adresse verändern – nur den Nickname ändern, aber überall dieselbe Mailadresse nutzen, ist nicht schlau, da per Suchmaschine schnell Beiträge aus unterschiedlichen Foren gefunden und gelistet werden.

9.4.2 Kurzprofil

Kurzprofile erfordern vernünftige Schwerpunkte

In jedem Forum gibt es die Möglichkeit, ein paar Takte zu sich selbst zu sagen, und meistens auch Platz, einen Link auf die eigene Homepage zu setzen. Da diese **Kurzprofile** auch **wirklich kurz** sind, ist es wichtig, sich gut zu überlegen, was man über sich und das Unternehmen schreiben möchte.

Nutzen Sie diese Möglichkeit! Je konkreter Sie über sich und Ihre Interessen bzw. Kompetenzen sprechen, desto mehr Ansatzpunkte liefern Sie. Wer als Person greifbar wird und interessante Beiträge macht, der wird mit vielen neugierigen Klicks auf seine Website belohnt.

Meine Empfehlungen:

- Überlegen Sie sich, für wen Sie welches Gesamtbild von sich bieten wollen, und formulieren Sie unter diesem Aspekt Ihre Charakterisierung, Interessen oder Ihre gesamten Inhalte. Denken Sie daran, dass andere Forumsteilnehmer noch nicht viel von Ihnen wissen.

- Nennen Sie Ihren Beruf bzw. Ihre Branche beim Namen, nur dann bleibt etwas hängen und man kann sich an Sie erinnern bzw. ordnet Ihre Beiträge entsprechend ein. *Beruf bzw. Branche nennen*
- Geben Sie Ihre Webadresse an und ergänzen Sie ein paar Worte, insbesondere, wenn es sich nicht nur um eine Imageseite handelt, sondern auch Mehrwert geboten ist.

Ein Foto ist immer gut, weil sich jeder gerne ein Bild vom anderen macht. Wer beruflich unterwegs ist, senkt – sofern es ein gutes und sympathisches Portrait ist – Hemmschwellen.

9.4.3 Signatur

Während offene Eigenwerbung im Internet in der Regel verpönt ist und in Communities schon mal einen Sturm der Entrüstung hervorrufen kann, hat sich bei Foren-Nachrichten die Signatur als „in Ordnung" eingebürgert. In der Regel ist diese kürzer und prägnanter als in einer E-Mail-Signatur.

Beispiel

Hat man eine eigene Website, steht z.B. die Webadresse unter den Postings:
---
http://www.selbstmarketing.de
Onlinetipps rund um Business & Karriere

Auch wenn es in einem Forum erlaubt ist, umfassende Signaturen einzugeben oder diese in verschiedenen Schriftarten oder gar mit Bildern zu garnieren, ist es eine Frage der Höflichkeit, das nicht auszunutzen.

Vorsicht mit Eigenwerbung

Natürlich ist es reizvoll, den Verweis auf die eigene Internetpräsenz möglichst dominant zu gestalten oder viele weitere Informationen zum Unternehmen unterzubringen oder gar noch irgendein Lebensmotto oder Zitat zu ergänzen – dennoch ist es unpraktisch und ärgerlich, denn

- zu umfassende oder aufdringlich gestaltete Signaturen stören die Übersicht im Forum erheblich,
- eine zu schrille Signatur lenkt vom Inhalt des Postings ab und
- es ist unhöflich, sich anderen unablässig und „laut" aufzudrängen.

Darum beschränken Sie sich lieber auf eine **kurze und angenehme Referenz auf Ihre Website**. Der eigentliche Auslöser, also ob jemand klickt, liegt ohnehin in Art und Inhalt Ihrer Beiträge! In den meisten Foren gibt man die Signatur einmalig fest ein (etwa im Rahmen des Kurzprofils). Diese erscheint dann etwas abgesetzt unter jeder Nachricht.

10 Virtuelle Netzwerke

Virtuelle Netzwerke sind nicht nur dazu da, Wissen und Erfahrungen auszutauschen, sondern können auch eine sehr wirksame Möglichkeit sein, **Kunden auf die eigene Website zu locken** und auf seine Leistungen/Produktpalette aufmerksam zu machen.

Denken Sie daran: Wer beruflich im Netz Kontakte knüpfen möchte, muss sich vorher Gedanken über seine Selbstdarstellung – seriöser Name und überzeugendes Kurzprofil – machen.

10.1 Präsenz in Mailinglisten

Nachrichtenaustausch in Briefform

Eine Mailingliste bietet einer geschlossenen Gruppe von Menschen Nachrichtenaustausch in Briefform. Dieser Nachrichtenaustausch ist innerhalb der Gruppe öffentlich.

Eine Mailingliste kann man abonnieren. Jeder Teilnehmer der Liste erhält alle E-Mails, die an den Listenverteiler geschickt werden, und auch die Antworten darauf.

Je nach verwendetem System hat man die Option, jede E-Mail einzeln oder auch einen so genannten **„Digest“** zu erhalten, also alle Beiträge eines Tages gesammelt in einer einzigen E-Mail.

Vorteil von Mailinglisten ist, dass der Austausch der Teilnehmer **schnell** passiert und man immer auf dem Laufenden ist. Nachteil ist, dass bei hohem Kommunikationsaufkommen die **Menge an E-Mails sehr hoch** ist.

Gerade Einzelunternehmer können sich im Rahmen einer Mailingliste einen Namen machen und ihre Kompetenz beweisen. Das geht allerdings nur, wenn sie bereit sind, aktiv etwas einzubringen, denn nur dann können die anderen Teilnehmer sie persönlich und mit ihrer Fachkompetenz kennenlernen (vgl. www.texttreff.de – Mailingliste für Frauen, die beruflich mit Wort & Sprache zu tun haben).

10.2 Online-Netzwerke

Neben Internetforen zu bestimmten Interessen- oder Fachgebieten gibt es natürlich auch Websites, die explizit als Netzwerk gedacht sind und die auch davon leben, dass sich die Teilnehmer untereinander vorstellen und rege austauschen.

10.2.1 Universal-Netzwerke

Branchenübergreifende Netzwerke

Branchenübergreifende Netzwerke haben den Vorteil, dass dort eine **breite Zielgruppe** erreicht wird. Sehen Sie sich als Beispiel die international angelegte Networking-Plattform www.openbc.com an: Dieses führende und komplexe Netzwerk zeigt eindrucksvoll, was an Funktionalität möglich ist.

Wie weit man sich in so einem Netzwerk aktiv einbringt, bleibt einem selbst überlassen. Es ist möglich, lediglich eine virtuelle Visitenkarte zu hinterlegen, sodass andere Besucher sich ein Bild machen können und auf Ihre Website aufmerksam werden. Das wäre ein passiver Ansatz.

Kontakte pflegen und ausbauen

Jedes Netzwerk lebt jedoch auch davon, dass die **Mitglieder aktiv** werden: Denn Kontakte kommen nur zu Stande und können gepflegt und ausgebaut werden, wenn man auch etwas dafür tut, sich z.B. die anderen Mitglieder genauer ansieht und von sich aus anspricht.

BEISPIEL

Am Beispiel des „Open Business Club" sehen Sie, wie hilfreich das Internet sein kann: So werden nicht nur eigene Kontakte angezeigt, sondern auch, wie diese wiederum mit anderen Personen/Unternehmen zusammenhängen. Dadurch ergeben sich oft erstaunliche Verbindungen, die nicht nur dazu führen, den eigenen Bekanntheitsgrad zu steigern, sondern die auch als Einstieg für eine Kontaktanbahnung dienen können („gemeinsamer Bekannter XY", „Sie arbeiten für ein Unternehmen, das bei uns Kunde ist" etc.).

Virtuelle Netzwerke bieten in der Regel alle üblichen interaktiven Werkzeuge, um ein Miteinander zu ermöglichen: **Foren, Chats, persönliche Nachrichten** etc. Bei größeren Communities gibt es zahlreiche, nach Interessen, Fachbereichen oder Positionen geordnete Bereiche.

Eigene Foren auf „Gast-Plattform"

Bei openBC gibt es beispielsweise die Möglichkeit, eigene Foren aufzubauen und zu betreuen – eine gute Möglichkeit, auf das eigene Unternehmen aufmerksam zu machen und damit aktive Akquise zu betreiben. Auf der eigenen Unternehmenswebsite ausreichend große Besucherzahlen zu generieren, um ein Forum in Schwung zu bekommen, ist ja oft sehr mühsam. Auf einer Netzwerk-Plattform, die eine breite Kundenbasis hat, ist das wiederum einfach: Das Publikum ist da, die Technik ist auch vorhanden – nun heißt es nur noch, diese Gegebenheiten auch zu nutzen und entsprechend Energie zu investieren.

BEISPIEL

Ein Berater für Existenzgründer eröffnet ein Forum für Fragen rund um die Selbstständigkeit. Dies bewirbt er online und „offline" in seinen Seminaren, sodass sich in kürzester Zeit eine riesige Teilnehmerzahl – mit Stammuser-Basis – angesammelt hat. Daraus rekrutieren sich nicht nur wichtige Kontakte zu den Medien (für Business-Kooperationen), sondern auch Neukunden.

Ein weiteres Beispiel für ein eingeführtes und gut besuchtes Universal-Netzwerk ist das branchenübergreifende Netzwerk www.femity.de für berufstätige Frauen.

10.2.2 Fachbezogene Netzwerke

Sprechen Sie eine bestimmte Zielgruppe an, ist es ratsam, sich ein entsprechendes fachbezogenes Netzwerk zu suchen. Dabei ist der Begriff **Zielgruppe** vielschichtig zu sehen:

- **potenzielle Kunden** für Ihre Leistungen/Produkte
- **mögliche Multiplikatoren** (ein Finanzdienstleister möchte beispielsweise Kontakt zu Steuerberatern knüpfen)
- neue Kontakte für **Kooperationen** (z.B. gemeinsame Werbeaktionen, Ergänzung der eigenen Leistungen etc.)
- **Austausch für Fachfragen/Erfahrungen** mit anderen Unternehmen gleicher Branche

Berufs- und Branchenverbände

Eine gute Anlaufstelle für fachbezogene Netzwerke sind Berufs- und Branchenverbände, die oft auf ihren Seiten interaktive Möglichkeiten bieten.

Auch bilden sich innerhalb der großen, branchenübergreifenden Plattformen entsprechende Untergruppen, die fachbezogen diskutieren und sich austauschen.

Wie eben bereits angesprochen bietet sich auch die Möglichkeit, so einen Austausch selbst zu initiieren. Es ist also für Ihr Unternehmen möglich, die von Ihnen angestrebte Zielgruppe zusammenzuführen.

BEISPIELE

- Mitarbeiter einer Bildagentur, die Werbeagenturen mit Fotomaterial beliefert, tummeln sich in einem Netzwerk für Artdirektoren.
- Ein Verlag für Steuer- und Rechtsliteratur schafft ein fachbezogenes Netzwerk für Controller und Mitarbeiter von Rechtsabteilungen.

10.3 Gutes Selbstmarketing im virtuellen Netzwerk

Andere User überzeugen und neugierig machen

Wenn Sie auf Ihre Website – und damit Ihr Unternehmen – aufmerksam machen möchten, dann funktioniert das auch in virtuellen Netzwerken nur, wenn Sie sich aktiv einbringen, und zwar in einer Form, die andere User von Ihnen überzeugt und neugierig darauf macht, sich Ihr Profil anzusehen bzw. auf Ihre Website in der Signatur zu klicken.

Im Folgenden erfahren Sie, worauf Sie hierbei achten sollten, damit Sie erfolgreich sind.

Überzeugen statt aufdrängen

Regel Nummer 1 ist es, sich niemals anderen aufzudrängen oder gar unablässig zu allem und jedem einen Kommentar abzugeben, nur um präsent zu sein.

Sind Sie neu auf der Plattform, ist es, wie auch bei persönlichen Veranstaltungen, empfehlenswert, sich mit den Gepflogenheiten und Leuten vertraut zu machen, z.B. erst einmal eine Weile aufmerksam mitzulesen.

Erst einmal beobachten

Es wird auch im Internet nicht gerne gesehen, wenn jemand sofort reinplatzt und so tut, als ob er jeden kennt – umgekehrt aber auch bitte keine falsche Bescheidenheit: Es ist ganz natürlich, dass sich die Menschen in einem florierenden Netzwerk oft schon sehr lange kennen und entsprechend vertraut und intensiv miteinander sprechen. Lassen Sie sich dadurch nicht abschrecken!

Wer ein virtuelles Netzwerk als Werbeplattform nutzt, muss Zeit und Energie investieren. Denn nur Inhalte überzeugen!

Der **Querverweis** auf die Website erfolgt entweder per **Signatur** oder in Form Ihrer Eigendarstellung per **Kurzprofil** (vgl. Kap. 9.4)

Persönlichkeit zeigen

Bei Einzelunternehmern ist es einfach: Man IST die Firma. Bei mittleren Unternehmen ist es ein oder sind es mehrere Mitarbeiter, die aktiv teilnehmen. Auch wenn diese zu dem primären Zweck mitmachen, die Unternehmenswebsite bekanntzumachen, gilt: In erster Linie sind sie als Einzelperson da. Das muss auch bei der Eigenpräsentation beachtet werden.

Eigenpräsentation wohlüberlegt vornehmen

Es ist also wichtig, immer darauf zu achten:

- Ich vertrete mein **Unternehmen** mit allem, was ich sage.
- Ich „bin“ gleichzeitig eine **eigene Persönlichkeit**.

Nutzungsbedingungen des Netzwerkes respektieren

Meist ist es das Kleingedruckte, das zwar bestätigt, aber einfach weggeklickt wird: Lesen Sie es!

Es ist sehr wichtig, sich an die Nutzungsbedingungen zu halten, sonst verhält man sich versehentlich dagegen, fällt negativ auf oder wird möglicherweise sogar gesperrt. Beachten Sie die vorhandenen Regeln.

Bewusstes Ignorieren oder Grundsatzdiskussionen, was sinnvoll oder engstirnig oder „Zensur“ ist, ist unhöflich.

„Netiquette“ beachten

Im Internet haben sich **allgemeine Verhaltensregeln** etabliert, die so genannte Netiquette. Dazu gehört unter anderem, dass man auch im virtuellen Raum immer höflich bleibt und sich dessen bewusst ist, dass am anderen Ende ein lebendiger Mensch sitzt. Das anonyme Internet führt leider immer wieder dazu, dass Teilnehmer unsachlich und manchmal sogar ausfallend werden.

Immer höflich bleiben

Auch wenn Sie selbst darauf achten, vor allen Dingen, weil Sie natürlich Ihr Unternehmen vertreten, sind Sie gefragt, denn Sie werden es mit derlei

Diskussionen zu tun bekommen und vielleicht auch selbst angegriffen. Das ist eine gute Möglichkeit, sich nicht nur nicht provozieren zu lassen, sondern auch souverän zu reagieren.

Mit offenen Karten spielen

Vermeiden Sie unbedingt rein kommerzielle Beiträge

Rein kommerzielle Beiträge, Kleinanzeigen, die Nutzung der E-Mail-Adressen der anderen Teilnehmer für sonstige Zwecke (etwa direkte Werbe-mails) sind absolut verboten.

Auch oft gesehen ist die „verdeckte Werbung“: Jemand empfiehlt jemanden oder etwas weiter, und wenn man dann E-Mail-Adressen oder Namen des Postings mit der empfohlenen Website vergleicht, erkennt man plötzlich, dass es sich um ein und dieselbe Person handelt.

Mit so etwas macht man sich nicht nur keine Freunde, sondern ist meist sehr schnell unten durch.

Ihre Postings sprechen für Sie!

Sie wissen: Alles, was Sie in ein Netzwerk einbringen, fällt auf Sie – und damit auf Ihr Unternehmen – zurück. Darunter fällt:

- **Die inhaltliche Art zu antworten**: Wie gut geht man auf die Frage/die Person ein? Wie viel Substanz hat die Antwort? Wie verständlich wird gepostet?

Ist der Umgang mit anderen respektvoll?

- **Sprache und Formulierung**: Drückt man sich professionell und kompetent aus, ist es auch verständlich? Ist der Umgang mit anderen respektvoll?
- **Struktur und Gestaltung der Nachricht**: Haben die Nachrichten eine ansprechende und übersichtliche Form oder ist alles ohne Punkt und Komma und ohne Absätze aneinandergehängt? Ist die Antwort inhaltlich strukturiert oder ein Durcheinander, das beim Leser wirr ankommt?
- **Korrekte Rechtschreibung und Grammatik**: Natürlich kommt es gerade beim schnellen Tippen einer Online-Antwort öfter zu Flüchtigkeitsfehlern, das ist keine Frage. Unabhängig davon wird jedoch sehr wohl auch bewertet, wie es mit der allgemeinen Rechtschreibung und Grammatik aussieht. Dazu gehört auch saloppe Slang-Sprache, die man als Privatperson vielleicht witzig findet, die jedoch keinen Platz hat, wenn Sie Ihr Unternehmen vertreten.

Wie gehen Sie auf erhaltene Antworten ein?

- **Eigene Fragen und Eingehen auf Antworten**: Wie viele und welche Fragen stellen Sie selbst und wie gehen Sie auf erhaltene Antworten ein? Das wird häufig außer Acht gelassen: Bei eigenen Nachrichten achtet man darauf, eine gute Figur zu machen, gleichzeitig stellt man achtlos alle möglichen Fragen – womöglich noch solche, die die eigene Kompetenz untergraben. Aber auch ob man auf erhaltene Antworten höflich eingeht, sich bedankt, Informationen nachliefert – oder aber schweigt oder nur auf die einem selbst angenehmen Antworten reagiert, wirft ein gutes oder eben auch schlechtes Licht auf die Firma.

- **Kommentare über andere Postings/Personen** (auch per privater Nachricht): Kritische oder gar abfällige Äußerungen per privater Nachricht sind genauso tabu wie Lästern und Schimpfen über andere im „real life“.

Keine abfälligen Äußerungen machen

Teil 4

Verknüpfung des Internet-Business mit den regulären Geschäftsabläufen

Online-Aktivitäten sind ein weiterer Vertriebs- und Marketingweg für Ihr Business. Wenn dieser klug in Ihr normales Alltagsgeschäft eingebunden wird, verläuft der Kontakt für Kunden reibungslos und angenehm. Außerdem nimmt Ihnen Ihre Website dann sogar Arbeit ab!

Die bestgemachte Internetseite nutzt nichts, wenn die wichtigen Schnittstellen zwischen Internet und Alltagsgeschäft nicht funktionieren. Denn das führt dazu, dass ein guter Eindruck und bereits erreichte Erfolge schnell wieder zerstört werden können. Beispiele:

- Die Internetseite verspricht schnelle Rückmeldung, tatsächlich kommt die **Antwort erst Tage später oder überhaupt nicht**.

Serienmails statt „persönlicher Service"

- Man verspricht persönlichen Service, stattdessen bekommen Interessenten **Serienmails mit allgemeinen Textbausteinen**.
- Auf der Internetseite werden Aktionspreise oder **Rabatte** angeboten, wenn online bestellt wird, diese werden aber **bei der Bestellung nicht berücksichtigt**.
- **Online-Bestellungen** von Ware werden dem Kunden **nicht bestätigt**, sodass dieser sich fragen muss, ob die Bestellung angekommen ist oder ob er einer Betrügerfirma aufgesessen ist.

Kunden erklären Mitarbeitern, was im Netz steht

- **Mitarbeiter sind über die Inhalte auf der Website nicht informiert** und müssen sich vom Kunden erklären lassen, was dort steht.

Und natürlich ist es firmenintern wichtig, dass alle Aktivitäten auf der Website **mit dem Berufsalltag abgestimmt** sind und die Internetseite alle Mitarbeiter auch unterstützt und nicht zu Problemen führt oder gar die Arbeit behindert, etwa weil Inhalte nicht, falsch oder nur verspätet auf der Internetseite veröffentlicht werden oder auch, weil das Weiterleiten von E-Mails intern nicht gut funktioniert.

11 Die Basics für gute Schnittstellen

Sehen wir uns einige typische Hürden an, wenn es um das Integrieren des Web-Business geht. Wie so oft, scheint es sich um einfache Grundlagen zu handeln. Dennoch werden gerade diese elementaren Aspekte oft vernachlässigt oder einfach falsch umgesetzt.

11.1 Im Netz versierte Mitarbeiter

Kompetente und mit der Website vertraute Mitarbeiter

Auch wenn das Internet für viele – auch privat – zum Alltagsmedium geworden ist, heißt das keineswegs, dass jeder Mitarbeiter sich gut genug damit auskennt und vor allen Dingen vernünftig mit den Inhalten der eigenen Firmenwebsite vertraut ist. Das muss jedoch der Fall sein. Denn nur dann

- wissen Mitarbeiter bei **Anfragen** Bescheid, die sich auf Informationen auf der Firmenwebsite beziehen (z.B. Aktionen, Rabatte),
- können sie auf entsprechende Stellen der Website **verweisen** (etwa wenn nähere Informationen zu Produkten etc. erfragt werden),
- können sie **helfen**, wenn Anrufer mit bestimmten Funktionen auf der Webseite nicht zurechtkommen (z.B. Online-Bestellung),

- können die Mitarbeiter die Website aktiv nutzen, um für Kunden etwas nachzusehen oder hilfreiche **Links** in die Korrespondenz zu inkludieren etc.

Das Internet ist generell eine **hilfreiche Recherchequelle** für alle Mitarbeiter. Nicht nur, was die eigene Firma betrifft, sondern auch, was Anregungen von Branchenkollegen, Erfahrungswerte anderer angeht etc.

Es ist außerdem immer gut, wenn man Kunden und Geschäftspartnern mit Anliegen weiterhelfen kann, indem man auf andere hilfreiche Websites verweist.

Sofern noch nicht geschehen: Ermutigen Sie alle Ihre Mitarbeiter, sich mit dem Netz und vor allen Dingen der Firmenwebsite vertraut zu machen.

Zeitnahe Information an alle Mitarbeiter über Neuigkeiten etc.

Je komplexer die eigene Leistungs- und Produktpalette und je umfassender die Firmenwebsite ist, desto wichtiger ist, es, dass alle Mitarbeiter auch über Neuigkeiten informiert werden (Umstrukturierungen, Erweiterungen und Veränderungen auf der Internetseite).

Alle besonderen Funktionen, etwa der **Umgang mit interaktiven Werkzeugen** oder auch die Möglichkeit, **Anfragen und Bestellungen online** abzuwickeln, müssen auch bei den Mitarbeitern sitzen.

Beispiel

Besitzt die Firmenwebsite beispielsweise eine E-Commerce-Funktion, so ist nicht nur das theoretische Wissen zu Bezahlungsmodalitäten und dem ungefähren Ablauf einer Bestellung wichtig, sondern: Mitarbeiter mit Kundenkontakt müssen den genauen Bestellvorgang kennen und selbst ausprobiert haben.

Fragen Sie bei Ihren Mitarbeitern genau nach, wie es mit den Kenntnissen des Internets aussieht. Wichtig ist, dass Sie das konkret abfragen und sich nicht damit begnügen, dass die Mitarbeiter wissen, wie man eine Website aufruft.

Praxistipp

Organisieren Sie Schulungen, in denen das Internet allgemein (Recherche, Suchfunktionen etc.) und die eigene Website und deren Funktionen vorgestellt werden. Diese Schulungen können Sie auch von versierten Mitarbeitern firmenintern durchführen lassen.

11.2 Die Schnittstellen definieren

Um auf Nummer sicher zu gehen, dass Sie Ihre Internetaktivitäten auch effizient in Ihren Arbeitsalltag integrieren, ist es wichtig, sich der Schnittstellen überhaupt erst bewusst zu werden.

Welche Aufgabenbereiche entstehen mit einem Netzauftritt?

Hierzu ist es sinnvoll, sich zunächst alle Notwendigkeiten, die die Internetseite überhaupt mit sich bringt, klarzumachen. Je nach Website geht es um **Aufgabenbereiche** wie:

- **Aktualisierung** der Internetseite (Technik/Funktionen, Inhalte erstellen und einbauen etc.)
- **Betreuung** von interaktiven Werkzeugen (Forum, Chat etc.)
- **Online-PR** und Kooperationen
- **Vertrautmachen und -bleiben** mit der Website (was Inhalt und Funktionen angeht und bestehende Mitarbeiter und neues Personal)
- Bearbeiten von **Anfragen**
- Bearbeiten von **Bestellungen**
- **Wartung und Fehlerbehebung**, wenn etwas nicht funktioniert (Website, Sicherungskopien, E-Mail-Server etc.)

Welche einzelnen Tätigkeiten fallen konkret in einen Aufgabenbereich?

Konkretisieren Sie in einem nächsten Schritt dann ganz genau, was alles an einzelnen **Tätigkeiten** zum jeweiligen Aufgabenbereich anfällt.

Belassen Sie es nicht bei großen Oberpunkten wie „Bearbeiten von Anfragen", sondern listen Sie detailliert auf, was alles dazugehört, also z.B., welche verschiedenen Anfragen es geben kann/wird (z.B. Preiskalkulationen inkl. Sonderhonorare, Unternehmensinformationen, Fragen zu Produkten und Leistungen, Kooperationsanfragen durch andere Websites, Presseanfragen, Bewerbungen etc.).

Was ist genau zu tun? Wer ist verantwortlich?

Gehen Sie anschließend einen weiteren Schritt in die Tiefe, indem Sie die jeweiligen **Unterpunkte näher aufschlüsseln**: Was ist genau dabei zu tun? Wer ist dafür verantwortlich?

Natürlich ist das eine Menge Arbeit. Aber hierfür sollten Sie sich die Zeit nehmen. Nur dann können Sie das Internetgeschäft optimal integrieren.

Nun kennen Sie die genauen Schnittstellen. Sicherlich ist Ihnen beim Analysieren schon die eine oder andere Sache aufgefallen, beispielsweise, dass Zuständigkeiten nicht ganz geklärt sind, oder auch, dass die bisherige Vorgehensweise nicht besonders effektiv geregelt ist.

PRAXISTIPP

Eine gute Möglichkeit, die Abwicklung kundenfreundlich, schnell und ohne unnötige Fehlerquellen zu gestalten, ist das so genannte „Process Mapping":

- Kleben Sie eine Bahn Packpapier an eine Wand und besorgen Sie eine Menge Haftzettel.
- Nun wird jeder einzelne Schritt eines Arbeitsablaufes von Anfang bis Ende auf einen eigenen Zettel geschrieben und in der richtigen Reihenfolge nebeneinandergeklebt. Beispielsweise kommt über die Website eine Bestellung: Wo und in welcher Form kommt sie an und was passiert nun Schritt für Schritt, bis die Bestellung ausgeführt ist?
- Wann immer der Vorgang an einer bestimmten Stelle „stockt", nutzen Sie einen Haftzettel mit der Aufschrift „wartet" (also beispielsweise wenn E-Mails erst einmal in einem Posteingang liegen bleiben, bis sie einige Stunden später gesammelt bearbeitet werden, oder wenn auf Kreditkartenfreigabe gewartet wird und der Vorgang erstmal unbearbeitet liegen bleibt).

Durch dieses Sichtbarmachen erkennt man schnell, wenn doppelte Arbeit entsteht, sich Fehlerquellen auftun oder unnötige Wartezeiten entstehen.

11.3 Notfallplan für den Fall, dass die Technik streikt

Funktionsfähigkeit der Website immer wieder selbst überprüfen

Wenn ein Unternehmen lediglich mit einer Imageseite im Internet vertreten ist, ist ein kurzzeitiger Ausfall der Website nicht so dramatisch, denkt man. Dennoch kann auch das schon bedeuten, dass ein Kunde verloren geht.

Das ist ähnlich wie mit dem Telefon: Fällt dieses für ein paar Stunden aus, kann genau in dieser Zeit ein vielleicht guter Kontakt nicht zu Stande kommen. Denn dann ruft ein Interessent eben einfach bei einem anderen Anbieter an.

Grundsätzlich ist es also wichtig, dass man immer wieder selbst überprüft, ob die Website auch läuft. In der Technik steckt man nicht drin, und so zuverlässig Ihr Webhost auch ist, es kann ein Server einfach mal streiken oder sich eine Software aufhängen. Umso wichtiger, selbst reagieren zu können, weil man merkt, etwas läuft nicht.

Technikausfall mit schwerwiegenden Folgen

Bei Unternehmen, die im Internet einen großen Teil ihres Business kreieren, etwa weil das Hauptakquisewerkzeug das Netz ist, weil Kundenbetreuung online erfolgt oder weil durch E-Commerce signifikanter Umsatz entsteht, ist die Problematik eines Technikausfalles sehr viel größer.

> Je komplexer die Systeme genutzt sind, also je intensiver die Internet-Datenbanken mit dem internen Firmensystem verbunden sind, desto größer wird das Problem.

Und natürlich gibt es auch den Fall, dass das Netz in Ordnung ist, dass aber das firmeninterne Computersystem ausfällt, sodass Sie oder Ihre Mitarbeiter keinen Zugriff auf Kundendaten haben oder keine Lieferscheine erstellen können.

Notfallplan erstellen

Traurig, aber wahr: Die wenigsten Unternehmen sind auf einen Ausfall der Technik in einer Form vorbereitet, dass alle Mitarbeiter sofort wissen, was wie zu tun wäre. Machen Sie diesen Fehler nicht!

Erstellen Sie firmenintern einen genauen Notfallplan, in dem Sie definieren, was zu tun ist, falls die Technik ausfällt oder fehlerhaft funktioniert.

Dieser Notfallplan sollte definieren:

- Wann und in welchen Abständen die übliche **Wartung**, um etwaige Fehler frühzeitig und firmenintern zu entdecken, erfolgen muss. Keinesfalls dürfen Sie sich blind darauf verlassen, dass schon alles gutgehen wird.
- Die **Vorgehensweise für den Fall, dass Fehler entdeckt werden** (z.B. falsche Produktinformationen oder Preise angezeigt werden), etwa: Online-Shop wird abgekoppelt und eine entsprechende Information über die Nichtverfügbarkeit und den Grund mit Verweis auf Bestellhotlines mit Kontaktdaten wird eingeblendet.
- Wie mit den **Schnittstellen Internet – firmeninterne Software** verfahren wird (wenn z.B. Kundenangaben üblicherweise direkt in das firmeninterne System einfließen und dort automatische Lieferscheine und Rechnungen erzeugt werden). Was geschieht bei Störungen? Was genau hat jeder zu tun, um manuelle Lieferscheine zu erstellen? Wie werden diese und Rechnungen nachträglich ins System eingegeben? Etc.

Gewährleisten, dass das Geschäft weitergeht

Um zu gewährleisten, dass das Geschäft weitergeht und das System nachträglich wieder auf den richtigen Stand gebracht werden kann, ist es unbedingt notwendig, dass jeder Mitarbeiter die genaue Abwicklung kennt, dass **entsprechende Formulare vorbereitet** sind (manuelle Lieferscheine, vorläufige Rechnungen etc.) und dass genau festgelegt ist, was vorzubereiten ist und wie ein nachträgliches korrektes Erfassen der manuellen Bestellungen erfolgt etc.

12 E-Mail-Kontakt zum Kunden

Generell ist überlegenswert, welche verschiedenen Kontaktformen zu (potenziellen) Kunden es gibt und wie diese idealerweise genutzt werden sollten.

Der E-Mail-Kontakt beispielsweise verleitet oft dazu, ständig hin- und herzuschreiben, ohne dass man merkt, dass der Griff zum Telefonhörer alles verkürzen würde. Auch gibt es Anliegen, die generell nicht per E-Mail besprochen werden sollten! Ganz oben auf dieser Liste stehen Kundenbeschwerden. Auch wenn es reizvoll scheint, sich hinter einer E-Mail zu verstecken oder „lieber gleich alles schriftlich" zu machen, so sollte die Reaktion auf eine Beschwerde immer persönlich sein! Erst wenn ein **konstruktives Gespräch** geführt wurde, ist es gut, den nächsten Schritt schriftlich zu machen.

Kundenbeschwerden lieber zunächst mündlich klären

Überlegen Sie:

- Welche Kontaktmöglichkeiten werden den Kunden angeboten (z.B. E-Mail, Telefon, Telefax)?
- Welche Features mit welchen Versprechungen werden genutzt (z.B. Callback-Service auf der Internetseite, Online-Service per Live-Chat mit Mitarbeitern)? Und wie werden diese Versprechungen tatsächlich eingehalten (z.B. sofortiger Rückruf, immer ein kompetenter Mitarbeiter online)?
- Wie wird in Zeiten von Überlastung oder bei Abwesenheit der entsprechenden Mitarbeiter verfahren? Welche Vertretungspläne gibt es?

Das meistgenutzte Kontaktmittel im Netz ist natürlich die E-Mail. Ein paar Dinge sollten Sie hierbei unbedingt beachten, damit Sie dieses Werkzeug so nutzen, dass es vorteilhaft für Ihr Business ist und Sie die im Folgenden beschriebenen typischen Fallstricke vermeiden.

12.1 Formelles

Der Kundenkontakt per E-Mail hat einen großen Stellenwert eingenommen. Wie gut sich die elektronische Korrespondenz in Ihr Business einfügt – auch was die Wirkung des Unternehmens angeht –, hängt auch von Formalitäten ab.

Der eigene Absender

Kennen Sie Ihre Absenderangabe? Damit ist gemeint, welcher Absender beim Empfänger erscheint. Dies ist nicht immer korrekt im System hinterlegt. Und da man seine eigenen E-Mails ja nicht erhält, merkt man es oft selbst nicht, dass ein falscher oder gar unprofessioneller Absender erscheint – übrigens völlig unabhängig davon, ob es sich um Privatleute, kleine Firmen oder Großkonzerne handelt.

Überprüfen Sie Ihren Absender

Beispiele

- Die E-Mail eines namhaften deutschen Lebensmittelkonzerns kam von: **unauthorizeduser@konzernname.de**
- Die E-Mail eines Kinos kam von: **info**

- Die E-Mail eines Online-Unternehmens kam von: **Anett**
- Die E-Mail eines Selbstständigen kam als: **56416579165464 9878@t-online.de**

Schicken Sie sich im Zweifel selbst eine E-Mail und überprüfen Sie die Absenderangabe.

E-Mail-Absender mit Vor- und Zunamen

Gerade im Business sollte es selbstverständlich sein, dass der Absender den Vor- und Zunamen enthält. Je nach Länge Ihres Namens können Sie auch Ihren Firmennamen mit anfügen, z.B. „Gitte Härter/objektiv". Das erleichtert Ihren Geschäftskontakten die richtige Zuordnung. Und so verringern Sie die Gefahr, dass wegen eines fehlerhaften Absenders eine E-Mail irrtümlicherweise gelöscht oder nicht beachtet wird, weil man sie nicht zuordnen kann.

E-Mails zu einem bestimmten Thema

Natürlich ist es vorteilhaft, auf Ihrer Webseite an verschiedenen Stellen E-Mail-Links zu platzieren, nicht nur im Kontakt-Bereich. Das ist nicht nur benutzerfreundlich für Ihre Besucher, sondern erhöht in der Regel auch die Anzahl der Anfragen bzw. der Feedbackmails.

Sofern Sie themenbezogene E-Mail-Links einbauen möchten, können Sie diesen einen festen Betreff und auch einen Text geben, z.B. wenn Sie Ihren Besuchern anbieten wollen, sich Unternehmensinformationen schicken zu lassen. Klickt der User auf einen entsprechend vorbereiteten Link, erscheint in seinem E-Mail-Programm nicht nur Ihre Adresse, sondern sowohl der Betreff als auch das Textfeld enthalten bereits die gewünschten Informationen.

Unterschiedliche E-Mail-Adressen

Es haben sich bestimmte Adressformate eingespielt. So sieht man häufig die allgemeine Adresse info@firma.de, für technisches Feedback zur Webseite wird in der Regel webmaster@firma.de verwendet.

Mailadressen mit System

Für die Mailadressen der Mitarbeiter sollte dasselbe System verwendet werden, z.B. „vorname.name@firma.de" oder „ersterbuchstabevorname.name@firma.de". So kann man auch Mitarbeiter kontaktieren, von denen man nur den Namen, nicht aber die Mailadresse kennt.

Problematisch sind Initialen. Das funktioniert bei sehr kleinen Unternehmen, wenn die Namen unterschiedlich sind, ist aber schlecht erweiterbar, wenn neue Mitarbeiter hinzukommen. Hier sind Doppelungen vorprogrammiert.

Umlaute und Sonderzeichen

In Mailadressen gibt es natürlich keine Umlaute und kein „ß". Leider weiß das nicht jeder.

Es kann also in Einzelfällen sinnvoll sein, eine einfachere Variante zu wählen, um Fehlerquellen zu eliminieren.

Auf Sonderzeichen verzichten

Auch empfiehlt es sich, in E-Mails auf Sonderzeichen zu verzichten, da diese nicht immer einwandfrei dargestellt werden. Typisches Beispiel sind Preisangebote.

BEISPIEL

Im Mailverkehr sollte das Euro-Symbol besser nicht verwendet werden, hier empfiehlt es sich stattdessen, das Wort „Euro" auszuschreiben. Denn das Symbol wird, wenn es ersetzt wird, beispielsweise als ? dargestellt.
Das liest sich nicht nur verwirrend, sondern kann gerade bei Preisangaben irritieren, da die Angabe buchstäblich in Frage gestellt wird.

Priorität

Hohe Prioritäten nicht inflationär definieren

Bietet das E-Mail-Programm die Möglichkeit, eine Priorität zu setzen (z.B. ein rotes Ausrufezeichen, das Dringlichkeit symbolisiert), dann sollte diese wirklich nur dann genutzt werden, wenn es um eine eilige Angelegenheit geht.

Wer inflationär alles als „dringend" deklariert, büßt an Glaubwürdigkeit ein und wird irgendwann nicht mehr ernst genommen.

Kopie-Empfänger

Ein CC-Empfänger (CC steht für Carbon Copy – der Begriff kommt vom früher benutzten Durchschlag) wird über den Inhalt einer E-Mail lediglich informiert, muss aber selbst nicht tätig werden. Das ist ein sinnvolles Werkzeug, damit alle Beteiligten einer Angelegenheit nicht nur auf dem aktuellen Stand sind, sondern auch voneinander wissen, dass Dritte ebenfalls informiert sind, auch wenn diese aktuell nichts tun müssen.

Schlechter Stil ist es, das CC inflationär zu benutzen oder gar, um andere in die Pfanne zu hauen (beispielsweise an einen Kunden zu mailen und in CC an dessen Chef, um klarzumachen, dass der andere irgendeinen Fehler gemacht hat).

Blindkopie an weitere (nicht sichtbare) Empfänger

BCC (Blind Carbon Copy) bedeutet, dass weitere, im Adresskopf nicht sichtbare Empfänger eine Mail ebenfalls erhalten. Das BCC-Feld wird nicht an die Empfänger übertragen, sodass für jeden Empfänger nicht erkennbar ist, an wen eine Kopie der E-Mail verschickt wurde.

PRAXISTIPP

Geht eine Firmen-E-Mail an mehrere Kunden, zum Beispiel eine Produktinformation oder Weihnachtsgrüße, so ist es aus datenschutzrechtlichen

Gründen unbedingt notwendig, dass die Adressen der Empfänger nicht sichtbar sind. In diesem Fall sollten alle Adressen in das BCC-Feld eingetragen werden.

Versenden von Spaßmails

Spaßmails vom Firmenaccount verbieten

Bildmaterial, Powerpoint-Präsentationen, Spaßprogramme, Musik- oder Videofilme über den Firmenaccount zu versenden, sollte allen Mitarbeitern untersagt werden. Das ist kein Kavaliersdelikt, sondern kann zu vielfältigen **Problemen** im Alltagsgeschäft führen:

- Es kann ein erheblicher **Imageschaden** entstehen, wenn zweideutige und/oder viel zu große Dateien oder gar virenverseuchte Inhalte versendet werden. Kunden und Geschäftspartner können sich belästigt fühlen oder verärgert sein, auch weil sie den Humor vielleicht nicht teilen.
- Auf das interne Firmensystem können **Viren** eingeschleppt werden (mit der daraus resultierenden Problematik, dass das System beschädigt ist, ggf. ausfällt und auf jeden Fall Mitarbeiterressourcen bindet).
- **Systemprobleme** können entstehen, weil Fremdsoftware sich mit der bereits installierten Software nicht verträgt.
- Die **Serverbelastung** (z.B. durch das Senden von großen Dateien, die an alle Mitarbeiter gehen und von diesen zeitgleich geöffnet werden) ist zu hoch.

E-Mail-Format

Versenden Sie Ihre E-Mails am besten im Textformat oder aber geben Sie Ihren Kunden die Möglichkeit zu wählen, ob sie Text- oder HTML-E-Mails bekommen möchten.

Sichergehen mit Textformat

Auch wenn Sie Firmenmails schöner und übersichtlicher darstellen möchten, indem Sie Fotos, Gestaltungslemente, Farben etc. einbinden, beachten Sie: Viele Internetnutzer haben die Funktion, HTML-E-Mails zu erhalten, aus Sicherheitsgründen ausgeschaltet. Auch führen zu hohe Datenmengen zu Verärgerung.

Anlagen

Dateianlagen sollten nur anhängen, wenn sie nötig sind. Sind diese mit Grafiken versehen oder ist die Datenmenge aus sonstigen Gründen sehr groß, sollten Sie ein **Komprimierungsprogramm** (z.B. WinZip) verwenden. Allerdings ist es wichtig, vorher mit dem Empfänger abzusprechen, ob dieser das Programm auch hat.

Programmversionen abstimmen

Generell gilt: Es ist wichtig, mit dem Empfänger über **Programme und Programmversionen** zu sprechen. Sonst kann es passieren, dass Sie für eine Datei die neueste Version einer Software nutzen, Ihr Kunde diese jedoch nicht aufbekommt, weil er eine ältere Version benutzt.

Bei Dateianlagen ist auch zu berücksichtigen, ob ein Programm genutzt wird, bei dem das Layout sich nicht mehr verändert (z.B. PDF) oder ob sich – z.B. bei einer Word-Datei – durch die Verwendung einer anderen Schrift etwas verschieben kann.

In letzterem Fall ist es wichtig, bei der Erstellung auf eine Standardschrift zurückzugreifen, z.B. Arial, Times, Courier. Ansonsten wird eine Schriftart, die der Empfänger nicht installiert hat, bei ihm durch eine andere ersetzt und das optische Erscheinungsbild verändert sich.

Standardschrift verwenden

Anlagen sollten auch immer so formatiert sein, dass sie vom Empfänger **problemlos und sauber ausgedruckt** werden können, d.h.:

- Seitenränder nicht zu schmal einstellen, denn das kann dazu führen, dass der Drucker des Empfängers nicht alles auf eine Seite bekommt.
- Seitenumbrüche definieren und korrekt setzen,
- Tabellen oder Kalkulationen nicht zu breit machen,
- keine unnötigen Leerseiten anhängen.

Links

Hat ein Kunde eine Frage zur Internetseite oder gibt es auf Ihrer Website interessante Informationen oder einen Download-Service etc.? Dann ist es wichtig, in einer E-Mail konkret darauf zu verweisen und den direkten Link einzusetzen, anstatt nur generell auf die Website hinzuweisen. Das ist nicht nur servicebewusster, sondern vermeidet weitere Rückfragen, wo die Information denn nun genau sein soll. Ein kleiner Tipp: Wenn Sie das http:// voranstellen, erscheint der Link klickbar.

Link so konkret wie möglich angeben

Bitte beschränken Sie sich nicht darauf, lediglich auf das Internet zu verweisen, sondern beantworten Sie eine Kundeninformation oder -anfrage immer so, dass die wesentlichen Informationen aus der E-Mail hervorgehen.

Alle wesentlichen Informationen in der E-Mail

Disclaimer

Ein E-Mail-Disclaimer hat häufig zum Inhalt, dass der Lesende, sollte er die E-Mail versehentlich erhalten haben und nicht der gemeinte Empfänger sein, den Inhalt der betreffenden E-Mail sofort wieder vergessen möge und die E-Mail an den Absender zurück oder an den gewünschten Empfänger senden soll.

Solche E-Mail-Disclaimer sind nach überwiegender Ansicht unter Juristen unwirksam. Allenfalls nützt er, wenn Sie darum bitten, dass Sie als Absender bitte informiert werden, wenn es um einen Irrläufer geht (was in der Regel ohnehin der Fall sein wird). Sie sollten also einfach dafür sorgen, dass Ihre E-Mails korrekt verschickt werden.

Signatur

Jeder Mail sollten Sie unbedingt eine Signatur anhängen! Diese ist nicht nur wichtig, um Ihre Website bekannt zu machen oder um etwaige Aktionen oder Neuigkeiten vorzustellen, sondern auch, weil Sie es dem Empfänger leichtmachen, mit Ihnen in Kontakt zu treten. Mehr zur E-Mail-Signatur finden Sie in Kap. 6.5.

Praxistipp

Für Einzelunternehmer, die häufig unterwegs sind und die zeitnah auf E-Mails reagieren möchten bzw. müssen, ist eine Funktion sinnvoll, die E-Mails auf das Handy schickt.

12.2 E-Mail-Korrespondenz

Antworten auf E-Mails müssen zeitnah erfolgen. Das Internet hat alles beschleunigt, die Reaktionszeiten sind kurz.

Kontaktformular und Textbausteine

Bei der elektronischen Korrespondenz gibt es verschiedene Wege: Neben der E-Mail gibt es im Netz häufig ein Kontaktformular. Bekommen Sie viele generelle Anfragen ist es zudem sinnvoll, mit Textbausteinen zu arbeiten.

12.2.1 Kontaktformular

Für die Bearbeitung notwendige oder marketingrelevante Angaben

Häufig nutzen Websites statt eines E-Mail-Links ein Formular. Für vorgegebene Felder können Sie festlegen, welche Angaben der Absender machen sollte oder muss (Pflichtfelder): Das können Angaben sein, die für das Beantworten des Anliegens nötig sind (eine Technik-Anfrage z.B. enthält Abfragefelder zum benutzten Betriebssystem, eine Anfrage zu einer aktuellen Bestellung die Rechnungsnummer), das können aber auch marketingrelevante Angaben sein (z.B. „Wie ist der Neukunde auf uns gekommen?“) oder Angaben zu Alter/Geschlecht/Interessen des Besucher, die für das Unternehmen in anderer Hinsicht interessant sind.

Durch eine entsprechende V**orauswahl von Abteilungen oder Betreff-Möglichkeiten** können Sie außerdem die eingehenden E-Mails vorsortieren lassen.

Benutzerfreundlich ist es, wenn nach Absenden des Kontaktformulares ein freundliches und klares Feedback in Form eines **Bestätigungs-Bildschirmes** erfolgt, wonach die Nachricht erfolgreich gesendet wurde. Aber vermeiden Sie es, an dieser Stelle konkrete Angaben darüber zu machen, wann eine Antwort erfolgt. Es ist sehr ärgerlich, wenn per Bestätigung eine „umgehende Antwort“ zugesagt wird oder vom „nächsten Werktag“ die Rede ist, dies jedoch nicht eingehalten wird.

Die zusätzliche Option, dass der Besucher seine Anfrage noch einmal als **E-Mail an die eigene Adresse** gesendet bekommt, ist ebenfalls servicebewusst und schafft beim Besucher Ihrer Internetseite den Eindruck, mit seinem Anliegen ernst genommen zu werden.

Möchten Sie im Kontaktformular nähere Angaben abfragen, halten Sie sich immer vor Augen, dass es einfach sein muss, mit Ihnen in Dialog zu treten. Für die vordefinierten Felder gilt also: Fragen Sie immer nur die Daten ab, die Sie wirklich brauchen!

Fragen Sie nur Daten ab, die Sie wirklich benötigen

Wenn Sie bei jedem Mail-Kontakt alle möglichen Marktforschungsdaten abfragen – vielleicht sogar in Form von Pflichtfeldern –, verringert sich die tatsächliche Kontaktaufnahme zu Ihnen erheblich, denn viele User möchten sich für eine kurze Anmerkung oder Frage nicht ausfragen oder durch zahlreiche Pflichtfelder zwingen lassen.

Die meisten Besucher möchten zudem vorerst anonym bleiben und finden die Eingabe von Daten lästig und zeitraubend. Oder aber sie befürchten, dass diese Daten anderweitig genutzt oder für Werbezwecke verkauft werden.

PRAXISTIPP

Die Eingabefelder müssen groß genug sein. Selbst große Unternehmen machen den Fehler, das Textfeld so stark zu begrenzen, dass man mit dem zur Verfügung gestellten Umfang sein Anliegen gar nicht vernünftig darlegen kann. Das wiederum ist kontraproduktiv für das Unternehmen, denn so kann es nicht genau erfassen, worum es geht. Außerdem wirkt es nicht sehr kundenfreundlich, wenn man den Besuchern vorschreibt, wie viel sie sagen dürfen.

Pflichtfelder sollten nur eingesetzt werden, wenn sie wirklich nötig sind, und auch dann immer sparsam. Pflichtfeld bedeutet, in diesem Feld muss eine Angabe gemacht werden, ansonsten kann das Formular nicht erfolgreich geschickt werden und es kommt ständig eine Fehlermeldung.

Pflichtfelder nur gezielt und sparsam einsetzen

PRAXISTIPP

Achten Sie darauf, dass eine Fehlermeldung immer so eindeutig ist, dass der Besucher sofort erkennt, warum das Formular nicht gesendet werden kann. Eine sehr schlechte Lösung ist es, wenn eine generelle Information à la „Füllen Sie das Formular vollständig aus!“ erscheint, das eigentliche Problem aber nicht an mangelnder Vollständigkeit hängt, sondern beispielsweise an einer überschrittenen Anschlagszahl oder einem falschen Datumsformat.

Überlegen Sie sich gut, bei wem im Unternehmen und in welcher Form die Nachrichten, die über ein Kontaktformular kommen, eingehen sollen.

In kleineren Unternehmen ist das nicht selten der Techniker, der diese Nachrichten dann weitergibt. Eventuell wurde vom Programmierer auch automatisch die allgemeine info@-Adresse verwendet.

Prüfen Sie, ob es für Ihre Belange nicht einen besseren, weil direkteren Empfänger gibt.

Achten Sie auch auf die **Darstellung der Nachricht**. Häufig gesehen sind fast unlesbare E-Mails, was Layout und Feldbezeichnungen angeht. Wenn Programmierer hier nur zweckmäßig vorgehen oder ganz einfach nicht gesagt bekommen, wie die entsprechende Kontaktformular-E-Mail aussehen soll, leiden oft Verständlichkeit und Effizienz.

12.2.2 Vorgefertigte Antworten und Textbausteine

Natürlich ist es praktisch und erleichtert die Arbeit, wenn sich ein Unternehmen Muster-Antworten oder Textbausteine zulegt und so auf die immer gleichen Fragen auch fachgerecht eingehen kann.

Trotz Textbausteinen individuell auf das Kundenanliegen eingehen

Das ist aber nur dann auch serviceorientiert, wenn der Kunde dennoch sieht, dass auf sein Anliegen individuell eingegangen wurde. Wird er serienmäßig abgefertigt, ist das höchst ärgerlich und kann auch einen bis dahin positiven Eindruck Ihres Unternehmen zerstören.

BEISPIEL

Bei einer CD-Bestellung im Internet habe ich mich verklickt und ein falsches Produkt ausgewählt. Kein Problem, es gibt ja das Umtauschrecht. Da ich den Lieferschein, der für die Rücksendung nötig ist, schon weggeworfen hatte, sende ich eine E-Mail an den Kundenservice und erkundige mich, ob ich die CD dennoch zurückschicken könne. Ich erhalte eine sehr lange (Standard-) Antwort, das sei „kein Problem, solange das Produkt noch in der Zellophanfolie versiegelt ist".
Dummerweise war die CD überhaupt nicht mit Zellophan umwickelt, als sie bei mir ankam. Deshalb schicke ich eine weitere E-Mail, schildere eben dieses und frage, wie ein Umtausch denn nun möglich sei, wenn man ein Produkt versiegelt zurücksenden soll, das nicht versiegelt war. Daraufhin bekomme ich erneut die Antwort: „kein Problem, solange das Produkt noch in der Zellophanfolie versiegelt ist" ...
Das ist leider ein verbreiteter Fehler: E-Mails werden nicht gewissenhaft gelesen, sondern einer Standardfrage (Umtauschmodalitäten) zugeordnet, woraufhin mit der vermeintlich passenden vorgefertigten Standardantwort reagiert wird.

Dieses Beispiel enthält zwei Aspekte, die für die Korrespondenz wichtig sind:

- Jede Anfrage genau lesen und verstehen und
- immer individuell auf die Anfrage eingehen.

Die Verwendung von Textbausteinen bzw. Standardbriefen ist überhaupt kein Problem, sofern diese passend sind bzw. individuell angepasst werden. Haben Sie oder Ihre Mitarbeiter häufig mit der Beantwortung von E-Mails zu tun und handelt es sich zudem um viele und ähnliche Anfragen (z.B. technische Hotline), ist es wichtig, genügend Pausen zu gewähren. Bei jeder Arbeit, die „wie am Fließband" passiert, insbesondere wenn sich die

Anfragen ähneln, wird man leicht unaufmerksam oder interpretiert Fragen falsch.

Mailempfänger immer beim Namen nennen

Ganz wichtig ist es auch, dass Sie den Empfänger in Ihrer Antwort IMMER beim Namen nennen! Oft gesehen ist der Standard „Sehr geehrter Kunde" oder sogar das noch unpersönlichere „Sehr geehrte(r) Kundin/-e". Das ist ein Trauerspiel und wirkt sehr ignorant gegenüber der anfragenden Person.

Wer seine Mitarbeiter bei der Verwendung von Textbausteinen darin schult und auch dazu anhält, **Antworten treffend** zu geben und vor allen Dingen immer zu **personalisieren**, der hat zwei Vorteile: Er hat weniger Aufwand und profitiert von dem guten Eindruck, der entsteht, wenn eine Erwiderung persönlich ist und die Frage beantwortet.

Zitieren

Die meisten E-Mail-Programme sind so eingestellt, dass bei Antworten oder Weiterleiten die Ursprungsmail bestehen bleibt. Das ist auch sinnvoll, wenn der Empfänger den Inhalt braucht, um informiert zu sein oder darauf Bezug zu nehmen.
Üblich ist es in diesem Fall, dass die Antwort ganz oben steht, was unnötiges Scrollen vermeidet. Dennoch wird auch im Berufsleben oft sehr verwirrend geantwortet: Entweder wird Text ohne besondere Markierung zwischen die Originalnachricht geschrieben oder aber die Originalmail wird erst komplett beibehalten und ganz unten steht dann die Antwort.
Eine effiziente E-Mail-Korrespondenz achtet auf Übersichtlichkeit und Zeitersparnis. Darum ist es wichtig, den Text einer Originalmail nur dann zu wiederholen,

- wenn dies für die Verständlichkeit wichtig ist oder ein Sachverhalt bestätigt (und darum noch einmal wiederholt) wird
- oder wenn eine dritte Person informiert ist oder tätig werden soll, etwa bei der Weiterleitung einer E-Mail.

Beim Weiterleiten einer E-Mail-Anfrage, etwa der eines Kunden an einen Kollegen oder aber auch einer internen Information, die nach „draußen" geht, ist es immer wichtig, auf den Tonfall zu achten. Es kann sein, dass ein Kunde verärgert war und sich im Ton vergriffen hat, oder aber, dass ein Kollege sich sehr salopp äußert, was nur für Ihre Augen bestimmt war. Wägen Sie deshalb immer ab, was als Zitat stehen gelassen wird und was besser in eigenen Worten umformuliert wird.
Sofern der Ursprungstext zitiert wird, weil man sich unmittelbar auf Aussagen oder Fragen bezieht, ist es wichtig, das Zitat als solches kenntlich zu machen, zum Beispiel mit einem Symbol (>>, Punkte oder –) am jeweiligen Zeilenbeginn. Zitieren Sie auch hier immer nur den relevanten Auszug, gerade so, dass die Verständlichkeit gewährleistet ist. Es ist nicht nötig, bei einzelnen Kommentaren eine komplette Originalmail zu wiederholen. Das führt nur zu mangelnder Übersicht.

Formulieren Sie E-Mails immer so, dass der Empfänger sich angenommen fühlt, und laden Sie ihn dazu ein, sich zu melden, wenn noch etwas unklar ist.

Oft werden Anfragen zwar gut beantwortet, jedoch in einer Form, die beim Empfänger das Gefühl hervorruft, „abgefertigt" zu werden.

12.3 Autoresponder/Abwesenheitsnachrichten

Kunden bzw. Interessenten informieren

Ist ein Mitarbeiter in Urlaub oder krank, muss klar sein, wer sich um den elektronischen Posteingang kümmert. Hier gibt es mehrere Möglichkeiten:
- Es erfolgt eine automatische Antwort des Abwesenheitsassistenten.
- E-Mails werden an einen verantwortlichen Kollegen weitergeleitet, der sich vertretungsweise kümmert.
- Das Postfach wird täglich von Kollegen geprüft und alles bearbeitet.

Sofern ein **Abwesenheitsassistent** genutzt wird, ist es empfehlenswert, firmenintern eine einheitliche Formulierung zu wählen. Überlässt man jedem Mitarbeiter völlig frei, was er als Abwesenheitstext schreibt, kommen teilweise undurchdachte oder unvollständige Nachrichten zustande. Diese können unbeabsichtigt ignorant wirken und Interessenten und Kunden verprellen.

BEISPIEL

„Bin bis Freitag, den xx in Urlaub. Alle eingehenden Mails werden ungelesen gelöscht. In dringenden Fällen bitte Vorname Name kontaktieren: Tel. 123, E-Mail: xx."
Das ist das krasseste Beispiel, das mir jemals untergekommen ist: Hier gibt es keine Anrede und keine Spur von Freundlichkeit (z.B. „danke für Ihre Nachricht"). Der Gipfel ist der Hinweis, dass die E-Mail, die ich eben geschickt habe, „ungelesen gelöscht" wurde! Und der gnädig wirkende Hinweis, dass ich mich in dringenden Fällen an einen Kollegen wenden kann.
Bestimmt hat sich die Person nichts Böses dabei gedacht und wollte weder unhöflich noch ignorant wirken, aber so etwas geht gar nicht!

Je nach verwendetem E-Mail-Programm gibt es teilweise nur eingeschränkte Möglichkeiten, was in einer Abwesenheitsnachricht stehen kann. Eine **Urlaubsnachricht** sollte idealerweise enthalten:

Bestandteile einer Urlaubsnachricht

- einen eindeutigen **Betreff**
- eine höfliche neutrale **Anrede** („Guten Tag")
- einen **Dank** für die E-Mail
- konkrete Informationen über die **Dauer der Abwesenheit**
- handelt es sich um betriebliche Abwesenheit, dann das ruhig mit angeben (z.B. Fortbildung, Geschäftsreise)

- einen **Ausblick**, dass man sich nach Rückkehr meldet (Bitte realistisch formulieren: Wer jedem verspricht, sich sofort am allerersten Tag zu melden, kommt in die Bredouille.)
- eine Information, wer während der Abwesenheit kontaktiert werden kann (konkreten Namen und Kontaktdaten nennen)

Urlaubsvertretung mit Kontaktdaten nennen

Am besten ist es, wenn zusätzlich zum automatischen Assistenten ein **Kollege die E-Mails prüft** und von sich aus tätig wird, etwa bestätigt, dass er sich einer Sache angenommen hat, oder bei dringenden Fällen von sich aus aktiv wird – auch wenn keine vollständige Urlaubsvertretung vereinbart wurde.

Sofern Kontakt zu anderssprachigen Geschäftspartnern, Kunden und Mitarbeitern besteht, ist die Abwesenheitsnachricht natürlich in allen relevanten Sprachen untereinander zu setzen. Hier sollte allen Mitarbeitern eine fehlerfreie Musterübersetzung zur Verfügung gestellt werden.

Alle relevanten Sprachen berücksichtigen

Veraltete Mailadressen

Achten Sie darauf, was mit den E-Mail-Accounts von früheren Mitarbeitern geschieht bzw. mit alten Mailadressen (etwa wenn es einen Namenswechsel durch Heirat gibt). Leider kommt es vor, dass alte Adressen einfach gelöscht werden oder auch weiterbestehen, aber niemand das Postfach mehr überprüft.
Solche alten Postfächer sollten jedoch auf die neue bzw. eine andere Adresse **umgeleitet** werden und/oder (je nach Möglichkeiten des E-Mail-Systems) es sollte eine **automatische Antwort** gesendet werden, die darüber informiert, dass die alte Adresse nicht mehr aktiv ist und welcher Mitarbeiter (mit welchen Kontaktdaten) jetzt verantwortlich ist.

12.4 Anfragen

Viele Unternehmenspräsenzen belassen es leider bei allgemeinen Aufrufen, sich bei Fragen telefonisch zu melden oder eine E-Mail zu schicken, und geben eine **allgemeine Adresse** à la „info@unternehmen.de" an.

Das hat jedoch zahlreiche **Nachteile**:

- Das allgemeine Postfach muss von einem Mitarbeiter konstant unter Kontrolle gehalten und alle E-Mails gelesen werden. Erst danach lässt sich entscheiden, wer zuständig ist – wenn die Anfrage so aussagekräftig und der betreffende Mitarbeiter so informiert ist, sie der richtigen Person zuzuordnen. Ansonsten kommt es zu weiteren **Verzögerungen**. Abgesehen von der Außenwirkung ist es jedoch auch firmenintern schon eine Verschwendung von Arbeitszeit, wenn alles durch mehrere Hände gehen muss.

Arbeitszeitverschwendung, wenn alles durch mehrere Hände geht

- Häufig ist die Art der Fragestellung zu ungenau oder zu allgemein gehalten, sodass man nicht erkennt, was das genaue Anliegen und vor allen Dingen die Bedürfnisse (Einsatz eines bestimmten Produktes, Entscheidung für eine Leistung und den Umfang, Zeitfaktor, Budget etc.) sind. Je allgemeiner jedoch die Anfrage ist, desto schwieriger ist die Zuordnung und Beantwortung. Denn entweder muss man erneut rückfragen, was Zeit und Aufwand bedeutet, oder aber man antwortet zu allgemein und vergeudet Ressourcen.

Rückfrage-Hemmschwelle sinkt durch die Angabe konkreter Ansprechpartner

- Oft ist die Hürde – weil man aufgrund der Website einen zu anonymen Eindruck hat – sehr groß. Sind hingegen konkrete Personen genannt (eventuell sogar mit einem sympathischen Bild vorgestellt) und die direkten Kontaktmöglichkeiten angegeben, dann fühlt man sich praktisch „persönlich" aufgefordert, sich zu melden. Die Hemmschwelle sinkt.

12.4.1 Formulare gezielt einsetzen

Eine der wichtigsten Schnittstellen vom Internetauftritt zum Alltagsgeschäft sind Anfragen.

Formulare ohne Konkretisierung sind nicht sehr hilfreich

Um Interessenten und Kunden zu animieren, schnell eine Auskunft einzuholen, werden oft Formulare genutzt, bei denen man lediglich seine Kontaktdaten einträgt und dann eine oder mehrere vorgegebene Punkte ankreuzen kann, z.B. „Bitte schicken Sie mir nähere Informationen" oder „Ich hätte gern ein Preisangebot". Die Anfrage selbst wird jedoch nicht konkretisiert. Wenn jedoch keine näheren Angaben gemacht werden, ist ein Mitarbeiter nicht in der Lage, eine Auskunft zu geben, ohne Rücksprache zu halten.

Nur mit wenigen **näheren Informationen** könnte sehr viel **schneller eine hilfreiche Antwort** gegeben werden, d.h., intern wird Zeit und Arbeit gespart und die Kunden sind zufriedener, weil prompt eine kompetente Antwort kommt und nicht erst eine Nachfrage erfolgt, die oft genug erneut in Warten mündet, etwa weil der Mitarbeiter mit den genannten Details nun erst einmal nachsehen oder kalkulieren muss und sich dann „nochmal meldet".

Lange und umständliche Wege verringern das Interesse

Denken Sie daran, dass je nach Qualität einer E-Mail-Rückfrage noch immer Fragen offen bleiben und eventuell erneut nachgehakt werden muss. Zudem müssen meistens mehrere Rückrufversuche unternommen werden, bis man jemanden persönlich erreicht – das bindet Arbeitszeit. Und: Je länger es dauert und je „umständlicher" es bei der anfragenden Person wirkt, desto mehr verblasst deren Interesse.

In Kapitel 12.2 wurde erwähnt, dass es sinnvoll ist, Kontaktformulare nicht zu überfrachten, nur relevante Fragen zu stellen und mit Pflichtfeldern sparsam umzugehen. Damit eine Internet-Anfrage also prompt und ohne unnötige Rückfragen (und damit verbundene Verzögerung) bearbeitet werden kann, ist es aber in bestimmten Fällen durchaus von Wichtigkeit, nähere Angaben zu erfragen – und damit auch mehr Felder und Pflichtfelder zu setzen.

Beispiel

Eine Bildagentur verkauft die Nutzungsrechte an Fotos für Werbezwecke. Der Preis hängt vom Werbemittel, der Größe, der Auflage und dem Verbreitungsgebiet ab. Nur wenn diese Informationen vorliegen, kann das Nutzungshonorar kalkuliert werden.

FAQs zur Entlastung der Mitarbeiter

Gängige Fragen können Sie auch in einer **Frage-Antwort-Sektion** vorwegnehmen und allgemein auf der Website zugänglich machen. Das entlastet nicht nur die Mitarbeiter im Alltagsgeschäft, sondern ist auch ein guter Mehrwert für Ihre Kunden (vgl. Kap. 4.6).

Bei Preisinformationen kann man z.B. gut mit **Preisbeispielen** arbeiten (sofern die Preise immer individuell nach Art und Umfang kalkuliert werden). Oder aber man kann auch einen **Online-Rechner anbieten**, also eine kleine Anwendung, mit der ein Webbesucher selbst ausrechnen lassen kann, was Produkt oder Leistung kosten werden.

Beispiele

Große Firmen machen es vor: Ein schönes Feature auf der Website der Post ist die Möglichkeit, das Porto online zu berechnen: www.deutschepost.de (Link „Porto/Preise berechnen"). Bei www.dell.de kann man sich einen Computer mit Software zusammenstellen und bekommt immer direkt angezeigt, was die Ware kostet.

Auch für kleinere Unternehmen kann sich dies rentieren. Erkundigen Sie sich bei einem Programmierer: Schildern Sie, was so ein Programm können sollte, dann kann er Ihnen zur Umsetzung und zu den Kosten Auskunft geben.

12.4.2 Zuständigkeiten und Abwicklung

Jeder Besucher der Website sollte sofort wissen, wer wofür der richtige Ansprechpartner ist. Bereits hier zeigt sich, ob die Schnittstelle zum verantwortlichen Mitarbeiter funktioniert.

Je nach Firmengröße ist es beispielsweise sinnvoll, die Ansprechperson namentlich zu nennen und die individuellen Kontaktdaten anzugeben. Einzelunternehmer brauchen das natürlich nicht – hier ist das Unterhalten diverser Mailadressen à la info@..., presse@..., vertrieb@... etc. eher albern und zudem umständlicher.

Eindeutige Zuständigkeiten klar benennen

Schon kleine Firmen aber haben bestimmte Bereiche, die man separat bezeichnen sollte: Wenn bei Rückfragen zu Rechnungen lediglich die Mitarbeiterin der Buchhaltung Auskunft geben kann, dann sollte diese Zuständigkeit inklusive der Kontaktdaten auch direkt auf der Website angegeben werden. Denn warum sollte der Anruf erst weiterverbunden oder eine Mail weitergeleitet werden, wenn es auch den direkten Weg gibt?

Handelt es sich um eine Firma mit mehreren oder vielen Mitarbeitern, dann ist es sinnvoll, ein **Kontaktformular** zu erstellen, das – etwa per Pulldown-Menü – **vorsortiert**, um welches Anliegen es geht bzw. welche Abteilung kontaktiert werden soll.

Beispiel

In einem Formular gibt es die Auswahl „Kundenservice", „Presseanfragen", „Geschäftsführung". Je nachdem, was im Kontaktformular angeklickt wird, wird die Nachricht direkt an die angesprochene Abteilung weitergeleitet.

Firmenintern muss klar festgelegt sein:

- Wie wird generell mit E-Mails verfahren, d.h.: Wer checkt, wer bearbeitet die E-Mails? In welchem Zeitraum muss die Antwort – und sei es nur die erste Zwischeninformation – erfolgen? Etc.
- Wer ist intern wofür genau zuständig? Nur so können Anfragen auch an die korrekte Person weitergeleitet werden bzw. man kann bei Anliegen mit mehreren Fragen, die auch andere Bereiche berühren, bei der richtigen Person nachfragen.

Bei interner Rückfrage nur relevante Informationen weitergeben

Über das Zitieren haben wir schon gesprochen, an dieser Stelle aber noch einmal der Hinweis: Werden Kundenanfragen weitergegeben, ist es prinzipiell gut, diese komplett zu lassen. Wird jedoch intern eine Rückfrage gestartet, deren Antwort man anschließend selbst in die Reaktion an den Kunden integriert, ist es wichtig, nur die relevanten Punkte weiterzuleiten.

Beispiel

Schickt jemand eine ellenlange Preisanfrage und mittendrin ist eine kleine technische Frage enthalten, dann wäre der Kollege aus der Technik bei kompletter Weiterleitung der Mail gezwungen, die ganze Anfrage zu lesen und sich seinen Teil erst einmal zu suchen. Besser ist es, die Technikfrage zu separieren und nur diese an den Kollegen (mit dem Hinweis auf eine Kundenanfrage und der Bitte um schnelle Antwort) weiterzuleiten. Natürlich müssen alle relevanten weiteren Informationen (z.B. Computerdetailangaben), die der Kollege aus der Technik braucht, auch mitgeben werden.

Denken Sie beim Weiterleiten immer daran, sich höflich auszudrücken.

So formulieren, dass eine Mail theoretisch von jedem gelesen werden könnte

Es passiert öfter, als man denkt, dass irrtümlich ein falscher Knopf gedrückt wird und aus einer Weiterleitung an einen Kollegen ein „Antworten" an den Kunden aktiviert wird. Alle Mitarbeiter sollten – auch firmenintern – immer so formulieren, dass die Inhalte immer von jedem gelesen werden könnten.

12.5 Bestellungen per Internet

Wenn über das Internet per Mail, Formular oder Online-Shop bestellt wird, ist die eine Hürde die technische Abwicklung, die andere die Schnittstellen zu den Mitarbeitern.

Bei Bestellungen über das Internet ist es auf jeden Fall wichtig, dass das Unternehmen diese bestätigt:
- **Bestellbestätigung**, in der die Bestellung noch einmal aufgelistet wird, damit der Kunde etwaige Fehler korrigieren bzw. sichergehen kann, dass alles korrekt angekommen ist; zusätzlich sollte der Kunde über eventuelle Lieferschwierigkeiten informiert werden oder darüber, wann die Ware verschickt wird.
- **Versandbestätigung**, wenn die Ware auf den Weg gebracht wurde. Wenn täglich verschickt wird, kann eine separate Bestellbestätigung entfallen.

Unprofessionell wäre es, Bestellungen vollkommen unbeantwortet zu lassen, selbst wenn Sie die Ware umgehend verschicken. Eine Bestätigung ist servicebewusster und gibt Ihren Kunden Vertrauen und Sicherheit.

Vorbereitete Serienmails individualisieren

Wenn Sie mit einem richtigen Online-Shop arbeiten, können Sie Versandbestätigungen automatisch verschicken. Haben Sie einen „manuellen" Shop, d.h., Ihre Kunden bestellen per E-Mail-Formular, dann ist die Bestätigung manuell zu versenden. Eine vorbereitete Serienmail ist hier völlig ausreichend, sofern die individuellen Daten eingefügt werden.

Zur **Schwachstellensuche** oder zur **Optimierung Ihres Geschäftsablaufs** gehen Sie alle Bereiche durch, die mit dem Handel per Internet zu tun haben:
- Logistik (Warenbereithaltung)
- Bestückung des Internets mit den relevanten Produktinformationen (evtl. inkl. Verfügbarkeit)
- Bestellungen (ggf. inkl. Vorbestellung)
- Veränderungen gemachter Bestellungen (Storno, Ergänzung, Zusammenfassen mehrerer Bestellungen)
- Bearbeiten der Bestellung nach Eingang bis zum Versand

- Rechnungsstellung (inkl. Mahnwesen)
- etc.

Konkretisieren Sie diese Bereiche weiter und vollziehen Sie beispielsweise nach, welchen Weg eine Ware von der Bestellung bis zum Versand nimmt und durch welche Hände sie geht. So erkennen Sie Optimierungsbedarf.

13 Die Website als tatkräftige Unterstützung für Ihre Mitarbeiter

Idealerweise unterstützt Ihre Internetpräsenz Sie und Ihre Mitarbeiter dabei, effizienter zu arbeiten und Umsatz zu machen. Leider wird dieser **Synergieeffekt** bei vielen Unternehmen nicht genutzt.

Mangelnde Aktualität der Internetpräsenz verschenkt Potenzial

Ein zentraler Punkt dabei ist die mangelnde Aktualität, wenn es um die Internetseite geht: Neue Inhalte werden nicht oder stark verzögert, online gestellt. Die Gründe dafür können vielfältig sein, unter anderem:

- Aktionen vom Vertrieb werden online nicht, falsch oder verspätet bekannt gegeben.
- Sondernachlässe, die im Internet angeboten werden, sind in den automatischen Berechnungen der internen Software nicht enthalten, sodass es zu Verärgerung und unnötigen Rückfragen kommt.
- Der **Informationsfluss** innerhalb des Unternehmens **funktioniert nicht** oder nur schlecht, sodass beispielsweise das Marketing etwas beschließt, mit dem Vertrieb darüber spricht, aber keine Inhalte und Anweisungen an die Technik weitergibt, die die Aktualisierung übernommen hat.
- Technische Probleme sorgen dafür, dass der zuständige Mitarbeiter Informationen oder eine Aktion nicht veröffentlichen kann und Unterstützung von der Computerabteilung braucht. Diese setzt **andere Prioritäten**, ist überarbeitet oder anderweitig beschäftigt und behebt den Fehler nicht.

Prüfen Sie, ob in dieser Hinsicht intern Optimierungsbedarf besteht. Auch bei Einzelunternehmern kann es passieren, dass man viel zu lange trödelt, etwa weil man die Arbeit an der Website immer wieder verschiebt oder aber weil man zwar eine gute Idee für eine Aktion hat, das Update der Internetseite auch kein Problem darstellt, man sich aber schwer mit dem Formulieren von Texten tut.

Stellen Sie für Ihr Unternehmen fest:

- In welchem Umfang nutzen wir unsere Firmenwebsite bislang dazu, gezielt **neue Umsätze** zu erzeugen und den regulären **Arbeitsalltag** zu **entlasten**? Mit welchem Erfolg? Und: Was gibt es zu verbessern?

- Wie könnten wir die Internetseite noch besser nutzen? In welchen Bereichen fehlen Informationen bzw. wo gibt es Stau oder Verzögerungen – und warum? Wie sind diese behebbar?
- Wie ist in meinem/unserem Unternehmen die Vorgehensweise geregelt, was die Aktualisierung der Internetseite betrifft?

Insbesondere der letzte Punkt ist relevant. Es kann beispielsweise sein, dass die Internetseite einfach aus den üblichen Zuständigkeitsgründen beim entsprechenden Computer-Fachmann liegt, obwohl es sinnvoller wäre, die ganz normalen Aktualisierungen dem Marketing oder der Sekretärin zu übertragen. Eine Einweisung in bestimmte Bereiche oder – je nach Umfang der Website – die Programmierung einer Weboberfläche dergestalt, dass Änderungen über den gewohnten Internetbrowser gemacht werden können, ist für den Moment etwas mehr Aufwand, lohnt sich jedoch auf lange Sicht.

Technik und Support

Am wichtigsten ist, dass die **einwandfreie Funktion der Website** und die Aktualität firmenintern **Priorität** hat! Gibt es eine Computerabteilung oder einen externen Dienstleister, muss allen Beteiligten klar sein, dass **Störungen schnell behoben** bzw. **Updates termintreu** veröffentlicht werden.

Praxistipp

Etwaige Wartungsarbeiten sollten auf Zeiten verlegt werden, zu denen der Besucherstrom gering ist. Das ist individuell nach Website/Zielgruppe verschieden. Wer sich hauptsächlich an Geschäftskunden richtet, kann nach dem üblichen Geschäftsschluss loslegen, wer eher Privatkunden anspricht, sollte genau das vermeiden, da zu diesem Zeitpunkt seine Zielgruppe online geht.

13.1 Informationen zur Verfügung stellen

Je bekannter Ihre Firmenwebsite ist und vor allen Dingen je informativer sie ist, desto mehr Umsätze kann sie erzeugen und desto mehr entlastet sie das Alltagsgeschäft.

Konkret bedeutet bzw. erfordert das, dass

- eine Website idealerweise eigenständig akquiriert;
- Kaufentscheidungen schneller passieren, wenn genügend – verkäuferisch geschickt formulierte – Informationen zur Verfügung stehen;
- die Rückfragen weniger werden, wenn entsprechende Informationen und Daten in geeigneter Weise aufbereitet im Netz zur Verfügung stehen (Produktfotos, **Leistungsbeschreibungen/Produktmerkmale** zum Lesen, zum Download);

Produktinformationen zum Lesen und ggf. zum Download

- Supportanfragen seltener und die Mitarbeiter entlastet werden, weil typische Fragen/Probleme anhand von **gut strukturierten Hilfe-Sektionen** beantwortet werden (= gleichzeitig ein guter Service für Kunden, weil diese sofort eine Antwort auf ihr Problem finden);
- **Bestellmöglichkeiten** auf der Website in einer Form programmiert werden, dass möglichst wenig von Mitarbeitern manuell nachbearbeitet werden muss;

Direkte Kontaktmöglichkeit

- Interessenten und Kunden sich direkt an die verantwortliche Person wenden können und internes Weiterleiten und Nachforschen entfällt;
- **Aktionen** (Pushen bestimmter Produkte, Rabatte für Internetbestellungen, neue Leistungen oder Veranstaltungen etc.) **gezielt beworben** werden können.

Das alles geht nur, wenn die Internetseite „lebt", also kontinuierlich und vor allen Dingen zeitnah gepflegt und bestückt wird.

PRAXISTIPP

Überprüfen Sie Ihre Anfragen. Handelt es sich dabei größtenteils um
- Produktinformationen?
- Leistungsbeschreibungen?
- Unternehmensdaten?
- Fragen zur Abwicklung bei Auftrag?

So lässt sich feststellen, welche Art von Informationen in welcher Form auf die Website gestellt werden sollten.

13.2 Betriebliche Daten für das Unternehmen nutzen

Daten ermitteln und verarbeiten

Von allen Informationen aus der Webnutzung kann Ihr Unternehmen profitieren und sich weiterentwickeln, denn diese Informationen helfen Ihnen, **Rückschlüsse auf das Kundenverhalten und den Erfolg Ihrer Marketingmaßnahmen** zu ziehen. Sie sollten deshalb unbedingt entsprechende Daten ermitteln, sammeln und verarbeiten.

Zwei Bereiche sind hier relevant: zum einen die **Zugriffsstatistiken** der Website, zum anderen die im Web erzielten **Umsätze**.

Eine Zugriffsstatistik für die Website gibt Ihnen unter anderem Informationen darüber,
- wie viele Besucher pro Stunde/Tag/Monat/Jahr auf Ihrer Internetseite waren,
- wie viele Einzelseiten aufgerufen wurden,
- über welche anderen Websites/Querverlinkungen User auf Ihre Website gekommen sind,

- welche Inhalte besonders stark frequentiert sind,
- welche Suchbegriffe verwendet wurden etc.

Bedürfnisse der Kunden erkennen

So erkennen Sie z.B., um welche Uhrzeit besonders viele User online sind, was relevant wird, wenn Sie eine Aktion wie beispielsweise einen Live-Chat planen, oder auch, ob z.B. ein bestimmter Link besonders häufig genutzt wird, etwa ein Artikel aus einem Newsletter.

Durch diese Informationen können Sie Ihre Internetpräsenz stärker an den Bedürfnissen Ihrer Besucher ausrichten. Und Sie sehen auch, welche Maßnahmen besonders erfolgreich sind.

Auch die **Art der Anfragen und das Kaufverhalten** (bei E-Commerce) ist aufschlussreich: Welche Themen/Leistungen/Artikel werden besonders viel angefragt? Gibt es Spitzen, die mit bestimmten Aktionen (z.B. Newsletter am Monatsbeginn) zusammenhängen?

Wenn das Internetgeschäft unmittelbar mit der intern genutzten Firmensoftware verbunden ist, sollte es möglich sein, in den Berichten aus der Software auch zu erkennen, welche Bestellungen und Umsätze sich aus dem Internetbusiness ergeben haben.

Für das Berichtswesen gilt übrigens, dass das System häufig **sehr viele Informationen liefern** kann, die entsprechenden **Reports** von der Technik jedoch erstmal **aufgesetzt und eingerichtet** werden müssen. Was in einer Datenbank ist, bekommt man auch wieder „raus", sprich es lässt sich auch auswerten.

PRAXISTIPP

Fragen Sie alle Interessenten und Kunden immer konkret, wie diese auf Sie gekommen sind, und erfassen Sie diese Information in Ihrer Kundendatenbank. So behalten Sie den Überblick, wie viel Ihre Website bringt!

Teil 5

Ihre individuelle Webstrategie

Bis hierhin haben Sie viele Informationen und Tipps erhalten. Jetzt heißt es, Nägel mit Köpfen zu machen: Nehmen Sie sich Ihren eigenen Internetauftritt und Ihre Online-Aktivitäten vor!

Nun heißt es Ärmel hochkrempeln: Das letzte Kapitel dient dazu, Ihre Erkenntnisse anzuwenden. Anhand von sieben Schritten erarbeiten Sie sich eine Internetstrategie, die auf Ihre Bedürfnisse passt.

Bestehenden Internetauftritt kritisch überprüfen

Auch wenn Sie bereits eine Website haben, ist es ratsam, alle sieben Schritte durchzuarbeiten und nicht etwa erst bei „Bekanntmachen" einzusteigen. Sie wollen Ihr Webbusiness ja (noch) rentabler machen, und das bedeutet natürlich auch, dass Sie einen bereits bestehenden Internetauftritt kritisch, aber konstruktiv unter die Lupe nehmen sollten, um diesen zu optimieren.

Folgende Schritte werden näher vorgestellt:
- Schritt 1: Ziele und Zielgruppe
- Schritt 2: Aufwand und Zuständigkeit
- Schritt 3: Konzipieren und optimieren
- Schritt 4: Mehrwert und Interaktivität
- Schritt 5: Bekannt machen
- Schritt 6: Zeitplan
- Schritt 7: Erfolgskontrolle

Zu den einzelnen Aspekten erhalten Sie **Fragen und Checklisten**, die Sie ausführlich und vor allen Dingen konkret durchdenken müssen. Ihre Antworten halten Sie schriftlich fest.

Das ist viel Arbeit! Wenn Sie also zu schnell alles abhaken, dann heißt das, dass Sie höchstwahrscheinlich zu wenig detailliert geantwortet haben. Und das wiederum bedeutet, dass Ihnen die Erkenntnisse daraus zu wenig nützen werden.

Schritt 1: Ziele und Zielgruppe

Im ersten Schritt geht es darum, sämtliche **Ziele**, die Sie mit Ihrer Internetseite verfolgen wollen, und Ihre Zielgruppe genau zu definieren.

➔ Relevant für: Inhalte, Sprache, interaktive Elemente, Bekanntmachungsstrategien

Checkliste: Ihre Ziele

Welche Ziele soll die Internetpräsenz für Sie erreichen in Bezug auf
- Unternehmensauftritt/Firmenimage
- Neukundenakquise
- Kundenbindung
- neue Vertriebswege (E-Commerce)

> Konkretisieren Sie für jeden dieser Bereiche, welche Ziele Sie verfolgen. Oberflächliche Statements wie z.B. „Service für Kunden" oder „Umsatzsteigerung" sollten Sie vermeiden, sie bringen nichts.
> Klären Sie genau, was Sie erreichen möchten und welche Elemente der Website Ihrer Ansicht nach dazu beitragen.

Wie sieht Ihr idealer Web-Besucher aus?

Wenn Sie Ihre **Zielgruppe(n)** definieren, sollten Sie unterscheiden zwischen bestehenden Kunden und **idealen (Neu-)Kunden**. Das ist insbesondere wichtig, wenn Sie interaktive Elemente (Foren, Chat) einbauen, die von aktiven Besuchern leben: Wer ist Ihr idealer Web-Besucher?

Auch in diesem Bereich ist die Konkretisierung wieder entscheidend!

Viele Unternehmen, die Produkte oder Leistungen anbieten, die allgemein interessant sind, machen den Fehler, die Zielgruppe zu breit anzusetzen („jeder kann unsere Leistung brauchen"). Das ist aber nicht die Frage.

Nur wenn man seine Zielgruppe konkretisiert – auch in Bezug auf die **Art von Aufträgen** (größere Abnahmemengen, Regelmäßigkeit, imageträchtige Referenzkunden etc.) –, kann man diese auch gezielt umwerben.

Schritt 2: Aufwand und Zuständigkeit

Viele Tätigkeiten verlangen klare Zuständigkeiten

Eine Internetseite erfordert Zeit und Arbeit. Je nachdem, wie viel Sie (oder ein Mitarbeiter) dafür zur Verfügung stellen können bzw. wollen, verändert sich die gesamte Konzeption und das Internetangebot.

➔ Relevant für: Kalkulation, Ressourcen-Aufwand, Zuständigkeiten, Bekanntmachungsstrategien.

✔ Checkliste: Notwendige Tätigkeiten

Das Thema Webpräsenz ist komplex. Hier sind folgende Bereiche beteiligt:

Technik
- Programmierung der Website
- Webhosting
- E-Mail-Server
- Installieren interaktiver Elemente und/oder Zusatzfunktionalität (z.B. Bezahlsystem)
- Prüfen und Wartung der Seite
- Fehlerbehebung
- etc.

Webdesign, also professionelle Gestaltung der Website
- bezogen auf die Gesamtwirkung
- im Hinblick auf den bereits bestehenden Unternehmensauftritt
- mit Rücksicht auf besondere Anforderungen des Internets (= nicht einfach Firmenprospekt online stellen)
- etc.

Inhalte
- Auswählen, welche Inhalte online gehen
- Erstellen oder Akquirieren entsprechender Inhalte
- Webgerechtes Aufbereiten der Texte
- Korrekturlesen
- Prüfen der online gestellten Informationen
- etc.

Aktualisierung und Pflege
- Je nach Konzept der Website regelmäßige Erweiterung der Inhalte
- Aktualisierung von Produkt- bzw. Leistungsbeschreibungen
- Herausnehmen alter Termine
- Rechtzeitiges Onlinestellen neuer Termine
- Pflege von Unternehmensdaten (Beschreibung, Mitarbeiter, Karriereseiten etc.)
- Technik-Update (wenn notwendig)
- etc.

PR und Bekanntmachen
- Pressearbeit (aktiv)
- Presseinformationen auf der Website bereithalten (passiv)
- Werbemaßnahmen planen und durchführen
- Online-Aktionen, die der Bekanntmachung der Website dienen
- etc.

Zuständigkeiten der Verantwortlichen

Für jeden Bereich können und müssen teilweise mehrere **Personen** Hand in Hand arbeiten. Klären Sie, wer in Ihrem Unternehmen für die Internetseite arbeiten kann und für welche Bereiche Sie einen externen Dienstleister brauchen.

Konkretisieren Sie die Person(en) und definieren Sie den genauen Zuständigkeitsbereich.

Zeitressourcen checken

Wie viel **Zeit** können Sie selbst bzw. die verantwortlichen Mitarbeiter aufwenden
- für die neue Website bzw. einen Relaunch und
- für die regelmäßige Betreuung und Bekanntmachung?

Praxistipp

Bei einer neuen Website oder der Überarbeitung einer bestehenden ist es gut, dem Projekt eine zeitlich begrenzte Priorität einzuräumen, was natürlich entsprechend mehr Zeit der beteiligten Mitarbeiter erfordert.

Für den Betreuungsalltag, wenn die Website steht, sollten Sie je nach Anforderungen und Unternehmensrhythmus mit einem wöchentlichen bzw. monatlichen Zeitpensum pro Mitarbeiter rechnen.

Bedenken Sie auch den Arbeitsalltag: Haben Sie nur sehr begrenzt Zeit, dann rechnen Sie auch realistischerweise nur damit und planen Sie Ihre Website erst einmal eine Nummer kleiner. Erweitern können Sie sie später immer noch.

> Lieber eine effektvolle und überzeugende Imagewebsite als alle möglichen Zusatzfeatures, die Sie realistischerweise gar nicht „heben" können.

Budgets zuweisen

Und dann gibt es noch das Thema **Geld**. Klären Sie, wie viel Budget Sie haben
- für die Neuerstellung einer Website oder die Überarbeitung einer bestehenden,
- für den Unterhalt/Wartung der Internetpräsenz und
- für Werbung & PR.

Die gute Nachricht kennen Sie schon: Im Internet können Sie mit wenig Geld viel Erfolg haben. Dennoch müssen Sie die Budgethöhe bestimmen, insbesondere für Tätigkeiten, die Sie nicht selbst ausführen können.

Schritt 3: Konzipieren und optimieren

Wenn Sie eine komplett neue Website konzipieren wollen, müssen Sie sich zunächst über die Wirkung, die diese – und damit Ihre Firma – haben soll, Gedanken machen. Die Überarbeitung einer bereits bestehenden Website hingegen beginnt mit einem kritischen Web-Check, aber dazu später mehr.

Konzeption einer neuen Website

Welche Unternehmenseigenschaften möchten Sie transportieren?

Hier stellt sich zunächst die Frage nach der intendierten **Wirkung**: Wie soll Ihre Website (und damit Ihre Firma) wirken? Um Inhalte, Layout und Sprache zu bestimmen, müssen Sie sich klar werden über die Eigenschaften, die Sie für Ihr Unternehmen transportieren möchten. Die Machart der Internetpräsenz kann Kompetenz unterstreichen, aber auch Schlampigkeit vermitteln, sie kann distanziert oder eher persönlich wirken. (Details zur Wirkung einer Website können Sie nachlesen in Kapitel 3.1.)

Festlegung der Rubriken

Auf der Basis der Konkretisierung Ihrer Ziele und Ressourcen können Sie nun festlegen, welche **Rubriken** Ihre Internetseite beinhalten soll:

- Beschränken Sie sich zunächst auf eine **aussagekräftige Startseite**, da Sie sich z.B. aus Zeit- und/oder Geldrestriktionen momentan nicht intensiv um die Website kümmern könnten?
- Oder planen Sie eine gute **Imageseite** (d.h. Startseite, Leistungs- bzw. Produktbeschreibung, Unternehmensdarstellung, Kontakt etc.)?
- Oder benötigen Sie von vornherein eine **erweiterte Website** mit zusätzlichem **Mehrwert** oder **interaktiven Elementen** (vgl. Schritt 4)?

Konkretisierung der Inhalte

Wenn Sie sich über die beabsichtigte Wirkung und planmäßige Rubriken klar geworden sind, können Sie nun die **Inhalte konkretisieren**: Definieren Sie, welche einzelnen Oberpunkte und Inhalte Sie aufnehmen möchten. Welche Art von Unternehmensinformationen (Fakten, Philosophie, Menschen) möchten Sie beispielsweise auf der Website veröffentlichen?

Halten Sie sich in diesem Stadium noch nicht mit dem Formulieren auf! Das ist lediglich die Konzeptionsphase.

Erneut prüfen, ob alle Planungen übereinander passen

An diesem Punkt liegt Ihnen nun ein Webkonzept – die Navigation und die groben Inhalte vor. Prüfen Sie nun noch einmal, ob alle Ihre Inhalte mit den Zielen, der Zielgruppe und den Ressourcen konform gehen.

Optimierung einer bestehenden Website

Details entscheiden über Erfolg oder Misserfolg einer Website

Machen Sie den Web-Check: In Kapitel 3.6 finden Sie eine Checkliste, mit der Sie kritisch Ihre aktuelle Internetpräsenz prüfen sollten. Notieren Sie sich gewissenhaft, was suboptimal ist. Gerade die Details sind es, die über Erfolg und Misserfolg einer Website entscheiden.

Es kann sein, dass Sie feststellen, dass Ihre Internetpräsenz, so wie Sie jetzt ist, **kontraproduktiv** für Sie ist (etwa weil sie Fehler enthält, weil die Darstellung nicht in Ordnung ist oder weil Bilder in zu schlechter Qualität enthalten sind o.Ä.). Für diesen Fall empfiehlt sich eine **sofortige Schadensbehebung**.

Temporäre Beschränkung auf Startseite oder Eliminierung einzelner Navigationspunkte

Hier kann es sinnvoll sein, die Internetseite vorläufig durch eine aussagekräftige Startseite zu ersetzen mit dem Hinweis, dass Sie Ihren Netzauftritt momentan überarbeiten.

Handelt es sich nur um einige Elemente (beispielsweise um ein leeres Forum, ein Gästebuch voll unerbetener Fremdwerbung oder eine News-Rubrik, deren letzte Neuigkeiten uralt sind), reicht es, wenn Sie diese einzelnen Rubriken temporär von der Website abkoppeln und entsprechende Navigationspunkte herausnehmen.

Hat Ihr Web-Check nur **geringfügigen „Feintuning-Bedarf"** ergeben, dann können Sie sich in Ruhe in die Planung für den Relaunch begeben: Konkretisieren Sie alle Verbesserungen und veranlassen die baldige Aktualisierung.

Oder haben Sie den Wunsch, Ihre Internetseite weitergehend zu überarbeiten, etwa Inhalte auszuwechseln und neu zu texten, dann machen Sie einen detaillierten Plan, was von wem bis wann erledigt wird.

Wenn Sie im Einklang mit Ihren Zielen und Ressourcen Ihre Website erweitern wollen, sollten Sie zunächst genauer bestimmen, welche Werkzeuge die richtigen dafür sind (vgl. Schritt 4).

Schritt 4: Mehrwert und Interaktivität

Was ist bereits enthalten, was ist in Planung?

Im zweiten Kapitel haben Sie eine Vielzahl von Möglichkeiten kennengelernt, wie Sie Ihren Web-Besuchern Anreize bieten können, Ihre Internetpräsenz immer wieder zu besuchen. Jetzt geht es darum, festzulegen, welche Art von Mehrwert Sie anbieten möchten und können (vgl. hierzu im Detail Kapitel 4).

✔ CHECKLISTE: MEHRWERT-OPTIONEN

	wird integriert	ist bereits enthalten	künftig interessant
Content bieten (Informationen, Tipps etc.)			
E-Mail-Newsletter			
Teilnahme an Partnerprogramm			
Neuigkeiten bieten			
Fragen und Antworten			
Interessante Termine nennen			
Beratung/Schulungen online anbieten			
E-Commerce			
Link-Hinweise auf andere Websites			
Weitere Features (Online-Tools für User)			

✔ CHECKLISTE: INTERAKTIVITÄT

	wird integriert	ist bereits enthalten	künftig interessant
Gästebuch			
Online-Community			
Forum			
Chat			
Weblog („Blog“)			
Online-Aktionen/Umfragen			
Sonstiges (z.B. Kundenservice online, Hotline, Callback-Service)			

Zu Elementen, die bereits auf der Website enthalten sind, machen Sie detaillierte Angaben: Was genau bieten Sie hier an, mit welchen **Zielen** und mit welchem **Erfolg**?

Elemente konkretisieren

Die Elemente, die Sie als vielversprechend ausgewählt haben und die Sie entweder **jetzt oder künftig integrieren** möchten, müssen konkretisiert werden:

- Was genau möchten Sie jeweils anbieten?
- Wie soll die Umsetzung konkret aussehen?

Behalten Sie immer Ihre Ziele und Möglichkeiten im Blick!

Interaktivität erfordert sehr viel Energie

Insbesondere die Interaktivität bringt viele Möglichkeiten, aber einen **sehr hohen Pflege-Aufwand** mit sich! Sie lohnt sich nur dann, wenn Sie auch wirklich viel Energie hineinstecken (können). Und auch dann nur, sofern die interaktiven Elemente ganz gezielt Ihre Unternehmensziele stützen.

Schritt 5: Bekannt machen

Wenden wir uns nun allen Möglichkeiten zu, die Sie dazu nutzen können, Ihre Website aktiv bekannt zu machen:

Checkliste: Website bekannt machen

	werden wir nutzen	machen wir bereits	künftig interessant
Eintrag in Suchmaschinen/Verzeichnisse			
E-Mail-Adresse der Firmen-Domain			
Empfehlungstool			
Anzeigen und Bannerwerbung			
Die Webadresse überall angeben			
Ein eigenes Partnerprogramm anbieten			
Aktiv PR betreiben			
Verlinkung			
Content auf Fremdseiten anbieten			
Als Experte auf anderen Sites auftauchen			
In virtuellen Netzwerken aktiv werden			

Auch hier sollten Sie detaillierte Angaben machen zu Elementen, die bereits auf der Website enthalten sind: Was genau bieten Sie hier an, mit welchen **Zielen** und mit welchem **Erfolg**?

Schritt 6: Zeitplan

Wenn Sie die Schritte 1–5 durchgearbeitet haben, gibt es eine Menge zu tun, denn es soll ja nicht nur bei den Erkenntnissen bleiben. Jetzt ist es notwendig, Prioritäten zu setzen und einen realistischen Zeitplan aufzustellen.

- Fassen Sie alle Ihre Erkenntnisse zusammen und leiten Sie daraus **konkrete Aufgaben** ab. Belassen Sie es nicht bei Oberbegriffen wie „E-Mail-Newsletter einführen“ oder „Benutzerfreundlichkeit steigern“, sondern konkretisieren Sie, was Sie damit meinen und was damit verbunden ist. Daraus ergibt sich, was getan und wer (ein Mitarbeiter oder ein externer Dienstleister) involviert werden muss.

Was muss konkret getan werden?

Beispiel

„Newsletter einführen“ beinhaltet u.a.:

- Wer sollen die Empfänger sein (bestehender Kundenkreis oder Abonnement)?
- Wenn bestehender Kundenkreis: Sind alle Mailadressen vorhanden und sind diese auch einverstanden, E-Mails zu erhalten?
- Ist eine geeignete Software vorhanden oder muss diese erst angeschafft (oder bei einem Anbieter gemietet) werden?
- Wie oft kann/soll der Newsletter erscheinen?
- Welche Inhalte hat der Newsletter?
- Werden diese Inhalte selbst erstellt oder zugekauft oder durch Kooperationen erzielt?

- Dann bringen Sie die aus dem ersten Punkt entstandenen Ergebnisse in eine **sinnvolle Reihenfolge**. Diese ergibt sich zum einen daraus, welcher Schritt vor dem anderen stehen muss, zum anderen aus Ihren persönlichen Prioritäten hinsichtlich des erzielten Ergebnisses der zur Verfügung stehenden Ressourcen.

Prioritäten setzen

Beispiele

- „Benutzerfreundlichkeit steigern“ und „Newsletter einführen“ – beides kann wichtig sein. Sofern sich jedoch drastische Lücken in der Benutzerfreundlichkeit Ihrer Website ergeben, hat dies natürlich Priorität.
- Bevor man einen Newsletter anbietet, muss die entsprechende Technik stehen. Auch ist es wichtig, Inhalte zu haben (idealerweise sogar mit weiterem Vorlauf zu produzieren), bevor man die erste Ausgabe oder ein bestimmtes Intervall ankündigt.

- Setzen Sie ein Endziel, bis wann die komplette Website „stehen soll“. Dieser Termin sollte **realistisch** sein und Ihr **Tagesgeschäft** berücksichtigen! Setzen Sie sich nicht unnötig unter Druck, darunter leidet nur das Ergebnis. Rechnen Sie dann von diesem Termin rückwärts und legen Sie die **Teilziele** der nach Wichtigkeit geordneten Website-Bestandteile und -Aktivitäten fest.

Termine festlegen

PRAXISTIPP

Sofern andere Personen beteiligt sind: Bedenken Sie bei Ihrer Planung, dass deren Auslastung Ihre Termine eventuell verschiebt.
Planen Sie generell Pufferzeiten ein, insbesondere dann, wenn Sie Ihren Kunden bereits einen Termin in Aussicht stellen.

Schritt 7: Erfolgskontrolle

Immer den Plan im Auge behalten

Papier ist geduldig – und so ist es eine Sache, einen Plan zu machen, auf dem tolle Vorgehensweisen und ein realistischer Zeitplan stehen, eine andere Sache ist es jedoch, die Erfolge zu kontrollieren: Sowohl, was den Plan zur Umsetzung angeht, als auch, was die Fortschritte betrifft, die Sie durch Ihre Internetseite machen.

Erfolgskontrolle Umsetzung:

Nachhaken und koordinieren

Aus Ihrem Zeitplan (Schritt 6) ergibt sich, was von wem bis wann erledigt werden sollte. Behalten Sie diesen Plan im Auge: Sie selbst oder einer Ihrer Mitarbeiter sollte die Projektverantwortung für die Website haben und in dieser Funktion bei allen Beteiligten nachhaken bzw. koordinieren, dass sich die Beteiligten von sich aus melden, sofern es zu Verzögerungen kommt.

„Schleifen lassen" ist nicht nur der Tod vieler Projekte, sondern ist eine Verzögerung, die Ihrem Business schaden kann. Denken Sie daran, dass Sie Ihre Internetpräsenz aktiv für die Akquise und für die Kundenbindung erstellen bzw. optimieren möchten.

Erfolgskontrolle Ziele:

Sie haben die Ziele, die Sie generell mit Ihrer Webpräsenz verfolgen, festgelegt. Und Sie haben idealerweise auch die einzelnen Bestandteile Ihrer Internetseite und Ihre Aktivitäten zur Bekanntmachung konkretisiert. Prüfen Sie in den von Ihnen festgelegten Zielzeiträumen, wo Sie stehen.

Ein erfolgreiches Unternehmen macht Kurskorrekturen!

Vielleicht hat sich ein Ziel überholt oder Sie bemerken bei der Zielkontrolle, dass eine Aktion nicht den gewünschten Erfolg bringt. Prüfen Sie dann kritisch, was und in welcher Weise Sie getan haben. Es wäre verkehrt, ganze Bereiche zu verwerfen. Oft hapert es nur an der Umsetzung.

Neue Ziele setzen

Haben Sie Ihre Internetseite neu erstellt oder verbessert und Ihre Web- und Unternehmensziele daraufhin abgestimmt: Wunderbar! Doch lassen

Sie es dabei nicht bewenden. Die Internetseite ist jetzt ein wesentlicher Bestandteil Ihres Unternehmenserfolges.

Legen Sie jetzt und künftig auch immer wieder neue Ziele fest und verfolgen Sie diese konsequent!

Service-Teil

Audio und Video im Netz

Die technische Ausstattung auf Kundenseite wird immer besser, die Internetverbindungen immer schneller. Das gibt Unternehmen die Möglichkeit, ihren Web-Besuchern weitere Kanäle zu bieten, etwa Audio-Dateien oder Werbe- und Imagefilme auf der Website zur Verfügung zu stellen.

Audio

Insbesondere durch den Vormarsch der MP3-Player stehen Hör-Dateien bei Webbesuchern hoch im Kurs. Gängige Formate sind beispielsweise

- mp3 (MPEG-1 Audio Layer 3)
- wma (Windows Media Audio)
- ogg (Vorbis – weniger verbreitet als MP3)

Solche Dateiformate können Internetbesucher mit der auf ihrem PC oder Mac vorhandenen Standardsoftware oder nach (kostenfreiem) Herunterladen entsprechender Player (z.B. Real Player) hören.

Die **Einsatzmöglichkeiten** für Firmen sind vielfältig, etwa:

- Interviews zur Unternehmensphilosophie vorstellen
- Hör-Tutorials für Software oder Gerätebedienung hinterlegen
- Mitschnitte von Interviews mit Funk und Fernsehen anbieten
- „Arbeitsproben" von Leistungen geben, z.B. Berater zu interessanten Themengebieten

Es gibt im Internet zahlreiche Anbieter, die sendefertige Audiodateien professionell herstellen, teilweise inklusive Übersetzungen durch Muttersprachler (z.B. www.intervoice24.de).

Möchten Sie mit eigenen Sprechern arbeiten, dann suchen Sie im Branchenbuch nach „Tonstudio". Diese nehmen – oft für wenig Geld – professionell auf und können jedes gewünschte Dateiformat herstellen.

> Investieren Sie in professionelle Sprecher, also Menschen, die in puncto Stimme, Aussprache, Betonung und Sprachmelodie ausgebildet sind.

Imagefilme und animierte Produktpräsentationen auf der Website

Welche technischen Voraussetzungen dafür nötig sind, wie man vorgeht, wenn man Filme machen lassen möchte, und nach welcher Art von Dienstleistern man dazu Ausschau halten muss, erläutert **Martin Hebermehl**, Visual Effects Artist und Inhaber von www.25frames.de.

Welche Möglichkeiten gibt es, einen Imagefilm oder eine Produktpräsentation zu erstellen?

Es gibt den „Realdreh“, bei dem man mit Kamera anrückt, und es gibt die reine Computeranimation. Die **Computeranimation** ermöglicht Produktpräsentationen, die mit **Realdreh** schwierig oder unmöglich erzeugt werden können.

Keine physikalischen Begrenzungen bei der Animation

Der große Vorteil bei der Animation ist aber die grenzenlose freie Gestaltung der Präsentation, da im virtuellen Raum gearbeitet wird: Es gibt keinerlei physikalische Begrenzungen hinsichtlich Größe, Maße und Schwerkraft. Die Computerkamera kann in Bereiche eines Produktes vordringen, die dem Realdreh verschlossen bleiben.

Beispiel

Produktpräsentation Blutdiagnose-Gerät: Eine Firma hat eine Möglichkeit entwickelt, für ein Blutpräparat gleichzeitig mehrere Analysen ausführen zu können. Ein bloßes Bild der Maschine bringt hier wenig, da die Funktionen im Inneren auf chemischer Basis ablaufen. Per 3-D-Animation kann das Gerät, dessen Funktionsweise und Innovationen jedoch erklärt werden.
Präsentiert wird die Maschine zunächst im zusammengebauten Zustand (viele Schläuche, unübliches Gerätedesign, sehr verworren) mittels Kamerafahrt. Im Verlauf der Fahrt werden die für die Erklärung unwichtigen Maschinenkomponenten ausgeblendet. Es bleiben nur die Maschinenelemente übrig, die für das Ablaufschema der Blutanalyse notwendig sind.Dann werden die verschiedenen Details – teilweise in der Makroebene – gezeigt, bevor am Ende alle Komponenten der Maschine wieder eingeblendet werden.
Der Film vermittelt innerhalb von nur 1,5 Minuten, wo die Vorteile dieser Maschine liegen und was die wichtigsten Stationen während der Analyse sind.

Erklärungsbedürftige Produkte können verständlich vorgestellt werden

Das Ziel solcher Filme ist die Erklärung an sich komplizierter Prozesse oder erklärungsbedürftiger Produkte in leicht verständlicher sowie dokumentarischer Form, und zwar jederzeit abrufbar für Interessierte. (Wie solche Filme aussehen können, ist hier zu sehen: www.25frames.de/gallery.)

Mit welchen Kosten muss man bei computeranimierten Filmen rechnen?

Das hängt vom genauen Projekt und von den Wünschen und Bedürfnissen des Auftraggebers ab. Kostenhauptursache ist die **Dauer** des Projektes, die sich durch die **Anforderungen** ergibt, da in der Regel nach „Mann-Tagen“ abgerechnet wird. Für den Film für das Blutdiagnose-Gerät wurden beispielsweise ca. 10 Tage veranschlagt, was einem Preis von 3.500 Euro entspricht. Das ist eine typische Größe für einen Film dieser Art.

Ein Unternehmen kann die Kosten erheblich mindern, beispielsweise wenn Produktdaten digital vorhanden sind. Insbesondere bei Gebrauchsgütern, Maschinen etc. ist dies praktisch immer der Fall. Die Daten aus 3-D-Konstruktionsprogrammen können eingelesen und für den Film als Grundlage genutzt werden – das detaillierte Modell liegt also in den korrekten Abmaßen vor. Sind keine digitalen Daten vorhanden, kann man das Produkt nach Foto- oder Zeichnungsvorlage auch in 3D nachbauen. Das erhöht jedoch den Zeitaufwand und damit die Produktionskosten.

Welche technischen Voraussetzungen braucht man, um Filme bereitstellen bzw. sie sich ansehen zu können?

Ausreichende Kapazität sicherstellen

Als **Website-Betreiber** muss man darauf achten, dass der Webspace genug Kapazität und Traffic-Kontingent hat.

Beispiel

Der Blutdiagnosefilm benötigt beispielsweise im Quicktime-Format 10 Megabyte. Wenn ihn fünf Leute pro Tag anschauen, kommen 50 Megabyte Traffic zustande, und das ohne die anderen Daten, die die Page an sich schon verbraucht.

Bei einigen Domain-Anbietern kann es eventuell zu Problemen kommen, wenn zu viele Daten pro Monat durch die Leitung gehen (Nachzahlung!).

Der **Web-User**:

- Benötigt handelsübliche Player für PC und Mac. Typisch sind beispielsweise die Formate wmv für WindowsMediaPlayer (Windows) und Quicktime für Apple.
- Für die Übertragung des Films aus dem Internet sollte er möglichst über eine DSL-Leitung verfügen (schon fast Standard).
- Sofern Filme in spezielle Web-Applikationen eingebettet sind, ist unter Umständen ein Player wie Flash (für Mac/PC erhältlich, meist schon auf dem System installiert) erforderlich.

Checkliste: Diese Informationen benötigt ein externer Dienstleister

- Zu welchem Zweck (Website, andere Werbeformen etc.) wird das Video benötigt?
  Sollen Bilder auch für Printmedien bereitgestellt werden?
- Existieren vom Produkt bereits Prototypen, Fotos oder Zeichnungen – am besten in digitaler Form (z.B. CAD) –, die man außer Haus geben kann?
- Existieren Broschüren oder andere Werbemittel für das Produkt oder die Produktlinie, die beispielsweise vom Stil her berücksichtigt werden sollten?
- Existiert eine CI-Vorgabe (Hausschrift, Logo, vorhandes Soundlogo – bei Handys: Color-Codes, Icons auf Tastaturen, Materialeigenschaften)?
- Will der Kunde B2B oder B2C betreiben? Soll also auf Fachsprache fokussiert werden oder soll auch der Laie alles im Grundsatz verstehen?
- Gibt es andere animationstechnisch bereits umgesetzte Projekte?
- Existiert bereits ein so genanntes Storyboard, d.h., hat das Unternehmen bereits klare Vorstellungen und vielleicht sogar schon ein Drehbuch oder soll der externe Dienstleister eines erstellen?

- Welches sind die wichtigsten Merkmale des Produktes bzw. was soll herausgestellt werden? Oder geht es um einen reinen Imagefilm, der beispielsweise die Designmerkmale hervorhebt?
- Haben Sie von einem Mitbewerber etwas gesehen und wünschen sich so etwas Ähnliches? (Damit wird Ihre Vorstellung für den Dienstleister bereits präzisiert.)
- Gibt es einen Marketingleiter? Einen festen Ansprechpartner? Wer ist abnahme- und zeichnungsberechtigt?
- Wie lang soll das Video werden?
- Soll der Film in anderer Form eingesetzt werden, beispielsweise als Flash-Version, bei der das Produkt interaktiv anklickbar ist und dann Zusatzinformationen erscheinen?
- Benötigt man Sounddesign/Musik/Sprecher?

Externe Dienstleister, die computeranimierte Filme erstellen, findet man unter den Stichworten: 3-D-Animation, Visualisierungen, Computeranimation, Postproduction, Filmproduktion.

Online-Shops – Standardlösung oder Individualprogrammierung?

Wenn Sie in den E-Commerce einsteigen möchten, stellen sich eine Menge Fragen: Kann man ein Standardprodukt nutzen? Lohnt sich eine individuelle Programmierung? Welche technischen Voraussetzungen gibt es? Wie sieht es mit der Zertifizierung von Online-Shops aus? Usw.

Ich habe **Berthold Glass**, Fachmann für webbasierte Online-Systeme (www.varosys.de), gebeten, diese Aspekte etwas detaillierter zu beleuchten.

Welche Möglichkeiten gibt es, zu einem eigenen Online-Shop zu kommen?
Am Anfang steht die klassische „Make-or-buy-Analyse". Also: Lasse ich mir etwas machen (Individualsoftware) oder kaufe/miete ich etwas Fertiges (Standardsoftware)?

Die Standardlösung

Individuelle Anpassungen kaum realisierbar

Die Standardlösung ist für Einsteiger sicher der gängige Weg. Zum einen ist diese Lösung **relativ günstig**, zum anderen ist sie meist ohne technisches Spezial-Know-how **sofort einsetzbar**. Der Nachteil: Individuelle Anpassungen oder Erweiterungen sind meist nur schwer oder gar nicht realisierbar.

Mietshoplösungen, wie sie die meisten größeren Provider anbieten, sind vergleichsweise unflexibel in der Anpassung. Oft gibt es nur einfache Standardschnittstellen für den Ex- und Import von Artikeldaten. Auch wenn diese Standardlösungen immer flexibler werden, kann eine wirkliche Integration in firmeneigene Systeme meist nicht erfolgen.

Man muss die Möglichkeiten des fertigen Shopsystems mit den eigenen Bedürfnissen abgleichen: Wenn die im Shopsystem enthaltenen Features ausreichen, ist die Standardlösung eine gute Wahl.

Mit Programmierkenntnissen erweiterbar

Eine weitere Form ist **Open-Source-Software** wie z.B. OS-Commerce (www.oscommerce.com), die mit mittlerem Know-how auf dem Server/Webspace installiert werden kann und sofort lauffähig ist, aber mit Programmierkenntnissen auch erweitert werden kann. Geeigneter Webspace (siehe unten) und technische Grundkenntnisse sind aber auch hier Voraussetzung.

Individuell programmieren lassen
Eine Individualentwicklung hingegen kann durchaus auch für kleine und mittlere Unternehmen sinnvoll sein. Vor allem dann, wenn ihr Angebot vom klassischen Shop-Schema abweicht.

Vorteile der Individuallösungen sind die **sehr große Flexibilität** und die **Skalierbarkeit** (Anpassungsfähigkeit). Nachteilig ist: Die Individualentwicklung ist **zeitintensiver** (Konzeption, Programmierung, Testphase) und bedeutet zunächst eine **höhere Investition**.

Individuelle Shops können genau an das Geschäftsmodell angepasst werden (und nicht umgekehrt). Der Shop ist also kein reiner Vertriebskanal, sondern **Teil der Wertschöpfungskette**. Viele Abläufe können automatisiert werden, wie: Rechnungsstellung, Lagerhaltung / automatische Nachbestellung, Anbindung an Drittsysteme.

Das ist vor allem dann gut, wenn der Shop schnell wächst und jeder manuelle Handgriff zusätzliche Kosten verursacht oder vom Personal nicht mehr in den Griff zu bekommen ist. Am zu schnellen Wachstum ohne die passende Technik dahinter sind schon Shops gescheitert (Service wird schlechter, unzufriedene Kunden usw.).

Wichtig für jeden Shop ist eine Kundenverwaltung, die wiederkehrende Kunden durch Login erkennt und Bestandskunden beispielsweise Zahlung auf Rechnung anbieten kann. Kundenbindung ist hier das beste Mittel für einen langfristigen Geschäftserfolg

Lohnt sich ein eigener Online-Shop für eine kleine Firma überhaupt? Mit welchen Kosten muss man bei individueller Programmierung rechnen?

Kosten des gesamten Betriebes betrachten

Dies hängt vor allem vom Geschäftsmodell ab. Fragen Sie sich:

- Möchte ich dem Kunden mehr bieten, als es eine Standardlösung erlaubt?
- Sehe ich Einsparpotenzial im Automatisieren von Geschäftsprozessen, die individuell auf mich zugeschnitten werden?
- Brauche ich Schnittstellen zu bestehenden Systemen wie meinem Warenwirtschaftssystem?
- Gibt es Chancen zur Umsatzsteigerung durch automatisierte Warenkorbanalysen, z.B. Cross-Selling („Kunden, die diesen Artikel gekauft haben, haben auch folgende Artikel gekauft" oder „Zu Ihrem Golfschläger passt folgendes Polohemd")?

Diese Art automatisiertes, aktives Verkaufen kennt man von speziell programmierten Shops, Standardlösungen können dies in der Regel nicht. Bei der Entscheidung, ob man individuell programmieren lässt, sollte man also nicht nur die Kosten des Shops, sondern des ganzen Betriebes betrachten.

Beispiel

Einem kleineren Vermieter von Ferienwohnungen haben wir ein Buchungssystem (also einen Shop, in dem die Artikel „wochenweise Aufenthalte in

Ferienwohnungen“ waren) programmiert. Alle Ferienwohnungen waren reichlich bebildert und mit Grundriss und Umgebungsplan dargestellt. Die Interessenten konnten über eine Verfügbarkeitsanzeige sofort sehen, welche Wohnung wann frei ist, und diese sofort online reservieren und buchen. Der individuelle Preis (mit evtl. Rabatten und Mischpreisen über Saisongrenzen hinweg) wurde automatisch berechnet und die Rechnung dem Kunden per PDF zugemailt. Der Anbieter hat sich so das Verschicken von Prospekten und viele hundert Anfragen und Telefonate (vor allem in der Hauptsaison, in der immer ein Engpass herrschte) gespart. Hier war der Aspekt also die Einsparung durch Automatisierung und die Übernahme der Beratungsfunktion durch den Shop.

Die Kosten sind von den Anforderungen abhängig

Gegenüber einer Standardlösung, deren Kosten sich meist im zweistelligen Euro-Bereich monatlich bewegen, unterscheidet man bei einer Individuallösung zwischen der einmaligen Anfangsinvestition für Konzeption und Programmierung und den monatlichen Kosten für den Betrieb. Die einmaligen Kosten können sich bei kleineren Unternehmen beispielsweise im vierstelligen Bereich bewegen. Natürlich hängt dies ganz von den Anforderungen des Shopbetreibers ab, die Grenze ist da nach oben offen.

Wenn die Anforderung noch nicht von Beginn an komplett planbar sind (weil z.B. erst einmal Erfahrungen gesammelt werden sollen), kann man in der Regel auch eine stundenweise Abrechnung vereinbaren. Zu den einmaligen Kosten kommt dann noch ein zwei- bis dreistelliger Betrag monatlich für den Serverbetrieb.

Welche technischen Voraussetzungen benötigt man als Website-Betreiber?

Onlineshops laufen meist mit einer Skriptsprache (z.B. PHP) und benötigen eine **Datenbank** auf dem Server für die Verwaltung der Artikel-, Kunden- und Bestelldaten. Jeder Provider hat hier entsprechenden Webspace im Angebot. Die meisten Mietshoplösungen bieten ein Paket an, das passenden Webspace bereits enthält.

Besteht bereits eine Website (ohne Shop), dann prüfen Sie, ob der Webspace auch die nötigen Voraussetzungen erfüllt. Möglicherweise muss ein bestehendes Webhosting-Paket verändert werden, um die technischen Anforderungen des Shops zu erfüllen.

Bei der Auswahl des Providers ist immer wichtig, auf die Verlässlichkeit der Server und schnellen Kundenservice zu achten.

Stellen Sie sich vor, Sie setzen auf E-Commerce und es kommt zu Störungen und damit zu Problemen in der Bestellabwicklung oder insgesamt zu Umsatzausfällen.

Wie läuft die Eingabe und Aktualisierung von Produktdaten im Shop-System technisch ab?
Eine einfache Import-/Exportfunktion haben praktisch alle Shops, zumindest im CSV-Format (für Excel & Co.).

Beim Warenwirtschaftssystem kommt es auf den Gegenpart an: Welche Formate kann das vorhandene Warenwirtschaftssystem exportieren (z.B. XML)? Kann eine Schnittstelle programmiert werden, die eventuell sogar ins Warenwirtschaftssystem zurückschreibt (z.B. für Lagerhaltung, Nachbestellung usw.)? Das muss man individuell für jedes Warenwirtschaftssystem klären.

Verbindung des Shops mit dem Warenwirtschaftssystem in beide Richtungen

Ideal ist die Verbindung des Shops mit dem Warenwirtschaftssystem in beide Richtungen. Beispielsweise lässt sich dann direkt erkennen, welche Stückzahl eines Produktes momentan noch auf Lager ist, und damit auch benennen, wie schnell die Lieferung möglich ist.

Solche Features lassen sich natürlich auch mit etwas manuellem Aufwand anbieten, indem man im Shopsystem beispielsweise eine Stückzahl hinterlegt und das System dann einfach pro Bestellung „runterzählt".

Welche Prüfsiegel gibt es für Online-Shops und wie anerkannt sind sie?
Zertifiziert werden Shops nach Kriterien wie:

- **Sicherheit** des Bestellvorganges (Verschlüsselung, Datenschutz),
- **Kundeninformation** (Verbraucherrechte, AGBs, Widerrufs- und Rückgaberecht, Anbieterkennzeichnung),
- **Zahlungsmöglichkeiten** etc. (oft ist dies verbunden mit einer für den Kunden kostenlosen Geld-zurück-Garantie).

Es gibt mittlerweile unzählige Prüfsiegel. Gängig sind u.a.:

- Trusted Shops (www.trustedshops.de)
- TÜV (www.tuvit.de)
- Bundesverband des Deutschen Versandhandels (http://www.versandhandel.org)

Die Voraussetzungen zur Zertifizierung, die Kosten und die Abstände, in denen das Prüfsiegel ggf. erneuert werden muss, sind unterschiedlich. Details finden sich auf den jeweiligen Websites. Empfohlene Online-Gütesiegel werden auf www.internet-guetesiegel.de vorgestellt.

Von überall seine E-Mails abrufen können

Sind Sie viel unterwegs, arbeiten von verschiedenen Rechnern oder haben Sie Postfächer, auf die mehrere Mitarbeiter zugreifen? Dann lohnt es sich, Ihre E-Mail-Software und -Verwaltung zu überprüfen.

Die meisten Unternehmen arbeiten mit einem E-Mail-Programm wie beispielsweise dem weit verbreiteten OutlookExpress: Dabei werden vorhandene E-Mail-Konten eingerichtet und mit einem so genannten „POP3-Zugang“ werden E-Mails vom Server geholt und versendet. POP steht übrigens für Post Office Protocol.

Diese Form des E-Mail-Zugriffs ist sinnvoll, wenn Sie an nur einem Arbeitsplatz oder mit einem mobilen Rechner arbeiten. Sind Sie jedoch oft unterwegs oder möchten Sie von verschiedenen Rechnern auf Ihre E-Mails zugreifen, wird das schnell unpraktisch.

Webmail

Webmail bedeutet, dass Sie sich auf einer eigenen Internetseite direkt auf Ihren Mailserver einloggen können. Das hat den Vorteil, dass Sie von überall Einblick in Ihre E-Mails nehmen, antworten oder neue E-Mails versenden können.

Sofern Sie die E-Mails nicht löschen, verbleiben diese auf dem Server, bis Sie sie mit Ihrem herkömmlichen E-Mail-Programm auf Ihren lokalen PC herunterladen.

Fragen Sie Ihren E-Mail-Provider oder Servicetechniker Ihrer IT-Abteilung, ob ein Webmail-Zugang möglich ist und wie die genauen Daten lauten, die Sie dazu brauchen.

E-Mail aufs Handy, PDA & Co.

Nutzen Sie einen so genannten PDA (Personal Digital Assistant) oder Ihr Mobiltelefon, da Sie viel auf Achse sind? Dann können Sie – je nach Gerät und Ausstattung – Ihre E-Mails auch dort empfangen oder zumindest über neu eingegangene E-Mails Mitteilung erhalten.

Einen umfassenden Info-Text zu Übertragungsmöglichkeiten aufs Mobiltelefon finden Sie im Artikel „E-Mail aufs Handy: So klappt es!“: http://web.zdnet.de/mobile/artikel/tkomm/200303/handymail01-wc.html

IMAP

IMAP steht für Internet Message Access Protocol. Dabei laden Sie Ihre E-Mails nicht mehr lokal auf Ihren Rechner herunter, sondern die gesamte E-Mail-Verwaltung verbleibt auf dem Server.

Der Vorteil ist, dass Sie Ihre ganze Struktur (Ordner, Kontaktdaten etc.) und auch den kompletten E-Mail-Verkehr immer vollständig parat haben.

Internet-Glossar

Das Internet ist von englischen Begriffen geprägt. Oft gibt es keine deutsche Entsprechung bzw. sie ist nicht gebräuchlich. Hier die wichtigsten Begriffe mit ihrer Erklärung.

Administrator (kurz: Admin): Systemverwalter, der über alle Zugriffsrechte verfügt

Backup: Sicherheitskopie Ihrer Daten

Banner: Werbefläche, meist in Standardgrößen, die auf ein Angebot aufmerksam macht; durch Mausklick erhält man weitere Informationen bzw. kommt auf eine andere Internetpräsenz.

Browser (engl. durchsuchen, sich umsehen): Software zum Ansehen von Internetseiten, z.B. Internet Explorer, Firefox, Opera, Netscape

Content (engl. Inhalt): Inhalte für/von Websites, z.B. Texte, Bilder, Videos, Musik

Cookie (engl. Keks): Kleine Dateien, die auf dem PC des → **Users** abgelegt werden, um diesen wieder zu identifizieren. Beispielsweise, um Webinhalte persönlich anpassen zu können, um den Besucher mit Namen anzusprechen oder auch um bei einem Online-Kauf die Transaktionen in Form eines Einkaufskorbes zu speichern.

Disclaimer: Im Netz verbreiteter Haftungsausschluss; hiermit wollen sich Webseiten-Betreiber von Inhalten anderer Websites distanzieren, um juristisch nicht belangt zu werden.

Domain („Domäne"): Die Adresse einer Internetpräsenz (z.B. firma.de)

Download: „Herunterladen" von Nachrichten, Abspeichern von Dateien, die im Internet veröffentlicht sind, auf den/dem eigenen Rechner

E-Commerce: Handel, der über das Internet abgewickelt wird

Emoticons: Aus den Begriffen „Emotion" und „Icon" zusammengesetztes Kunstwort – durch Zeichen und Buchstabenfolgen werden Stimmungen dargestellt. Die so genannten Smileys helfen dabei, den Text einzuordnen, beispielsweise wenn etwas augenzwinkernd gemeint ist ;-) Erkennbar werden die Smileys, wenn der Kopf nach links geneigt wird.

FAQ (frequently asked questions): Eine Rubrik, oft ein eigener Menüpunkt in der ➔ **Navigation**, die häufig gestellte Fragen aufgreift und beantwortet

Frames (engl. Rahmen): Teilbereiche einer Internetseite. In einem Frame kann wiederum eine andere HTML-Seite dargestellt werden. Websites nutzen Frames, um beispielsweise die Navigation nur einmal zu erstellen und im Hauptbereich der Website wechselnde Inhalte darzustellen.

FTP (File Transfer Protocol): Netzwerkprotokoll, um Daten zu übertragen (z.B um Webseiten auf den Server zu laden). FTP-Programme gibt es auch als so genannte ➔ **Freeware** im Netz.

Freeware: Programme, die der Urheber zur kostenlosen Nutzung freigegeben hat

Hoax (engl. Jux, Schabernack): Falschmeldung im Internet. Beispielsweise werden falsche Virus-Warnungen verschickt, Gerüchte verbreitet o.Ä. und dadurch meist Kettenbriefe ins Leben gerufen.

Hosting: Bereitstellen von Serverplatz für eine Website (➔ **Webhost**)

http (Hypertext Transfer Protocol): Protokoll zur Übertragung von Daten im World Wide Web

Link (eigentlich: Hyperlink): Verweis auf eine andere Datei, entweder innerhalb der Website oder auf einem anderen Server

Link-Tausch: Vereinbarung, gegenseitig einen Querverweis auf die jeweils andere Website zu setzen

Logs: Detaillierte Zugriffsinformationen zur Website (Besucherzahlen, Seitenaufrufe, auf welche Tageszeit sich die Besuche verteilen, welche Seiten am meisten frequentiert wurden etc.)

Mailingliste: Verteiler einer geschlossenen Gruppe. Die Abonnenten der Mailingliste tauschen sich per E-Mail aus. Jede E-Mail geht an alle eingetragenen Teilnehmer.

Meta-Tags: Im Code der Websiteprogrammierung hinterlegte HTML-Befehle, die den Suchmaschinen Informationen über die Inhalte geben und anhand derer sie diese indexieren und kategorisieren kann

Metasuchmaschine: Suchmaschine, die andere Suchmaschinen durchsucht und die Ergebnisse gesammelt „auswirft“

Navigation/Navigationsleiste: Menü, das es dem Besucher der Website erlaubt, Inhalte gezielt anzusteuern – gibt die Grundstruktur der Website zur Orientierung an

Netiquette: Verhaltensempfehlungen für die Kommunikation im Internet („Online-Knigge")

Newbie: Kunstwort für einen Anfänger/Neuling im Internet

News-Ticker: Kurze Nachrichten, oft Schlagzeilen oder auch Börsenkurse etc., die als laufender Text auf der Website eingeblendet werden

Nickname (kurz: Nick): Spitzname/Benutzername, oft ein Phantasiename

off topic (engl. am Thema vorbei): Häufig benutzt in Diskussionsforen, wenn ein Beitrag innerhalb eines ➔ **Threads** am Thema vorbeigeht bzw. ein völlig anderes Thema aufgreift. Wird sinnvollerweise bereits in den Betreff des ➔ **Postings** geschrieben.

Open Source: Bezeichnet Computer-Software, bei der der ➔ **Quellcode** eines Programms frei zugänglich ist. Dadurch können Interessierte die Software individuell verändern, verbessern oder Zusatzfeatures programmieren. Oft gibt es einschlägige Websites, auf denen sich die Entwickler der Software austauschen und ihre Ergebnisse zur Verfügung stellen. So kann jeder davon profitieren.

Partner-ID: Identifikation des Teilnehmers an einem ➔ **Partnerprogramm**. Durch eine zugeteilte Partner-ID können gewonnene Kunden/Aufträge diesem spezifischen Partner zugeordnet werden.

Partnerprogramm: Eine Marketing- und Vertriebsform, bei der Multiplikatoren eine Provision erhalten, wenn deren Aktivität Besucher oder Aufträge erzielt

Phishing: Kunstwort aus „Passwort" und „Fishing"; bezeichnet den Versuch, durch Tricks an sensible Daten (Zugangsdaten, PINs oder TANs für Online-Banking oder Kreditkartennummern) zu gelangen. Dies wird beispielsweise durch gefälschte E-Mails und Internet-Login-Seiten erreicht, die Seriosität vortäuschen, indem sie den Auftritt des entsprechenden bekannten Unternehmens imitieren.

Plug-in: Ein Programm, dass die Funktionalität eines anderen Programmes erweitert

PM/PN (engl. private message = private Nachricht): Eine Nachricht, die persönlich an einen anderen Benutzer geschickt wird und somit nur von diesem gelesen werden kann

Pop-under: Ein Fenster öffnet sich und legt sich „unter"/hinter das aktive Browserfenster. Die Werbung bleibt, oft zunächst unbemerkt, im Hintergrund.

Pop-up (engl. plötzlich auftauchen): Ein Fenster – meist mit Werbung – öffnet sich und legt sich über andere Inhalte.

Posting (engl. to post: senden, bekanntgeben): Eine Nachricht in einem Internetforum

Preview: Vorschau

Provider: Anbieter von (bzw. Versorger mit) z.B. Internet-Dienstleistungen wie Netz-Zugang oder Webhosting

Pull-down-Menü: Beim Anklicken mit der Maus klappt ein Menü nach unten auf und zeigt alle weiteren Funktionen. Wird im Netz oft für die Navigationsleiste benutzt.

Quellcode: Programmiersprache einer Software; sie gibt Einsicht in die hinterlegten Befehle, Formatierungen etc. So lassen sich Aufbau und Funktionalität des Programmes nachvollziehen.

real life: Internetjargon für das „richtige Leben" fern des Computers. Oft abgekürzt mit IRL (in real life).

real time: Etwas passiert in „Echtzeit", also zu diesem Zeitpunkt. Ein Chat ist beispielsweise „real time", weil die Nachricht ohne Zeitverzögerung beim Gesprächspartner erscheint.

Relaunch: Überarbeitung – gestalterischer und/oder inhaltlicher Art – und Neuvorstellung einer Website

Signatur (kurz: Sig): Einige Zeilen Text, die unter eine E-Mail oder ein → **Posting** gesetzt werden. Enthält Kontaktdaten bzw. den Hinweis auf die eigene Website.

Site (engl. Platz, Standort): Kurzform für Website. Die gesamte Internetpräsenz. Strenggenommen: Die Website besteht aus mehreren Webpages/Webseiten. Mittlerweile hat sich im Deutschen der Begriff Webseite als Synonym ebenso etabliert.

Spam (auch: Junkmail): Massenversand von E-Mails, vor allem unerwünschte Werbung. Der Ausdruck basiert auf einem Sketch von Monty Python, in dem die Dosenfleischmarke Spam zigmal erwähnt wurde.

SysOp (System Operator): Kann ein Synonym für → **Administrator** sein, wird aber auch verwendet für jemanden, der Betreuungs- oder Moderationsaufgaben hat, z.B. in einem Forum

Teaser: Ankündigung, die neugierig machen soll, den vollständigen Beitrag anzuklicken. Z.B. wird der Beginn eines Artikels kurz angerissen, eine Problematik aufgezeigt und die Lösung versprochen.

Thread (engl. für Faden, Strang): Beiträge in einem Forum, die sich auf die gleiche Basis-Nachricht beziehen, also das „Ausgangsposting" und sämtliche Antworten darauf

Toter Link: Querverweis, der ins Leere führt, weil die Website nicht mehr aktiv ist oder die verlinkte Datei gelöscht oder an einen anderen Platz verschoben wurde

Traffic: Datenverkehr bzw. Besucherstrom/Zugriffe auf eine Website

Trojaner (trojanische Pferde): Virentyp – ein schädliches Programm nistet sich im Computer ein und führt von dort Befehle aus.

Troll: Jemand, der im Netz absichtlich störende, provozierende oder falsche Informationen verbreitet. Ein gängiger Rat lautet „Don't feed the troll!" Anstatt auf Troll-Postings einzugehen, sind Forumbesucher angehalten, gar nicht zu reagieren und damit dem Provozierer die Grundlage zu nehmen.

Upload: „Hochladen" von Dateien

URL (Uniform Resource Locator): Adresse im Internet, aufgebaut nach Protokoll://Server/Verzeichnis/Dateiname, zum Beispiel: http://www.cornelsen.de/berufskompetenz/index.html

User: Benutzer

Webcam: Kamera, die Bilder ins Internet überträgt, z.B. für Chats, bei denen sich die Teilnehmer sehen, oder im Businessbereich auch für Videokonferenzen

Webcrawler: Computerprogramm, das automatisch das World Wide Web durchsucht und Webseiten analysiert

Webdesigner: Konzipiert und gestaltet Internetseiten, oft inklusive der Programmierung/Pflege der Website

Webhost: Unterhält Internetserver, auf denen die Webinhalte zur Verfügung gestellt werden (→ **Webspace**)

Weblog („Blog“): Online-Journal, das regelmäßig aktualisiert wird, ähnlich einem Tagebuch. Der neueste Beitrag steht jeweils oben. Die Beiträge können durch → **Links** und Bilder angereichert werden. Besucher können Kommentare abgeben.

Webmaster: Zuständig für die Technik und die einwandfreie Funktion der Website. Wird umgangssprachlich oft mit Webdesigner gleichgesetzt.

Webspace: „Platz“ auf dem Server des Providers (→ **Webhost**)

Emoticons, Akronyme und Abkürzungen

Emoticons

Mit den so genannten Smileys oder sonstigen zusammengebastelten Symbolen werden Dialoge in Chats, Foren und E-Mails mit „Gefühlen" angereichert. Die Symbole werden (in den meisten Fällen) sichtbar, wenn man den Kopf nach links neigt. Lassen Sie die Phantasie spielen: Es gibt Unmengen möglicher Kombinationen. Einige Beispiele:

:-)	der typische Smiley, auch mit dicker Nase möglich :o)
:-|	dieser ist entweder anderer Meinung oder nicht besonders gut drauf
:-D	dieser lacht bzw. freut sich sehr
:-x	dieser gibt einen Kuss
;-)	der zwinkert amüsiert
:-o	dieser ist sehr erstaunt
:)	der grinst besonders breit
:-/	dieser ist skeptisch bzw. es geht ihm nicht besonders gut
:o(	dieser ist traurig/niedergeschlagen
*<:o)	ein Smiley mit Mütze
:.o(...	der hier weint
8-[	einer mit Sonnenbrille und schlechter Laune
:-P~~D	diesem ist ziemlich schlecht

Auch Symbole lassen sich gut basteln und in den Gesprächsfluss einbringen:

@-->-------	eine Rose
[_]3	Tasse Kaffee gefällig?
<3	ein Herz
YY *pling*	oder lieber ein Glas Sekt?

Akronyme

Innerhalb einer Community werden oft Abkürzungen verwendet, meistens Akronyme, d.h. Kurzworte, die aus den Anfangsbuchstaben mehrerer Wörter gebildet werden. Als Neuling in so einer Community muss man sich deshalb immer erst einmal orientieren oder fragen. Da das Netz international ist, haben sich viele englischsprachige Akronyme durchgesetzt, die auch in deutschsprachigen Chats und Foren verwendet werden. Zum Beispiel:

Akronym	steht für:	Bedeutung
BTW	by the way	übrigens
IMHO bzw. IMO	in my (humble) opinion	meiner (bescheidenen) Meinung nach

Akronym	steht für:	Bedeutung
ROFL bzw. ROFLMAO	rolling on the floor laughing (my a** off)	vor Lachen auf dem Boden rollen (mit Steigerungsform: den Hintern ablachen)
LOL	laughing out loud	laut auflachen
afaik	as far as I know	soweit ich weiß
ack	acknowledge	etwas bestätigen, eine Aussage anerkennen
OMG	oh my god	Oh mein Gott!
GMTA	great minds think alike	Zwei Dumme, ein Gedanke (selbstironische, lustige Bemerkung, wenn man gleichzeitig an dasselbe denkt)
ic	i see	ich verstehe
IRL	in real life (auch: RW – real world)	im echten Leben
cu bzw. cul	see you bzw. see you later	wir sehen uns, bis später
brb	be right back	bin gleich zurück
bbl	be back later	komme später wieder

Weitere Abkürzungen

Abkürzung	steht für	Bedeutung
^5	give me five	das Abschlagen der Hände, wenn man bei etwas übereinstimmt bzw. sich gemeinsam freut
§%&"§$	willkürliche Zeichenfolge	fluchen
g bzw. <s>	grin bzw. smile	grinsen bzw. lächeln Wird – je nach Forenplattform – in eckige Klammern oder Sternchen gesetzt, um sich vom Normaltext abzuheben. Gibt es in zahlreichen Kombinationen.
eg	evil grin	böses Grinsen
bg	big grin	breites Grinsen
veg	very evil grin	sehr böses Grinsen
vbs	very big smile	sehr breites Lächeln

Linktipps

Webdesign und Tipps zum Bekanntmachen der Website/Domain
www.drweb.de
Magazin für Webdesigner, Webworker und Seitenbetreiber
www.webhostlist.de
Übersicht: Leistungsvergleich Web-Provider
de.selfhtml.org
Online-Leitfaden zu HTML
www.sedo.de
Handelsplattform für Domain-Namen
www.online-marketing-praxis.de
Tipps für Webgestaltung und Online-Marketing
www.denic.de
Informationen und Registrierung de-Domains
www.icann.org
Internationale Domainverwaltung

Interaktive Software/Provider
Es gibt im Netz viele Anbieter interaktiver Elemente, die Sie in Ihre Website einbinden können, manches sogar völlig kostenfrei (dann jedoch oft gegen Werbeeinblendung). Hier einige Beispiele:
www.vbulletin-germany.com
Weit verbreitete kommerzielle Forensoftware
www.forumromanum.de
Diverse Webfeatures wie Forum, Fotogalerie, Chat, Blog
www.baseportal.de
Provider Web-Datenbank
unblogbar.com/software/
Vergleichsliste Weblog-Software

E-Commerce
www.ecc-handel.de
E-Commerce-Center Handel - Information für KMUs
www.ecin.de
Electronic Commerce Infonet

Online-Recht
www.e-recht24.de
Gut sortierte Informationen und Tipps zum Internet-Recht
www.domain-recht.de
Rechtliches rund um den Domainnamen
www.netlaw.de
Gerichtsentscheidungen

Newsletter-Plattformen

www.profine.de
Newsletter- und Mailinglisten-Verzeichnis
www.domeus.de
Plattform für Newsletter, Serienmails

Tipps zum Texten

www.gergey.com/konzentrate.php
Hilfreiche Tipps rund um das Schreiben zum Download vom Texter Aurel Gergey
www.vorsicht-starke-worte.de
Informationen rund um Text – auch: Texter finden
www.onlinejournalismus.de
Fakten und Tipps zum Online-Journalismus und zum Texten

Netzwerke/Experten-Plattformen

www.wer-weiss-was.de
Universelle Experten-Plattform
www.openbc.com
Open Business-Club – internationales Online-Netzwerk
www.capup.de
Netzwerk für Unternehmer, Selbstständige und Führungskräfte

Partnerprogramme

www.affilinet.de
www.partnerprogramme.de
www.adbutler.de
www.amazon.de
www.google.de (AdSense-Programm)
www.workshopwelt.de

Rund um Suchmaschinen

www.suchfibel.de
www.at-web.de

Online-Pressecenter

www.pressrelations.de
www.newsaktuell.de

Buchtipps

Webdesign & Texten

Cederholm, Dan: Bulletproof Webdesign. München 2006

Grede, Andreas: Texten für das Web – Erfolgreich werben, erfolgreich verkaufen. München/Wien 2003

Pietzcker, Dominik: Werbung texten– Von Idee und Konzept zur medienwirksamen Botschaft. Berlin 2003

Radtke, S., Pisani, P., Wolters, W.: Visuelle Mediengestaltung. 3. Aufl., Berlin 2006

Reiter, Markus: Überschrift, Vorspann, Bildunterschrift. Konstanz 2006

Wirth, Thomas: Missing Links – Über gutes Webdesign. München/Wien 2004

Akquise & Werbung

Härter, Gitte: Kundenakquise – Wie Sie der Welt sagen, dass es Sie gibt. Berlin 2004

Häusel, Hans-Georg: Brain Script – Warum Kunden kaufen. Freiburg 2004

Herbst, Dieter: E-Branding – Starke Marken im Netz. Berlin 2002

Herbst, Dieter: Internet-PR. Berlin 2001

Kenzelmann, Peter: Kundenbindung – Kunden begeistern und nachhaltig binden. Berlin 2003

Pressearbeit

Brauer, Gernot: Presse- und Öffentlichkeitsarbeit. Ein Handbuch. Konstanz 2005

Stichwortverzeichnis

P

Q

R

S

T

U

V